2025 최신개정

名品

최신 출제기준 반영
환경기능사

조용덕 저

필기 / 실기

BEST
명품강의 보러가기
www.kisa.co.kr

실시간 카톡문의
@kisa
1544-8509

머리말

본 교재는 NCS(국가직무능력표준) 출제기준에 따른 CBT(컴퓨터기반시험) 핵심이론과 예상문제를 과목별로 수록하여 단기간에 합격을 목표로 편집하였다.

시행기관인 한국산업인력공단에 따르면 환경기능사는 인구 증가와 도시화, 경제규모의 확대, 산업구조의 고도화 등에 따른 오염물질의 대량 배출로 자연환경오염을 위협하고 있다. 이에 따라 보건과 환경을 위협하는 제요인에 적절하게 대응하고 숙련 기능 인력의 양성을 목적으로 다음과 같이 환경기능사 자격시험을 시행한다.

시행처 한국산업인력공단

시행과목
- 필기 : ① 대기오염방지 ② 폐수처리
        ③ 폐기물처리 ④ 소음, 진동방지
- 실기 : 환경오염공정시험방법

검정방법
- 필기 : 객관식 4지 택일형 60문항
- 실기 : 작업형, 문답형

합격기준 100점 만점으로 하여 60점 이상 득점자

끝으로 이 수험서를 펴내기까지 많은 격려와 조언을 해 주신 모든 분들께 진심으로 감사드리며, 올배움 출판사 사장님을 비롯한 직원 여러분께도 심심한 감사의 뜻을 전한다. 앞으로 이 책의 내용이 보다 충실해질 수 있도록 독자 여러분의 많은 지도와 편달을 바라는 바이다.

저자 조 용 덕
eco8869@naver.com

응시절차

1	필기원서접수	• Q-net를 통한 인터넷 원서접수 • 필기접수 기간 내 수험원서 인터넷 제출 • 사진(6개월 이내에 촬영한 90×120픽셀 사진파일(JPG) 수수료 전자결제 • 수험표 본인 선택(선착순)
2	필기시험	수험표, 신분증, 필기구(흑색 싸인펜 등), 공학용계산기 지참
3	합격자 발표	• Q-net를 통한 합격확인(마이페이지 등) • 응시자격(기술사, 기능장, 산업기사, 서비스 분야 일부종목) • 제한종목은 합격예정자 발표일부터 8일 이내에(토, 공휴일 제외) • 반드시 응시자격서류를 제출하여야 되며 단, 실기접수는 4일 임.
4	실기원서 접수	• 실기접수기간 내 수험원서 인터넷(www. Q-net.or.kr)제출 • 사진(6개월 이내에 촬영한 반명함판 사진파일(JPG), 수수료(정액) • 시험일시, 장소, 본인 선택(선착순) 단, 기술사 면접시험은 시행 10일 전 공고
5	실기시험	수험표, 신분증, 필기구, 공학용 계산기 지참
6	최종합격자 발표	Q-net를 통한 합격확인(마이페이지 등)
7	자격증 발급	• (인터넷) 공인인증 등을 통한 발급, 택배가능 • (방문수령) 여권규격사진 및 신분확인 서류

모두 바르게 빨리 **올배움** 한다.

이러닝교육기관 올배움이 특별한 이유!

01 SINCE 1997 국가기술자격증 이러닝교육기관 올배움

02 고객이 신뢰하는 브랜드대상 수상기관

03 합격생이 인정하는 최고의 명품강의

 www.kisa.co.kr  1544-8509  카톡 ID : kisa

전국한국산업인력공단 안내

기관명	기술자격시험팀 연락처	주소
울산지사	• 자격시험부 : 052-220-3223~4 / 052-220-3210~3218	울산시 중구 종가로 347(교동)
서울지역본부	• 응시자격서류 제출검사 : 02-2137-0503~6 • 자격증발급 : [우편]02-2137-0516 [방문]02-2137-0509 • 실기(필답, 작업)시험 : 02-2137-0521~4	서울 동대문구 장안벚꽃로 279(휘경동 49-35)
서울서부지사 (구, 서울동부지사)	• 필기 및 실기 응시자격 서류 제출심사 및 자격증 발급 (필기서류제출심사) 02-2024-1707, 1708, 1710, 1728 (자격증발급)02-2204-1728 • 실기(필답, 작업)시험 : 02-2024-1702,1704,1706,1711,1712	서울시 은평구 진관3로 36(진관동 산100-23)
서울남부지사	• 자격증발급 : 02-6907-7137 • 필기 및 실기 : 02-6907-7133~9, 7151~156	서울시 영등포구 버드나루로 110(당산동)
강원지사(춘천)	• 자격증발급 : 033-248-8516 • 국가기술자격시험 : 033-248-8512~3, 8515~9	강원도 춘천시 동내면 원창 고개길 135(학곡리)
강원동부지사(강릉)	• 자격증발급 : 033-650-5711 • 국가기술자격시험 : 033-650-5713(필), 033-650-5717(실)	강원도 강릉시 사천면 방동길 60(방동리)
부산지역본부	• 국가기술자격시험 : 051-330-1918, 1922, 1925~6, 1928	부산시 북구 금곡대로 441번길 26(금곡동)
부산남부지사	• 자격시험부 : 051-620-1910~9	부산시 남구 신선로 454-18(용당동)
경남지사	• 자격시험부 : 0522-212~7240~245, 248, 250	경남 창원시 성산구 두대로 239(중앙동)
대구지역본부	• 국가기술자격시험 : 053-580-2451~2361	대구시 달서구 성서공단로 213(갈산동)
경북지사	• 국가자격검정(자격시험부) : 054-840-3031~34	경북 안동시 서후면 학가산 온천길 42(명리)
경북동부지사(포항)	• 국가자격검정(자격시험부) : 054-230-3251~8	경북 포항시 북구 법원로 140번길 9(장성동)
경북서부지사	• 국가기술자격시험 : 054-713-3022~3025	경북 구미시 산호대로 253(구미첨단의료기술타워)
인천지역본부 (구, 중부지역본부)	• 자격시험부 : 032-820-8619,8622~8635 • 자격증발급 및 응시자격 : 032-820-8679	인천시 남동구 남동서로 209(고잔동)
경기지사	• 자격증 발급 : 031-249-1224 • 기술자격 필,실기시험 : 031-249-1212~7, 219, 221, 224	경기도 수원시 권선구 호매실로 46-68(탑동)
경기북부지사	• 자격시험(필기) : 031-850-9122,9123,9127,9128 • 자격시험(실기) : 031-850-9123, 9173	경기도 의정부시 추동로 140(신곡동)
경기동부지사 (성남)	• 시험시행 및 응시자격서류 : 031-750-6222~9, 6216 • 자격증 발급 : 031-750-6226, 6215	경기 성남시 수정구 성남대로 1217(수진동)
경기남부지사	• 자격시험부 : 031-615-9001~9006 • 응시자격서류 및 자격증 발급 : 031-615-9001	경기 안성시 공도읍 공도로 51-23
광주지역본부	• 기술자격시험 : 062-970-1761~67, 69, 99	광주광역시 북구 첨단벤처로 82(대촌동)
전북지사	• 국가기술자격시험 : 063-210-9221~7	전북 전주시 덕진구 유상로 69(팔복동)
전남지사	• 정기시험 : 061-720-8531,8532,8534~8536,8539,8561	전남 순천시 순광로 35-2(조례동)
전남서부지사(목포)	• 기사필(실)기 : 061-288-3327, • 기능사필(실기) : 061-288-3326	전남 목포시 영산로 820(대양동)
제주지사	• 국가자격검정(자격시험부) : 064-729-0701~2 • 국가기술자격 : 064-729-0712,0715,0717~8	제주 제주시 복지로 19(도남동)
대전지역본부	042-580-9131~7, 9139	대전광역시 중구 서문로 25번길 1(문화동)
충북지사	• 국가기술(정기) : 043-279-9041~9046	충북 청주시 흥덕구 1순환로 394번길 81(신봉동)
충남지사	• 국가기술자격 정기시험 : 041-620-7632~9	충남 천안시 서북구 천일고 1길 27(신당동)
세종지사	• 자격시험부 : 044-410-8021-8023	세종특별자치시 한누리대로 296(나성동)

출제기준[필기]

직무 분야	환경 ·에너지	중직무 분야	환경	자격 종목	환경기능사	적용 기간	2025.01.01. ~2027.12.31.
○ 직무내용 : 대기환경, 수질환경, 폐기물, 소음·진동분야의 오염원에 대한 현황조사 및 측정하고, 관계 법규에서 규정된 배출허용기준 또는 규제기준 이내로 관리하기 위하여 환경시설 유지관리 업무를 수행하는 직무이다.							
필기검정방법	객관식		문제수	60		시험시간	1시간

필기과목명	문제수	주요항목	세부항목
대기오염방지, 폐수처리, 폐기물처리, 소음진동방지	60	1. 대기오염방지	1. 대기오염 2. 대기현상 3. 유해가스 처리 4. 집진 5. 연소
		2. 폐수처리	1. 물의 특성 및 오염원 2. 수질오염 측정 3. 물리적 처리 4. 화학적 처리 5. 생물학적 처리
		3. 폐기물처리	1. 폐기물 특성 2. 수거 및 운반 3. 전처리 및 중간처분 4. 자원화 5. 폐기물 최종처분
		4. 소음진동방지	1. 소음진동 발생 및 전파 2. 소음방지 관리 3. 진동방지 관리

출제기준[실기]

직무 분야	환경·에너지	중직무 분야	환경	자격 종목	환경기능사	적용 기간	2025.1.1.~2027.12.31.

○ 직무내용 : 대기환경, 수질환경, 폐기물, 소음·진동 분야의 오염원에 대한 현황조사 및 측정하고, 관계법규에서 규정된 배출허용기준 또는 규제기준 이내로 관리하기 위하여 환경시설 유지관리 업무를 수행하는 직무이다.

○ 수행준거 : 1. 수질 시료 중 일반 수질오염 항목에 대하여 표준화된 분석방법으로 정량화된 값을 구할 수 있다.
2. 대기오염물질 배출시설에 대한 배출특성을 파악하여 측정분석계획을 수립하고, 공정시험기준에 따라 대기오염물질을 측정·분석할 수 있다.
3. 안전한 폐기물관리를 위하여 폐기물공정시험기준에 근거로 폐기물 조사계획을 수립하고 시료채취와 폐기물을 분석할 수 있다.
4. 소음·진동측정방법, 인원투입, 측정일정, 소요예산 및 평가계획 등을 수립하고 배경, 대상소음·진동과 발생원을 측정할 수 있다.

실기검정방법	작업형	시험시간	2시간 정도

주요항목	세부항목	세세항목
1. 일반항목분석	1. 시료 채취하기	1. 수질오염공정시험기준에 근거하여 시료채취준비를 할 수 있다. 2. 수질오염공정시험기준에 근거하여 시료를 채취할 수 있다. 3. 수질오염공정시험기준에 근거하여 시료를 안전하게 보관·운반·저장할 수 있다.
	2. 수질오염물질 분석하기	1. 수질오염공정시험기준에 근거하여 일반 항목을 분석할 수 있다. 2. 무기물질(금속류)을 분석 할 수 있다. 3. 유기물질을 분석할 수 있다.
2. 폐기물 조사분석	1. 시료채취하기	1. 폐기물공정시험기준에 근거하여 폐기물별 시료채취준비를 할 수 있다. 2. 폐기물공정시험기준에 근거하여 폐기물별 시료를 채취할 수 있다. 3. 폐기물공정시험기준에 근거하여 시료를 안전하게 보관·운반·저장할 수 있다.

차 례

주요항목	세부항목	세세항목
2. 폐기물 조사분석	2. 폐기물 분석하기	1. 폐기물공정시험기준에 근거하여 폐기물 일반 항목을 분석할 수 있다. 2. 폐기물 중 무기물질(금속류)을 분석할 수 있다. 3. 폐기물 중 유기물질을 분석할 수 있다. 4. 폐기물 중 감염성미생물을 분석할 수 있다.
3. 소음·진동 측정	1. 측정범위파악하기	1. 소음·진동 측정대상, 측정목적을 확인할 수 있다. 2. 소음·진동 측정대상, 측정목적에 적합하게 측정방법을 검토할 수 있다.
	2. 배경·대상 소음·진동 측정하기	1. 배경 및 대상소음·진동을 측정할 수 있는 환경조건을 확인할 수 있다. 2. 소음·진동 관련법 및 기준에 따라 배경 및 대상소음·진동을 측정할 수 있다.
	3. 발생원 측정하기	1. 관련법 및 기준에 따라 발생원의 소음·진동 크기 정도를 측정할 수 있다.
4. 대기오염물질 측정분석	1. 시료 채취하기	1. 공정시험기준에 따라 대기오염물질에 대한 시료채취 방법을 결정할 수 있다. 2. 공정시험기준에 따라 시료채취 준비와 채취를 할 수 있다. 3. 공정시험기준에 따라 시료를 안전하게 보관·운반할 수 있다. 4. 시료채취 과정 중에 발생한 현장의 특이사항과 현장조건 등을 기록할 수 있다.
	2. 가스상 물질 기기분석하기	1. 공정시험기준에 따라 가스상 대기오염물질 분석을 위한 기기를 선정할 수 있다. 2. 공정시험기준에 따라 기기분석에 필요한 전처리를 수행할 수 있다. 3. 가스상 대기오염물질 분석에 필요한 기기를 사용하여 정량·정성 분석할 수 있다.

01 폐수처리

01. 수자원의 분포 ─── 12
02. 물의 특성 ─── 13
03. 물의 중요성 ─── 15
04. 우수의 특징 ─── 16
05. 지표수의 특징 ─── 17
06. 지하수의 특징 ─── 18
07. 해수의 특징 ─── 21
08. 오염물질의 배출원 ─── 23
09. BOD ─── 25
10. ThOD & TOC ─── 28
11. COD ─── 30
12. 고형물(SS) ─── 32
13. 경도 ─── 33
14. 알칼리도 ─── 35
15. 용존산소(DO) ─── 37
16. 총대장균군 ─── 39
17. pH ─── 40
18. 기본단위 ─── 44
19. 몰 농도(M) ─── 47
20. 노르말 농도(N) ─── 49
21. 수질오염공정시험기준 ─── 51
22. 하천의 자정작용(Wipple 4단계) ─── 54
23. 호소의 성층 및 전도현상 ─── 57
24. 부영양화 ─── 59
25. 녹조 ─── 60
26. 적조 ─── 61
27. 상하수도 계통도 ─── 62
28. 하수의 배제방식 ─── 63
29. 하수관의 관정부식 ─── 64
30. 스크리닝(Screening) ─── 65
31. 침사지(Grit chamber) ─── 66
32. 최초침전지 ─── 68
33. 부상분리 ─── 73
34. 산화 환원 ─── 75
35. 응결 및 응집 ─── 76
36. 약품교반시험(Jar-tesr) ─── 78
37. 응집제와 응집처리 ─── 80
38. 펜톤산화 ─── 84
39. 시안 및 크롬처리 ─── 85
40. 완속여과지 ─── 88
41. 급속여과지 ─── 90
42. 흡착 ─── 91
43. 이온교환법 ─── 95
44. 오존산화법 ─── 96
45. 염소소독 ─── 97
46. 수중미생물 ─── 101
47. 미생물의 생장곡선 ─── 103
48. 표준활성오니법 ─── 106
49. 살수여상법 ─── 120
50. 활성슬러지 변법 ─── 122
51. 혐기성 소화 ─── 126
52. 고도처리 ─── 129
53. 암모니아 공기탈기 ─── 130
54. 화학적인 제거 ─── 131
55. A/O Process ─── 131
56. A_2/O Process ─── 132

02 폐기물 처리

- 01. 용어 정의(폐기물관리법 제2조) — 136
- 02. 지정폐기물의 종류 (폐기물관리법 시행령 별표1) — 138
- 03. 폐기물공정시험기준 — 140
- 04. 폐기물 정책동향 — 146
- 05. 쓰레기 수거노선 설정 시 유의사항 - 150
- 06. 폐기물 적환장 — 151
- 07. 관거(Pipe-line) 수거방법 — 153
- 08. 폐기물 수거시스템 — 154
- 09. 폐기물의 발생 특성 — 154
- 10. 폐기물 발생량의 조사방법 — 155
- 11. 폐기물의 상 구분 및 발생량 — 157
- 12. 폐기물의 선별 — 161
- 13. 폐기물의 압축 — 164
- 14. 폐기물의 파쇄 — 166
- 15. 퇴비화 — 169
- 16. 자원화 — 172
- 17. 소각 — 182
- 18. 분뇨처리 — 190
- 19. 슬러지 처리 — 193
- 20. 유해폐기물 처리 — 200
- 21. 매립 — 203
- 22. 복토 — 206
- 23. 침출수 관리 — 207
- 24. 차수시설 — 208

03 대기오염방지

- 01. 대기 권역 — 212
- 02. 대기의 안정도 — 215
- 03. 연기의 형태 — 217
- 04. 바람 — 220
- 05. 대기오염 물질 — 221
- 06. 가스상 오염물질 — 225
- 07. 대기오염 현상 — 229
- 08. 대기오염공정시험기준 — 237
- 09. 유해가스 처리원리 — 244
- 10. 유해가스 처리기술 — 250
- 11. 유해가스 처리장치의 유지관리 — 262
- 12. 집진 — 267
- 13. 연소 — 285
- 14. 연소 — 290
- 15. 공기연료비(AFR) — 296
- 16. 연소가스량 — 298

04 소음진동

- 01. 음의 성질 —— 304
- 02. 음의 감각기관 —— 307
- 03. 음의 회절 —— 310
- 04. 음의 굴절 —— 310
- 05. 음의 파동 —— 311
- 06. 소음의 감쇄 —— 314
- 07. 지향계수 및 지향지수 —— 315
- 08. 음의 세기 —— 316
- 09. 소음레벨 —— 318
- 10. 소음 방지 —— 322
- 11. 소음측정 —— 327
- 12. 진동 —— 330

05 CBT 컴퓨터기반시험 요약

- 01. 폐수처리 —— 338
- 02. 폐기물 처리 —— 356
- 03. 대기오염방지 —— 367
- 04. 소음진동방지 —— 383

06 환경기능사 실기[작업형]

- 01. 수험생 준비물 —— 390
- 02. 수험생 대기실 입실 —— 390
- 03. 실험실 입실 —— 390
- 04. DO분석(윙클러아지드화나트륨 변법) 실험 —— 391

07 환경기능사 실기[문답형]

- 01. 구술 면접형 예상문제 —— 393
- 02. 답안지 —— 402
- 03. 실기 기출문제 사례 —— 403

제 **1** 부
폐수처리

Craftsman Environmental

제1부 폐수처리

01 수자원의 분포

① 지구상 존재하는 물 중 해수가 차지하는 비율은 97%, 담수는 3%이다.
② **담수의 분포** : 빙하(만년설) 69% > 지하수 30% > 호소 및 하천 등 0.4%
③ **용도별 수자원 이용량** : 농업용수 > 생활용수 > 유지용수 > 공업용수
④ **우리나라의 연평균강수량** : 1277mm(남한의 면적 99350km^2)
⑤ 강수량은 계절적 편차가 심하여 6~9월에 약 2/3가 편중되어 있다.

[표] 용도별 수자원 이용량

구 분	이용량(억m^3/년)	이용률(%)
농 업 용 수	160	47
생 활 용 수	76	23
유 지 용 수	75	22
공 업 용 수	26	8
계	337	100

Question

01 지구상의 담수 중 가장 큰 비율을 차지하고 있는 것은?
① 호수　　　　　　　　　　② 하천
③ 빙설 및 빙하　　　　　　④ 지하수

02 지구상에 분포하는 수량 중 빙하(만년설 포함) 다음으로 가장 많은 비율을 차지하고 있는 것은?(단, 담수기준)
① 하천수　　　　　　　　　② 지하수
③ 호소수　　　　　　　　　④ 토양수

03 우리나라 강수량 분포의 특성으로 가장 거리가 먼 것은?

① 월별 강수량의 차이가 큰 편이다.
② 하천수에 대한 의존량이 큰 편이다.
③ 6월과 9월 사이에 연 강수량의 약 2/3 정도가 집중되는 경향이 있다.
④ 세계 평균과 비교 시 연간 총 강수량은 낮으나, 인구 1인당 가용수량 높다.

해설 세계 평균과 비교 시 연간 총 강수량은 1.3배 많으나, 높은 인구밀도로 인해 인구 1인당 가용수량은 낮다.

정답 01.③ 02.② 03.④

02 물의 특성

① 물 분자는 2개의 수소원자와 1개의 산소원자가 공유결합을 하고 있다.
② **공유결합**이란 수소와 산소원자가 전자를 서로 하나씩 내놓고 이 두 전자를 함께 공유하는 방식의 결합이다.
③ 수소와 산소의 원자핵이 전자를 끌어당기는 전기음성도의 차이로 극성을 띤다.
④ 수소원자 쪽에는 (+)전하, 산소원자 쪽에는 (−)전하의 특성 때문에 꺾어진 104.5°의 결합각을 만든다.
⑤ 물의 밀도는 4℃에서 최대가 된다.
⑥ 정체수역은 수온에 따른 밀도 차에 의해 성층현상 및 전도현상이 발생하며, 물의 밀도는 4℃가 최대이다.
⑦ 성층은 표층 – 수온약층 – 심층으로 형성된다.

Question

01 물의 특성으로 옳지 않은 것은?

① 물의 밀도는 4℃에서 최소가 된다.
② 분자량이 유사한 다른 화합물에 비해 비열이 큰 편이다.
③ 화학 구조적으로 극성을 띠어 많은 물질들을 녹일 수 있다.
④ 상온에서 알칼리금속이나 알칼리토금속 또는 철과 반응하여 수소를 발생시킨다.

02 물 분자가 극성을 가지는 이유로 가장 적합한 것은?

① 산소와 수소의 원자량 차
② 산소와 수소의 전기음성도의 차
③ 산소와 수소의 끓는점의 차
④ 산소와 수소의 온도 변화에 따른 밀도의 차

03 추운 겨울에 호수가 표면부터 어는 현상 및 호수의 전도현상과 가장 밀접한 연관이 있는 물의 특성은?

① 증 산   ② 밀 도   ③ 증발열   ④ 용해도

04 아래 그림은 물 분자의 구조이다. 이와 관련된 설명으로 옳지 않은 것은?

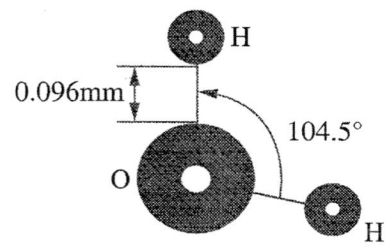

① 분자구조와 비극성의 효과로 작은 쌍극자를 갖는다.
② 산소는 전기 음성도가 매우 커서 공유결합을 하고 있다.
③ 산소원자와 수소원자가 공유결합하고, 2개의 고립전자쌍이 산소원자에 남아 있다.
④ 고립전자쌍은 서로 반발력을 형성하여 분자 모형은 105°의 각도를 가진다.

해설 분자구조와 극성의 효과로 작은 쌍극자를 갖는다.

05 물 분자의 화학적 구조에 관한 설명으로 옳지 않은 것은?

① 물 분자는 1개의 산소원자와 2개의 수소 원자가 공유결합하고 있다.
② 물 분자에는 2개의 고립 전자쌍이 산소원자에 남아 있다.
③ 산소는 전기음성도가 매우 커서 공유결합을 하고 있으나 극성을 갖지는 않는다.
④ 물 분자의 산소는 음성전하를 가지며, 수소는 양성전하를 가지고 있어 인접한 분자사이에 수소결합을 하고 있다.

해설 산소는 전기음성도가 크며 공유결합을 하고 극성을 띤다.

정답 01.① 02.② 03.② 04.① 05.③

03 물의 중요성

① 높은 열용량으로 기후조절, 생물다양성을 유지한다.
② 생물의 유지기능을 가진다.
③ 자연계 스스로의 자정능력을 가진다.

[표] 물성상수 단위 (물과 분자량이 비슷한 화합물과 비교)

구분	정의	물성상수 단위
비열	물질 1g을 14.5℃에서 15.5℃로 1℃ 올리는데 필요한 열량	1cal/g · ℃
밀도	단위체적당 질량으로서 비질량이라고도 한다.	1.0g/cm³(4℃)
끓는점	액체가 끓기 시작하는 온도. 외부 압력이나 물질의 조성에 변화가 있으면 함께 변화한다.	100℃
녹는점	일정 압력 하에서 고상과 액상이 평형하여 공존하는 온도	0℃
증발열(기화열)	1g의 물질을 일정한 온도에서 기화하는 데 필요한 열량	539cal
융해열	1g의 고체를 같은 온도의 액체로 융해하는 데 소요되는 열량	79.4cal
표면장력	액체의 표면이 가능한 한 작은 면적을 차지하기 위하여 스스로 수축하려고 작용하는 힘	72.7dyne/cm(20℃)
점성계수	유체의 끈끈한 정도	0.0179g/cm · sec(20℃) (poise)
동점성계수	유체의 유동성 $\nu(cm^2/sec) = \dfrac{\mu(g/cm \cdot sec)}{\rho(g/cm^3)}$	0.01792cm²/sec (stokes)
비저항	단위면적에 대한 길이 당 저항	$2.5 \times 10^7 \Omega \cdot cm$

Question

01 다음 중 레이놀즈수(Reynold's number)와 반비례 하는 것은?

① 액체의 점성계수　　　② 입자의 지름
③ 액체의 밀도　　　　　④ 입자의 침강속도

 $Re = \dfrac{v_s L}{\nu} = \dfrac{v_s d}{\mu/\rho}$

여기서,　ρ : 유체의 밀도　　　v_s : 침강속도
　　　　　μ : 점성계수　　　　ν : 동점성 계수
　　　　　d : 입자의 지름

02 동점성계수(ν)의 단위로 옳은 것은?

① g/cm·sec
② g/m²·sec
③ cm²/sec
④ cm²/g

해설 동점도($\nu = \dfrac{\mu}{\rho} = \dfrac{\frac{g}{cm \cdot sec}}{\frac{g}{cm^3}}$ ∴ $\nu = cm^2/sec$) → Stokes의 단위

03 0℃ 얼음과 0℃ 물 1L의 무게 차이는 몇 g 인가? (단, 물과 얼음의 밀도는 0℃에서 각각 0.9998g/cm³, 0.9167g/cm³이고, 기타 조건은 무시한다.)

① 49.2
② 62.9
③ 70.3
④ 83.1

해설 물 $\dfrac{0.9998g}{cm^3} \Big| \dfrac{1000mL}{L} = 999.8g/L$ *$g = mL = cm^3$

얼음 $\dfrac{0.9167g}{cm^3} \Big| \dfrac{1000mL}{L} = 916.7g/L$

∴ $999.8 - 916.7 = 83.1g$

04 물의 성질에 관한 설명으로 옳지 않은 것은?

① 물 분자 안의 수소는 부분적으로 양전하(δ^+)를, 산소는 부분적으로 음전하(δ^-)를 갖는다.
② 물은 분자량이 유사한 다른 화합물에 비하여 비열은 작고, 압축성이 크다.
③ 물은 4℃ 부근에서 최대 밀도를 나타낸다.
④ 일반적으로 물의 점도는 온도가 높아짐에 따라 작아진다.

해설 물은 비열이 크고 압축성이 작다.

정답 01.① 02.③ 03.④ 04.②

04 우수의 특징

① 기상수, 강수, 천수, 비, 눈, 우박에 의하여 발생한다.
② 해수의 증발이 많으므로 해수의 성질과 비슷하다.
  • 해수의 성분 : Cl^-, Na^+, SO_4^-, Mg^{2+}, Ca^{2+}, K^+, HCO_3^-
③ 우수는 공기 중 CO_2의 영향으로 산성이다(산성비 pH5.6 이하).
  • 산성비의 원인물질 : SO_x, NO_x, HCl, H_2S 등

05 지표수의 특징

① 계절적 수온, 수량의 변화가 심하다.
② 홍수시와 갈수시의 오염도 변화가 심하다.
③ 지하수 보다 Na^+, Ca^{2+}, Mg^{2+} 등의 금속염이 낮다.
④ 지하수에 비하여 알칼리도 및 경도가 낮다.
⑤ 도시하수 및 동식물에 의한 유기물 함량이 높다.
⑥ 오염물질에 항상 노출되어 있기 때문에 탁도, pH 등 수질변동이 심하다.
⑦ 자정작용은 대부분 호기성 미생물에 의해 정화된다.
   유기물 + O_2 → CO_2 + H_2O
⑧ 영양염류의 유입으로 조류(Algae)가 발생한다.
⑨ 조류의 발생으로 주간에는 pH가 증가하고, 야간에는 감소한다.
   $$CO_2 + H_2O \underset{야간}{\overset{빛, 주간}{\rightleftarrows}} (CH_2O...N,P) + O_2$$

Question

01 다음 중 지표수의 특성으로 가장 거리가 먼 것은?(단, 지하수와 비교)

① 지상에 노출되어 오염의 우려가 큰 편이다.
② 용존산소 농도가 높고 경도가 큰 편이다.
③ 철, 망간 성분이 비교적 적게 포함되어 있고, 대량 취수가 용이한 편이다.
④ 수질 변동이 비교적 심한 편이다.

해설 지표수는 지하수보다 용존산소는 높고 경도는 낮다.

02 수자원에 대한 일반적인 설명으로 틀린 것은?

① 호수는 미생물의 번식이 있고, 수온변화에 따른 성층이 형성된다.
② 지표수는 무기물이 풍부하고 지하수보다 깨끗하며 연중 수온이 일정하다.
③ 수량면에서 무한하지만 사용 목적이 극히 한정적인 수자원은 바닷물이다.
④ 호수는 물의 움직임이 적어 한 번 오염이 되면 회복이 어렵다.

해설 지하수는 무기물이 풍부하고 지표수보다 깨끗하며 연중 수온이 일정하다.

03 수자원에 대한 일반적인 설명으로 틀린 것은?

① 호수는 미생물의 번식이 있고, 수온변화에 따른 성층이 형성된다.
② 지표수는 무기물이 풍부하고 지하수보다 깨끗하며 연중 수온이 일정하다.
③ 수량면에서 무한하지만 사용 목적이 극히 한정적인 수자원은 바닷물이다.
④ 호수는 물의 움직임이 적어 한 번 오염이 되면 회복이 어렵다.

> **해설** 지하수는 무기물이 풍부하고 지표수보다 깨끗하며 연중 수온이 일정하다.

정답 01.② 02.② 03.②

06 지하수의 특징

① 수온의 변동이 적으며 탁도가 낮다.
② 무기염류의 농도가 높고 경도가 매우 높다.
③ 미생물이 거의 없고 오염의 기회는 지표수에 비하여 훨씬 적다.
④ 지층이 종류에 따라 그 성분이 다르며 국지적으로 수질의 차이가 크다.
⑤ 유리탄산이 높아 PH가 낮다.
⑥ 유속이 느려 자정속도가 매우 느리다.
⑦ 국지적인 환경조건에 영향을 많이 받는다.
⑧ 낮은 PH로 염도와 알칼리도는 증가한다.

[표] 지하수 수질의 수직분포

명 칭	상층수	하층수
ORP	고	저
DO	대	소
질산이온(NO_3^-)	대	소
황산이온(SO_4^{2-})	대	소
유리탄산	대	소
pH	대	소
알칼리도	소	대
염분	소	대
철이온	소	대
질소	소	대

01 지하수의 수질특성에 관한 설명으로 옳지 않은 것은?

① 지하수는 국지적 환경조건의 영향을 크게 받기 쉽다.
② 지하수는 대기와의 접촉이 제한 또는 차단되어 있기 때문에 수질성분들이 대체로 환원 상태로 존재하는 경우가 많다.
③ 지하수는 햇빛을 받을 수 없으므로 광합성 반응이 일어나지 않으며, 세균에 의한 유기물의 분해가 주된 생물 작용이 되고 있다.
④ 지하수의 연평균 수온 변화는 지표수에 비해 현저히 크고, 일반적으로 약 2℃ 이상이다.

02 지표수와 비교 시 지하수의 수질특성에 대한 설명 중 옳지 않은 것은?

① 지질특성에 영향을 받는다.
② 환경변화에 대한 반응이 느리다.
③ 미생물에 의한 생화학적 자정작용이나 화학적 자정능력이 약하다.
④ 수온변화가 심하다.

03 다음과 같은 특성을 갖는 수원은?

- 일반적으로 무기물이 풍부하고 지표수보다 깨끗하다.
- 연중 수온의 변화가 적으므로 수원으로서 많이 이용되고 있다.
- 일년 중 온도가 거의 일정하다.

① 호수 ② 하천수
③ 지하수 ④ 바닷물

04 지하수의 주요 특징으로 틀린 것은?

① 유속이 대체로 느리다.
② 국지적인 환경조건의 영향이 적다.
③ 세균에 의한 유기물의 분해가 주된 생물작용이 된다.
④ 연중 수온의 변화가 매우 적다.

해설 지하수는 국지적인 환경조건의 영향이 크다.

정답 01.④ 02.④ 03.③ 04.②

05 지하수 상·하류 두 지점의 수두차가 4m, 두 지점 사이의 수평거리가 500m, 투수계수가 20m/d이면, 투수단면적 200m²의 지하수 유입량은?(단, $Q = kA \times \dfrac{\triangle h}{\triangle L}$)

① 5m³/d
② 10m³/d
③ 16m³/d
④ 32m³/d

해설 $Q = kA \times \dfrac{\triangle h}{\triangle L}$

$\therefore Q = \dfrac{20m}{day} | 200m^2 | \dfrac{4m}{500m} = 32m^3/day$

06 수자원에 대한 일반적인 설명으로 틀린 것은?
① 호수는 미생물의 번식이 있고, 수온변화에 따른 성층이 형성된다.
② 지표수는 무기물이 풍부하고 지하수보다 깨끗하며 연중 수온이 일정하다.
③ 수량면에서 무한하지만 사용 목적이 극히 한정적인 수자원은 바닷물이다.
④ 호수는 물의 움직임이 적어 한 번 오염이 되면 회복이 어렵다.

해설 지하수는 무기물이 풍부하고 지표수보다 깨끗하며 연중 수온이 일정하다.

07 다음 중 지하수의 일반적인 수질특성에 관한 설명으로 옳지 않은 것은?
① 수온의 변화가 심하다.
② 무기물 변화가 많다.
③ 지질 특성에 영향을 받는다.
④ 지표면 깊은 곳에서는 무산소 상태로 될 수 있다.

정답 05.④ 06.② 07.①

07 해수의 특징

① 해수는 고농도의 염분(3.5%, 35000ppm)으로 인하여 사용목적이 극히 제한되어 있다.
② 염도는 적도해역과 심층수가 높고 극지방과 표층수는 낮다.
③ 해수 내 질소의 35%는 암모니아성 질소와 유기질소의 형태이다.
④ 영양물질은 표층수가 낮고 심층수는 높다.
⑤ 해수중의 염분은 금속의 부식, 배수불량, 토양을 척박하게 만든다.
⑥ 해수 중에 존재하는 holy seven 7가지 주요 화학성분
$$Cl^- > Na^+ > SO_4^{2-} > Mg^{2+} > Ca^{2+} > K^+ > HCO_3^-$$
⑦ 해수의 화학성분 농도비는 일정하다.
⑧ 해수의 밀도는 염분, 수온, 수압의 함수로 수심이 깊을수록 증가한다.
⑨ 해수의 Mg/Ca비는 3~4정도로 담수 0.1~0.3에 비해 매우 크다.
⑩ pH는 8.0~8.3정도이며 HCO_3^-의 완충용액이다.
⑪ 염분농도는 증발량이 많은 무역풍대가 높고, 강우량이 많은 적도지역과 빙하의 용해가 많은 극지방은 염분이 낮다.
염분농도 : 무역풍대 > 적도 > 극지방

Question

01 해수의 특성에 관한 설명으로 옳지 않은 것은?
① 해수의 pH는 약 8.2 정도로 약 알칼리성을 지닌다.
② 해수의 주요 성분 농도비는 거의 일정하다.
③ 염분은 적도해역에서는 높고, 남북 양극 해역에서는 다소 낮다.
④ 해수의 Mg/Ca비는 300~400 정도로 담수보다 크다.

02 바닷물(해수)에 관한 설명으로 옳지 않은 것은?
① 해수는 수자원 중에서 97% 이상을 차지하나 사용목적이 극히 한정되어 있는 실정이다.
② 해수는 pH는 약 8.2 정도로 약알칼리성을 띠고 있다.
③ 해수는 약전해질로 염소이온농도가 약 35ppm 정도이다
④ 해수의 주요성분 농도비는 거의 일정하다.

03 열대 태평양 남미 해안으로부터 중태평양에 이르는 넓은 범위에서 해수면의 온도가 평균보다 0.5℃ 이상 높은 상태가 6개월 이상 지속되는 현상으로 스페인어로 아기예수를 의미하는 것은?

① 라니냐 현상　　　　　　　　② 업웰링 현상
③ 뢴트겐 현상　　　　　　　　④ 엘니뇨 현상

해설
- 엘니뇨 현상은 해수면의 온도가 평균보다 0.5℃ 이상 높은 상태가 6개월 이상 지속되는 현상이다.
- 라니냐 현상은 해수면의 온도가 평균보다 -0.5℃ 이하 낮은 상태가 6개월 이상 지속되는 현상이다.

04 해수의 특성에 관한 설명으로 옳지 않은 것은?

① 해수 내 전체질소 중 35% 정도는 암모니아성 질소, 유기질소 형태이다.
② 해수의 pH는 약 5.6 정도로 약산성이다.
③ 해수의 주요 성분 농도비는 거의 일정하다.
④ 해수의 Mg/Ca비는 담수에 비하여 큰 편이다.

해설 해수의 pH는 약 7.3~8.3 정도로 약알칼리성이다.

05 바닷물(해수)에 관한 설명으로 옳지 않은 것은?

① 해수는 수자원 중에서 97% 이상을 차지하나 사용 목적이 극히 한정되어 있는 실정이다.
② 해수의 pH는 약 8.2 정도로 약알칼리성을 띠고 있다.
③ 해수는 약전해질로 염소이온농도가 약 10000ppm 정도이다.
④ 해수의 주요성분 농도비는 거의 일정하다.

해설 해수의 염분농도는 3.5%(35000ppm)정도 이다.

정답 01.④　02.③　03.④　04.②　05.③

08 오염물질의 배출원

① **비점오염원**(非點汚染源)이라 함은 도시, 도로, 농지, 산지, 공사장 등으로서 불특정장소에서 불특정하게 수질오염물질을 배출하는 배출원을 말한다.

② **점오염원**(點汚染源)은 오염물질의 유출경로가 명확하여 수집이 쉽고, 관거 및 처리시설의 설계와 유지, 관리가 용이하다.

[표] 유해물질의 인체영향

유해물질	배출원	인체영향
Hg	광석, 제련공장, 펄프공장, 수은전지공장, 온도계 제작공장 등	헌터-루셀증후군, 미나마타병
Cd	아연제련공장, 도금공장, 건전지공장, 도자기, 사진재료공장 등	골연화증, 이따이이따이병
As	비소광석, 안료공장, 농약공장, 유리공장, 피혁공장 등	발암, 전신마비, 색소침착
PCB	변압기공장, 콘덴서공장, 형광등, 전선, 접착제 제조업체 등	카네미유증, 빈혈, 고혈압
Pb	축전지공장, 인쇄공장, 페인트공장, 가솔린공장 등	뇌, 신경장애, 두통, 근육마비, 빈혈증, 변비 등
Mn	건전지공장, 합금공장, 광산 등	파킨슨씨병 유사 증세
Cr	도금, 염료, 피혁, 강철합금, 인쇄공장 등	연골천공, 피부궤양, 폐암
F	불소공장, 알루미늄공장, 살충제공장, 유리공장 등	반상치, 법랑반점
CN	금-은의 추출, 전기도금, 금속재련	신진대사 방해, 중추신경계 마비

Question

01 비점오염원의 특징으로 거리가 먼 것은?

① 지표수 유출이 거의 없는 갈수 시, 하천수 수질악화에 큰 영향을 미친다.
② 기상조건, 지질, 지형 등의 영향이 크다.
③ 빗물, 지하수 등에 의하여 희석되거나 확산되면서 넓은 장소로부터 배출된다.
④ 일간, 계절간의 배출량 변화가 크다.

해설 비점오염원은 도시, 도로, 농지, 산지, 공사장 등 불특정 장소에서 배출되는 강우 등의 자연적 요인으로 배출량의 변화가 심하여 예측이 곤란하다.

02 다음 중 비점오염원에 해당하는 것은?

① 농경지 배수　　　　　　　② 폐수처리장 방류수
③ 축산 폐수　　　　　　　　④ 공장의 산업폐수

03 다음 중 인체에 만성 중독증상으로 카네미유증을 발생시키는 유해물질은?

① PCB　　② Mn　　③ As　　④ Cd

04 아연과 성질이 유사한 금속으로 체내 칼슘균형을 깨뜨려 골연화증의 원인이 되며 이따이이따이병으로 잘 알려진 것은?

① Hg
② Cd
③ PCB
④ Cr^{6+}

05 도금, 피혁제조, 색소, 방부제, 약품제조업 등의 폐기물에서 주로 검출될 수 있는 성분은?

① As
② Cd
③ Cr
④ Hg

06 다음 오염물질에 따른 인체의 피해현상으로 가장 거리가 먼 것은?

① PCB - 황달, 피부장애
② 페놀 - 불쾌한 맛과 취기
③ 시안 - 칼슘 대사장애
④ 메틸수은 - 중추 신경장애

07 다음은 어떤 중금속에 관한 설명인가?

> · 상온에서 유일하게 액체 상태로 존재하는 금속이다.
> · 인체에 증기로 흡입 시 뇌 및 중추신경계에 큰 영향을 미친다.
> · 체내에 축적되어 Hunter-Russel 증후군을 일으킨다.

① Cr　　② Hg　　③ Mn　　④ As

08 오염물질과 피해상태의 연결로 가장 거리가 먼 것은?

① 페놀 - 냄새
② 인 - 부영양화
③ 유기물 - 용존산소결핍
④ 시안 - 골연화증

해설　시안(CN)은 질식 증상을 일으킨다.

정답　01.①　02.①　03.①　04.②　05.③　06.③　07.②　08.④

09 BOD

① BOD(biochemical oxygen demand)는 20°C에서 5일간 시료를 배양했을 때 소모된 산소요구량를 $CBOD$)라고 한다.

유기물 + O_2 → CO_2 + H_2O + energy

② 20°C에서 20일간 시료를 배양했을 때 소모된 산소량을 최종 BOD_μ 또는 $NBOD$라고 한다.

$NH_3 + \dfrac{3}{2}O_2 \rightarrow NO_2^- + H_2O + H^+$

$NO_2^- + \dfrac{1}{2}O_2 \rightarrow NO_3^-$

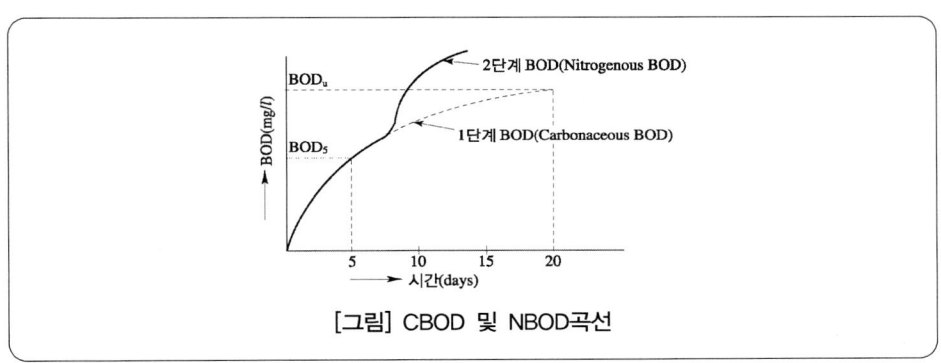

[그림] CBOD 및 NBOD곡선

③ 5일 저장기간 동안 산소소비량이 40~70%범위 안의 희석시료를 선택하며, 잔류염소의 방해를 방지하기 위하여 Na_2SO_3를 주입한다.

④ 시료의 BOD_5(mg/L) $= (D_1 - D_2) \times P$

　　여기서, D_1: 15분간 방치된 후의 희석(제조)한 시료의 DO(mg/L)
　　　　　　D_2: 5일간 배양한 다음의 희석(제조)한 시료의 DO(mg/L)
　　　　　　P: 희석시료 중 시료의 희석배수(희석시료량/시료량)

⑤ 소비 BOD와 잔류 BOD

　　소비 $BOD_t = BOD_\mu(1 - 10^{-kt})$

　　잔류 $BOD_t = BOD_\mu \cdot 10^{-kt}$

　여기서, BOD_5: 5일 후 BOD값　　$BOD\mu$: 최종 BOD값
　　　　　k_1: 탈산소계수　　　　　t: 시간

01 유기물의 호기성 분해 시 최종산물은?

① 물과 이산화탄소　　　　　　　② 일산화탄소와 메탄
③ 이산화타소와 메탄　　　　　　④ 물과 일산화탄소

해설　유기물 + O_2 → CO_2 + H_2O + energy

02 다음 중 유기물의 혐기성 소화 분해 시 발생되는 물질로 거리가 먼 것은?

① 산소　　② 알코올　　③ 유기산　　④ 메탄

해설　유기물 → CH_4 + CO_2 + H_2O

03 하수처리장의 유입수 BOD가 225mg/L이고, 유출수의 BOD가 55ppm이었다. 이 하수처리장의 BOD제거율은?

① 약 55%　　② 약 76%　　③ 약 83%　　④ 약 95%

해설　$BOD제거율 = \dfrac{225mg - 55mg/L}{225mg/L} = 0.755 ≒ 76\%$

04 실험실에서 일반적으로 BOD_5를 측정할 때 배양 조건은?

① 5℃에서 10일간 배양　　　　　② 5℃에서 20일간 배양
③ 20℃에서 5일간 배양　　　　　④ 20℃에서 10일간 배양

05 식품공장폐수를 200배 희석하여 측정한 DO는 8.6mg/L이었고, 5일 동안 배양한 후 DO는 4.2mg/L이었다. 이 폐수의 생물화학적 산소요구량은?

① 750mg/L　　② 785mg/L　　③ 880mg/L　　④ 915mg/L

해설　$BOD(mg/L) = (DO_1 - DO_2) \times P$
∴ $BOD = (8.6 - 4.2) \times 200 = 880 mg/L$

06 수질오염 지표에서 수중의 DO농도가 증가하는 것은?

① 동물의 호흡 작용　　　　　　② 불순물의 산화 작용
③ 유기물의 분해 작용　　　　　④ 조류의 광합성 작용

해설　조류(Algae)는 CO_2를 탄소원으로 빛을 에너지원으로 세포로 합성하고 DO를 생성한다.

정답 01.① 02.① 03.② 04.③ 05.③ 06.④

07 다음 중 수질오염지표에 관한 설명으로 옳지 않은 것은?
① pH : 산성 또는 알칼리성의 정도
② SS : 수중에 부유하고 있는 물질량
③ DO : 수중에 용해되어 있는 산소량
④ COD : 생화학적 산소요구량

해설 COD는 화학적 산소요구량을, BOD는 생물학적 산소요구량을 나타내다.

08 유기물 과다 유입에 따른 수질오염현상으로 가장 거리가 먼 것은?
① DO 농도의 감소
② 혐기상태로 변화
③ 어패류의 폐사현상
④ BOD 농도의 감소

해설 BOD 농도는 증가한다.

09 탈산소계수가 0.1/day인 어떤 유기물질의 BOD_5가 200ppm이었다. 2일 후에 남아있는 BOD값은?(단, 상용대수 적용)
① 192.3mg/L
② 189.4mg/L
③ 184.6mg/L
④ 179.3mg/L

해설 $BOD_5 = BOD_\mu(1-10^{-k_1 \cdot t})$ $200 = BOD_\mu(1-10^{-0.1 \times 5})$

$BOD_\mu = \dfrac{200}{1-10^{-0.1 \times 5}} = 292.5 mg/L$

$\therefore BOD_2 = 292.5 \times 10^{-0.1 \times 2} = 184.6\, mg/L$

10 시료의 5일 BOD가 212mg/L이고, 탈산소계수값이 0.15/d(밑수 10)이면, 이 시료의 최종 BOD(mg/L)는?
① 243   ② 258   ③ 285   ④ 292

해설 $BOD_5 = BOD_\mu(1-10^{-k_1 \cdot t})$ $212mg/L = BOD_\mu(1-10^{-0.15 \times 5})$

$\therefore BOD_\mu = \dfrac{212}{0.82} = 258 ppm$

11 탈산소계수가 0.15/d인 어느 유기물질의 BOD_5가 200ppm이었다. 2일 후에 남아있는 BOD는?(단, 상용대수 적용)
① 105   ② 118   ③ 122   ④ 136

해설 • 소비된 BOD량 $BOD_5 = BOD_\mu(1-10^{-k_1 \cdot t})$

$200mg/L = BOD_\mu(1-10^{-0.15 \times 5})$ $BOD_\mu = \dfrac{200}{1-10^{-0.15 \times 5}} = 243.26 mg/L$

• 2일 후 잔류 BOD량 $BOD_2 = BOD_\mu \cdot 10^{-k_1 \cdot t}$

$BOD_2 = 243.26 \times 10^{-0.15 \times 2} = 121.9 mg/L$

정답 07.④ 08.④ 09.③ 10.② 11.③

10 ThOD & TOC

① ThOD(Theoretical Oxygen Demand, 이론적 산소요구량)는 유기물질이 화학양론적으로 산화, 분해될 때 이론적으로 요구되는 산소량으로 정의한다.

② TOC(Total Organic Carbon)는 유기물질이 화학양론적으로 산화 분해될 때 이론적으로 요구되는 산소량이다.

③ 화학양론적으로 구한 BOD_μ값은 유기물질이 산화되는 과정에서 소비한 산소량뿐만 아니라 유기물질의 양으로도 해석할 수 있는 기본개념이 된다.

$$ThOD > TOD > COD_{Cr} > BOD_\mu > ThOC > BOD_5 > TOC$$

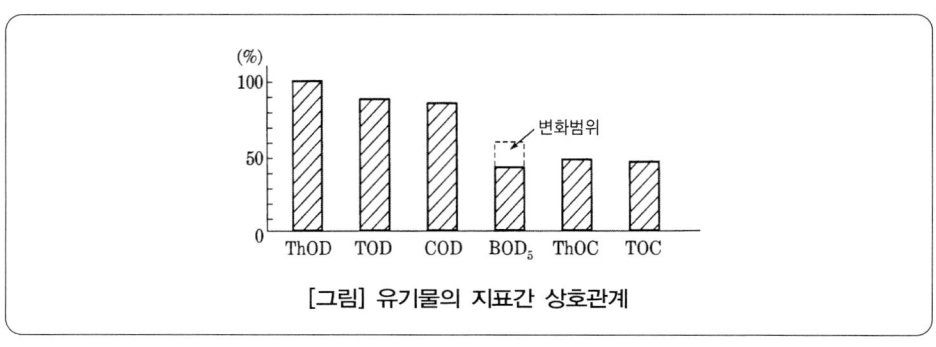

[그림] 유기물의 지표간 상호관계

④ 유기물의 호기성 분해식

- glucose $C_6H_{12}O_6 + 6O_2 \rightarrow 6CO_2 + 6H_2O$
  180g : 6×32g

- bacteria $C_5H_7O_2N + 5O_2 \rightarrow 5CO_2 + 2H_2O + NH_3$
  113g : 5×32g

- glycine $C_2H_5O_2N + 3.5O_2 \rightarrow 2CO_2 + 2H_2O + HNO_3$
  75g : 3.5×32g

- formaldehyde $CH_2O + O_2 \rightarrow CO_2 + H_2O$
  30g : 32g

- ethanol $C_2H_5OH + 3O_2 \rightarrow 2CO_2 + 3H_2O$
  46g : 3×32g

- methanol $CH_3OH + 1.5O_2 \rightarrow CO_2 + 2H_2O$
  32g : 1.5×32g

01 에탄올(C_2H_5OH)의 농도가 350mg/L인 폐수의 이론적인 화학적 산소요구량은?

① 620mg/L
② 730mg/L
③ 840mg/L
④ 950mg/L

해설 $C_2H_5OH + 3O_2 \rightarrow 2CO_2 + 3H_2O$
　　　46g　　　：　$3 \times 32g$
　　　350mg/L　：　x
　　　∴ $x = 730.4$mg/L

02 C_2H_5OH의 완전산화시 ThOD/TOC의 비는?

① 1.92
② 2.67
③ 3.31
④ 4

해설 $C_2H_5OH + 3O_2 \rightarrow 2CO_2 + 3H_2O$
　　　$ThOD = 3 \times 32 = 96g$
　　　$TOC = 12 \times 2 = 24g$
　　　∴ $ThOD/TOC = 96/24 = 4$

03 Formaldehyde(CH_2O)의 완전산화 시, ThOD/TOC의 비는?

① 1.92
② 2.67
③ 3.31
④ 4

해설 $CH_2O + O_2 \rightarrow CO_2 + H_2O$
　　　∴ $ThOD/TOC = 32/12 = 2.67$

04 $C_2H_5NO_2$ 150g 분해에 필요한 이론적 산소요구량(g)은? (단, 최종분해산물은 CO_2, H_2O, HNO_3 이다.)

① 89g
② 94g
③ 112g
④ 224g

해설 $C_2H_5NO_2 + \frac{7}{2}O_2 \rightarrow 2CO_2 + 2H_2O + HNO_3$
　　　75g　：　$3.5 \times 32g$
　　　150g　：　x
　　　∴ $x = \dfrac{150g \times 3.5 \times 32g}{75g} = 224g$

정답 01.② 02.④ 03.② 04.④

11 COD

① COD_{Mn}(chemical oxygen demand)는 산화제($K_2Cr_2O_3$, $KMnO_4$)를 가해서 유기물을 산화시키는데 소비된 산화제의 양을 산소(O_2)로 환산하여 ppm(mg/L) 단위로 표시한 값으로 정의한다.
② 일반적으로 BOD_5 측정이 5일 걸리는 것과는 달리 COD_{Mn}는 2시간으로 측정가능하다.
③ BOD_5 측정이 불가능한 공장폐수의 경우 COD_{Mn} 측정이 흔히 채택된다.
④ COD_{Mn} 측정에서 유기물의 산화력은 60%정도로 오염도가 낮은 하천수, 하수 분석에 적합하며, BOD_u와의 편차가 적다.
⑤ 일반적인 유기물질의 COD_{Mn}는 BOD_5보다 그 값이 크거나 같다.
⑥ 일반적으로 하천이나 도시하수는 BOD_5값을 많이 채택하고 공장폐수, 해수, 호소의 오염지표로는 COD_{Mn}값이 많이 쓰인다.
⑦ COD_{Mn}값의 계산

$$COD(mg/L) = (b-a) \times f \times \frac{1000}{V} \times 0.2$$

여기서, a : 바탕시험 적정에 소비된 과망간산칼륨용액(0.025N)의 양(mL)
b : 시료의 적정에 소비된 과망간산칼륨용액(0.025N)의 양(mL)
f : 과망간산칼륨용액(0.025N)의 농도계수(factor)
V : 시료의 양(mL)

Question

01 화학적 산소요구량(COD)에 대한 설명 중 옳지 않은 것은?
① 미생물에 의해 분해되지 않는 물질도 측정이 가능하다.
② 염소이온의 방해는 황산은을 첨가함으로써 감소시킬 수 있다.
③ BOD 시험치보다 빨리 구할 수 있으므로 폐수처리시설 운영 시 유용하게 사용가능하다.
④ 우리나라는 알칼리성 100℃에서 $K_2Cr_2O_4$를 이용하여 측정하도록 규정하고 있다.

해설 우리나라는 산성 100℃에서 과망간산칼륨($KMnO_4$)을 이용하여 측정하도록 규정하고 있다.

02 산성 과망간산칼륨 적정에 의한 화학적 산소요구량(COD_{Mn}) 시험방법에 관한 설명으로 옳지 않은 것은?

① 시료를 황산산성으로 하여 과망간산칼륨 일정과량을 넣고 30분간 수욕상에서 가열 반응시킨다.
② 염소이온은 과망간산에 의해 정량적으로 산화되어 음의 오차를 유발하므로 황산칼륨을 첨가하여 염소이온의 간섭을 제거한다.
③ 가열과정에서 오차가 발생할 수 있으므로 물중탕의 온도와 가열시간을 잘 지켜야 한다.
④ 아질산염은 아질산성 질소 1mg 당 1.1mg의 산소를 소모하여 COD값의 오차를 유발한다.

해설 염소이온은 과망간산칼륨에 의해 정량적으로 산화되어 양의 오차를 유발하므로 황산은을 첨가하여 염소이온의 간섭을 제거한다.

03 공장폐수 50mL를 검수로 하여 산성 100℃ $KMnO_4$법에 의한 COD 측정을 하였을 때 시료적정에 소비된 0.025N $KMnO_4$용액은 5.13mL이다. 이 폐수의 COD값은?(단, 0.25N $KMnO_4$용액의 역가는 0.98 이고, 바탕시험 적정에 소비된 0.025N $KMnO_4$용액은 0.13mL 이다.)

① 9.8mg/L   ② 19.6mg/L   ③ 21.6mg/L   ④ 98mg/L

해설 $COD = (5.13 - 0.13)\text{mL} \times 0.98 \times \dfrac{1000}{50\text{mL}} \times 0.2 = 19.6\text{mg/L}$

04 수질오염공정시험기준상 산성 100℃ 과망간산칼륨에 의한 화학적 산소요구량측정 시 적정온도로 가장 적합한 것은?

① 25~30℃
② 60~80℃
③ 110~120℃
④ 185~200℃

해설 60~80℃를 유지하면서 과망간산칼륨용액으로 엷은 홍색이 나타날 때까지 적정한다.

05 화학적 산소요구량(COD)에 대한 설명으로 옳은 것은?

① 측정하는데 5일이 소요된다.
② 생물화학적 산소요구량과 동일한 값을 나타낸다.
③ 미생물에 의해 분해되지 않는 유기물도 산화시킨다.
④ 시료 중의 호기성 미생물의 증식과 호흡작용에 의해 소비되는 용존산소의 양을 측정하는 방법이다.

해설 BOD는 20℃에서 5일간 배양하여 호기성 미생물의 증식과 호흡작용에 의해 소비되는 용존산소의 양을 측정하는 방법이다.

정답 01.④   02.②   03.②   04.②   05.③

12 고형물(SS)

① 고형물은 부유고형물과 용존고형물을 말한다.
② 부유고형물은 섬유상 여과막을 통과하지 않은 물질이며 휘발성과 잔류성이 있다.
③ 용존고형물은 섬유상 여과막을 통과한 용존상태의 콜로이드와 이온을 포함하며 휘발성과 잔류성이 있다.
④ **총 고형물(total solids)** 의 시료를 유리섬유여과지(GF/C)로 여과하여 105~110℃에서 2시간 가열 건조 후 무게를 달아 여과 전 후의 무게차(중량법)로 산출한다.

Question

01 다음 중 "고상폐기물"을 정의할 때 고형물의 함량기준 은?

① 3% 이상 ② 5% 이상
③ 10% 이상 ④ 15% 이상

해설
• 액상 폐기물 : 고형물 함량 5% 미만인 것
• 반고상 폐기물 : 고형물 함량이 5% 이상 15% 미만인 것
• 고상 폐기물 : 고형물 함량이 15% 이상인 것

02 다음 중 임호프 콘(Imhoff Cone)이 측정하는 항목으로 가장 적합한 것은?

① 전기음성도 ② 분원성 대장균군
③ pH ④ 침전물질

해설 임호프 콘(Imhoff Cone)은 침전성 고형물의 부피를 측정하는 기구이다.

03 수질오염공정시험기준상 유리섬유 거름종이법에 의한 부유물질(SS) 시험방법에 관한 설명으로 거리가 먼 것은?

① 정량범위는 5mg 이상이다.
② 105~110℃ 건조기 안에서 6시간 건조시킨 후 무게를 정밀히 단다.
③ 입경이 큰 고형물을 함유한 시료는 세게 흔들어 섞은 다음 2mm의 체를 통과한 시료를 가지고 실험한다.
④ 사용한 여과기의 하부여과재는 중크롬산 황산용액에 넣어 침전물을 녹인 다음 정제수로 씻어 사용한다.

해설 105~110℃ 건조기 안에서 2시간 건조시켜 황산 데시케이터에 넣어 방냉한다.

04 부유물질(Suspended Solids)에 관한 설명으로 옳지 않은 것은?

① 부유물질은 물에 녹는 고형물질로서 유리섬유 거름종이(GF/C)를 통과하는 고형물질의 양을 mg/L로 표시한다.
② 부유물질의 농도는 하폐수의 특성이나 처리장의 처리효율을 평가하는데 이용된다.
③ 침강성 고형물질은 하수처리장의 1차 침전지에서 침강에 필요한 유속을 결정하는 기초자료가 된다.
④ 부유물질이 많을 경우에는 물 속 어류의 아가미에 부착되어 어류를 질식시키는 원인이 된다.

해설 부유물질은 물에 녹지 않는 고형물질로서 유리섬유여과지를(GF/C)를 통과하지 않는 고형물질의 양을 mg/L(ppm) 단위로 표시한다.

05 다음 중 수분 및 고형물 함량 측정에 필요한 실험기구와 거리가 먼 것은?

① 증발접시
② 전자저울
③ Jar-테스터
④ 데시케이터

해설 Jar Tester는 응집, 응결, 응집제 주입량, 교반속도, 플록(Floc) 형성 등을 실험하는 장치이다.

정답 01.④ 02.④ 03.② 04.① 05.③

---

13 경도

① **경도**(Hardness)라 함은 물속에 용해되어 있는 Ca^{2+}, Mg^{2+}, Mn^{2+}, Fe^{2+}, Sr^{2+} 등 2가 양이온 금속의 함량을 이에 대응하는 $CaCO_3$ ppm으로 환산표시한 값으로 정의, 즉 물의 세기정도를 말한다.

$$경도(mg/L \ as \ CaCO_3) = \frac{M^{2+} \ mg/L}{M^{2+} \ 당량} \times 50(CaCO_3 \ 당량)$$

여기서, M^{2+} : 경도유발 2가 양이온 금속

② 일반적으로 경도에 의한 물의 세기정도는 다음과 같이 분류한다.
- 0~72mg/L : 연수(soft)
- 75~150mg/L : 적당한 경수(moderately hard)
- 150~300mg/L : 경수(hard)
- 300mg/L 이상 : 고경수(very hard)

01 다음 중 경도의 주 원인물질은?

① Ca^{2+}, Mg^{2+}
② Ba^{2+}, Cd^{2+}
③ Fe^{2+}, Pb^{2+}
④ Ra^{2+}, Mn^{2+}

02 다음 중 Acidity 또는 Hardness는 무엇으로 환산하는가?

① 염화칼슘   ② 질산칼슘   ③ 수산화칼슘   ④ 탄산칼슘

03 경도(Hardness)에 관한 설명으로 거리가 먼 것은?

① Na^+은 농도가 높을 때는 경도와 비슷한 작용을 하여 유사경도라 한다.
② 2가 이상의 양이온 금속의 양을 수산화칼슘으로 환산하여 ppm 단위로 표시한다.
③ 센물 속의 금속이온들은 세제나 비누와 결합하여 세탁 효과를 떨어뜨린다.
④ 경도 중 CO_3^{2-}, HCO_3^- 등과 결합한 형태로 있을 때 이를 탄산경도라고 하고, 이 성분은 물을 끓일 때 침전제거 되므로 일시경도라 한다.

> **해설** 경도라 함은 물속에 용해되어 있는 Ca^{2+}, Mg^{2+}, Mn^{2+} 등 2가 양이온 금속의 함량을 이에 대응하는 $CaCO_3$ppm으로 환산표시한 값으로 정의. 즉 물의 세기정도를 말한다.

04 경도(Hardness)에 관한 설명으로 틀린 것은?

① SO_4^{2-}, NO_3^-, Cl^-와 화합물을 이루고 있을 때, 나타나는 경도를 영구경도라고도 한다.
② 경도가 높은 물은 관로의 통수저항을 감소시켜 공업용수(섬유제지 등)로 적합하다.
③ 탄산경도는 일시경도라고도 한다.
④ Na^+은 경도를 유발하는 이온은 아니지만 그 농도가 높을 때, 경도와 비슷한 작용을 하므로 유사경도라 한다.

> **해설** 경도가 높은 물은 Scale을 형성시켜 열전도율이 감소하고 관로의 통수저항을 증가시켜 공업용수로 부적합하다.

05 Ca^{2+}의 농도가 40mg/L, Mg^{2+}의 농도가 24mg/L인물의 경도(mg/L as $CaCO_3$)는?(단, Ca의 원자량은 40, Mg의 원자량은 24이다)

① 100   ② 150   ③ 200   ④ 250

> **해설** 물의 경도 = $(\frac{40\text{mg/L}}{40\text{g}/2} \times 50\text{g}) + (\frac{24\text{mg/L}}{24\text{g}/2} \times 50\text{g}) = 200\text{mg/L as } CaCO_3$

정답 01.① 02.④ 03.② 04.② 05.③

14. 알칼리도

① **알칼리도**(alkalinity)란 산을 중화시킬 수 있는 OH⁻, CO_3^{2-}, HCO_3^- 등을 탄산칼슘(mg/L as $CaCO_3$)으로 환산한 값이다.

$$Alk(\text{mg/L as } CaCO_3) = \frac{Alk\ \text{량}(\text{mg/L})}{Alk\ \text{당량}} \times 50(CaCO_3\ \text{당량})$$

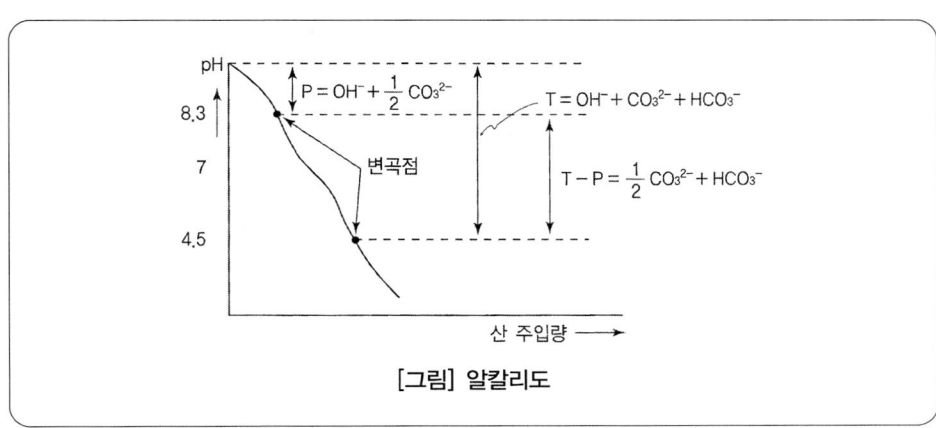

[그림] 알칼리도

② **P-알칼리도**

알칼리성 상태에 있는 시료에 산(H_2SO_4, HCl 등)을 주입하여 pH8.3 (지시약 PP, phenolphthalein)까지 낮추는데 주입된 산의 양을 이에 대응하는 탄산칼슘(mg/L as $CaCO_3$)으로 환산한 값이다.

③ **M-알칼리도**

알칼리성 상태에 있는 시료에 산(H_2SO_4, HCl 등)을 주입하여 pH4.5 (지시약 MO, methyl orange)까지 낮추는데 주입된 산의 양을 이에 대응하는 탄산칼슘(mg/L as $CaCO_3$)으로 환산한 값이다.

④ **알칼리도의 자료이용**
- 응집 : 적정 pH유지, 응집촉진을 위한 알칼리도 보충
- 완충용량 : 폐수와 슬러지의 완충용량 계산
- 부식제어 : Langelier지수 계산
- 물의 연수화 : 석회 및 소다회의 소요량 계산

Question

01 다음 중 수중의 알칼리도를 ppm 단위로 나타낼 때 기준이 되는 물질은?

① $Ca(OH)_2$ ② CH_3OH ③ $CaCO_3$ ④ HCl

해설 알칼리도란 수중에 수산화물(OH^-), 탄산염(CO_3^{2-}), 중탄산염(HCO_3^-)의 형태로 함유되어 있는 알칼리성을 이에 대응하는 $CaCO_3$으로 환산하여 ppm 단위로 표시한 것이다.

02 알칼리도(Alkalinity)에 관한 설명으로 틀린 것은?

① 산을 중화시킬 수 있는 능력의 척도이다.
② 알칼리도 유발물질은 수산화물, 중탄산염, 탄산염 등이다.
③ 알칼리도는 화학적 응집, 물의 연수화, 부식제어를 위한 자료로 이용된다.
④ pH 7까지 낮추는데 주입된 산의 양을 CaO ppm으로 환산한 값을 총알칼리도라 한다.

해설 M-알칼리도는 산 표준용액으로 pH 4.5까지 중화시키는데 들어간 산의 농도를 탄산칼슘($CaCO_3$)으로 환산하여 ppm 단위로 표시한다.

03 알칼리도에 관한 설명으로 가장 거리가 먼 것은?

① 산이 유입될 때 이를 중화시킬 수 있는 능력의 척도이다.
② 0.01N NaOH로 적정하여 소비된 양을 탄산칼슘의 당량으로 환산하여 mg/L로 나타낸다.
③ 중탄산염이 많이 포함된 물을 가열하면 CO_2가 대기 중으로 방출되어 물속에 OH^-가 존재하므로 알칼리성을 띠게 한다.
④ 일반적으로 자연수에 존재하는 이온 중 알칼리도에 기여하는 물질의 강도는 $OH^- > CO_3^{2-} > HCO_3^-$ 순이다.

해설 P 또는 M-알칼리도는 수중의 OH^-, CO_3^{2-}, HCO_3^-의 성분을 H_2SO_4로 적정하여 이에 대응하는 탄산칼슘의 량으로 환산하여 mg/L 단위로 나타낸다.

04 혐기성 소화조의 완충능력(Buffer Capacity)을 표현하는 것으로 가장 적합한 것은?

① 탁 도   ② 경 도   ③ 알칼리도   ④ 응집도

해설 혐기성 소화과정에서 발생하는 중탄산염의 알칼리도는 소화조의 완충능력을 나타낸다.

05 자연수에 존재하는 다음 이온 중 알칼리도를 유발하는데 가장 크게 기여하는 것은?

① OH^- ② CO_3^{2-} ③ HCO_3^- ④ NH_4^+

해설 $OH^- > CO_3^{2-} > HCO_3^-$

정답 01.③ 02.④ 03.② 04.③ 05.①

15 용존산소(DO)

① 수중에 용해되어 있는 산소의 양으로 정의한다.
② 온도가 높을수록 용존산소값은 감소한다.
③ 물의 흐름이 난류일 때 산소의 용해도는 높다.
④ 유기물질이 많을수록 용존산소 값은 작아진다.
⑤ 일반적으로 용존산소 값이 클수록 깨끗한 물로 간주할 수 있다.
⑥ DO의 측정은 윙클러-아지드화나트륨 변법으로 한다.
⑦ 적정에 쓰이는 표준용액은 0.1N 전분용액, 0.025N NaOH, $MnSO_4$ 이 있으며, 종말점은 0.025N $Na_2S_2O_3$으로 무색이 될 때까지 적정한다.

Question

01 다음 중 지표수의 특성으로 가장 거리가 먼 것은?(단, 지하수와 비교)

① 지상에 노출되어 오염의 우려가 큰 편이다.
② 용존산소 농도가 높고 경도가 큰 편이다.
③ 철, 망간 성분이 비교적 적게 포함되어 있고, 대량 취수가 용이한 편이다.
④ 수질 변동이 비교적 심한 편이다.

해설 지표수는 지하수보다 용존산소는 높고 경도는 낮다.

02 수중 용존산소와 관련된 일반적인 설명으로 옳지 않은 것은?

① 온도가 높을수록 용존산소 값은 감소한다.
② 물의 흐름이 난류일 때 산소의 용해도는 높다.
③ 유기물질이 많을수록 용존산소 값은 커진다.
④ 일반적으로 용존산소값이 클수록 깨끗한 물로 간주할 수 있다.

해설 유기물질이 많을수록 용존산소 값은 작아진다.

03 주간에 호소에서 조류가 성장하는 동안 조류가 수질에 미치는 영향으로 가장 적합한 것은?

① 수온의 상승
② 질소의 증가
③ 칼슘농도의 증가
④ 용존산소 농도의 증가

해설 주간에는 조류의 광합성으로 CO_2는 감소하고 용존산소(DO)는 증가한다.

정답 01.② 02.③ 03.④

04 아래 그래프는 자정단계에 따른 용존산소의 변화량을 나타낸 것이다. 이에 관한 설명으로 옳지 않은 것은?

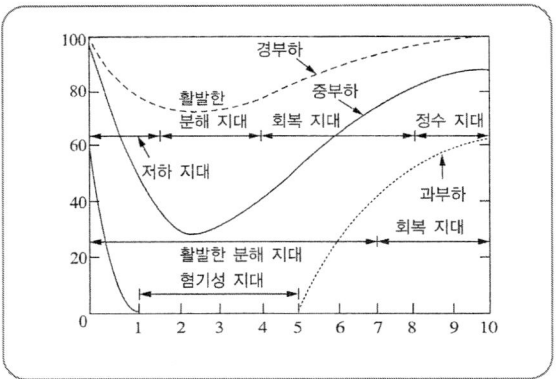

① 저하지대는 오염물질의 유입으로 수질이 저하되어 오염에 약한 고등생물은 오염에 강한 미생물로 교체된다.
② 활발한 분해지대는 용존산소가 가장 높아 활발한 분해가 일어나는 상태에 도달되고, 호기성 세균의 번식이 활발하다.
③ 회복지대는 수질이 점차 깨끗해지며, 기포의 발생이 감소하는 등 분해지대와는 반대 현상이 장거리에 걸쳐 발생한다.
④ 정수지대는 마치 오염되지 않은 자연수처럼 보이며, 용존산소 농도가 증가하여 오염되지 않은 자연 수계에서 살 수 있는 식물이나 동물이 번식한다.

> **해설** 일반 하천의 자정단계는 '초기 분해지대 → 활발한 분해지대 → 회복지대'로 나뉘어진다.

05 용존산소가 충분한 조건의 수중에서 미생물에 의한 단백질 분해순서를 올바르게 나타낸 것은?

① $NO_3^- \to NO_2 \to NH_4^+ \to Amino\,Acid$
② $NH_4^+ \to NO_2^- \to NO_3^- \to Amino\,Acid$
③ $Amino\,Acid \to NO_3^- \to NO_2^- \to NH_4^+$
④ $Amino\,Acid \to NH_4^+ \to NO_2^- \to NO_3^-$

> **해설** 단백질 → 아미노산(Amino Acid) → 암모늄(NH_4^+) → 질산화과정(NO_2^- → NO_3^-)

06 수중 용존산소의 양은 일반적으로 온도가 상승함에 따라 어떻게 변화하는가?

① 감소한다. ② 증가한다.
③ 변화없다. ④ 증가 후 감소한다.

07 다음 중 해양오염 현상으로 거리가 먼 것은?

① 적조 ② 부영양화
③ 용존산소 과포화 ④ 온열배수유입

> **해설** 용존산소(DO : Dissolved Oxygen)의 과포화는 오염이 되지 않은 깨끗한 상태를 의미한다.

정답 04.② 05.④ 06.① 07.③

16 총대장균군

① 그람음성 무아포성 막대모양 간균으로 유당(젖당, lactose)을 분해하여 산과 가스를 발생하는 호기성 및 통성혐기성 균이다.
② 대장균군은 온혈동물의 장내에 서식한다.
③ 병원균이 존재할 때 같이 존재한다.
④ 병원균보다 많은 수가 존재한다.
⑤ 소독에 대한 저항성이 병원균보다 크다(virus보다는 약하다).
⑥ 비병원성 이다.
⑦ 검출이 용이하고 검사법이 간단하다.
⑧ 물속에서 병원균보다 오래 생존하며 시간이 지나면 서서히 사멸한다.
⑨ 따라서 어떤 수계에서 대장균이 검출되면 인축배설물에 의한 오염이 되었음을 시사해 주고, 수인성 전염병균의 존재가능성을 추정하는 지표로 이용된다.

Question

01 수질관리를 위해 대장균군을 측정하는 주목적으로 가장 타당한 것은?
① 유기물질의 오염농도를 측정하기 위하여
② 수질의 미생물 성장가능 여부를 알기 위하여
③ 공장폐수의 유입여부를 알기 위하여
④ 다른 수인성 병원균의 존재 가능성을 알기 위하여

해설 대장균은 지표미생물로써, 자체는 아무런 해가 없으나 수인성 병원균의 존재 가능성을 알 수 있다.

02 다음 중 염소살균의 가장 큰 장점은?
① 대장균을 선택적으로 살균한다.
② 낮은 농도에서도 효과적이며, 충분한 양 투여 시 지속적인 살균효과를 나타낸다.
③ 독성유해화학물질도 제거할 수 있고, 특히 냄새제거에 탁월한 효능을 나타낸다.
④ 플랑크톤 제거에 가장 효과적이다.

해설 낮은 농도에서도 효과적이며, 충분한 양 투여 시 지속적인 잔류 살균효과를 나타낸다.

정답 01.④ 02.②

17 pH

① 25°C 1atm에서 수용액 속에 있는 수소이온의 이온화농도$[M/L]$를 역대수($-\log$)값으로 정의한다.
② 수용액 즉, 물의 이온화 $H_2O \rightleftharpoons H^+ + OH^-$
③ 물의 이온화농도 $[H_2O] \rightleftharpoons [H^+][OH^-]$
   물의 이온화상수 $K_w = [H_2O] = 1.0 \times 10^{-14}$
   $$1.0 \times 10^{-14} = [H^+][OH^-]$$
④ 수소이온의 이온화농도$[M/L]$에 역대수($-\log$)를 취하면,
   $$pH = -\log[H^+] = \log\frac{1}{[H^+]}$$
   $$pOH = -\log[OH^-] = \log\frac{1}{[OH^-]}$$

Question

01 [H$^+$]농도가 2×10^{-4}mol/L인 경우 용액의 pH는?

① 2.7　　② 3.7　　③ 4.0　　④ 8.0

해설 $pH = -\log[H^+] = -\log[2 \times 10^{-4}] = 3.7$

02 [OH$^-$]농도가 3.5×10^{-3}mol/L인 경우 용액의 pH는?

① 2.45　　　　　　② 3.5
③ 7.0　　　　　　 ④ 11.55

해설 $pOH = -\log[OH^-] = -\log[3.5 \times 10^{-3}] = 2.45$
　　　$pH = 14 - pOH = 14 - 2.45 = 11.55$

03 10^{-5}mol/L HCl 용액의 pH는?(단, HCl은 100% 이온화 한다.)

① 2　　② 3　　③ 4　　④ 5

해설 $HCl \rightleftharpoons H^+ + Cl^-$
　　　$10^{-5}M \quad 1 \times 10^{-5}M \quad 10^{-5}M$
　　　$pH = -\log[H^+] = -\log[1 \times 10^{-5}] = 5$

정답 01.② 02.④ 03.④

04 10^{-5} mol/L NaOH 용액의 pH는?(단, NaOH는 100% 이온화 한다.)

① 2.0　　　② 5.0　　　③ 8.0　　　④ 9.0

해설　$NaOH \rightleftharpoons Na^+ + OH^-$
$10^{-5}M \quad 1 \times 10^{-5}M \quad 10^{-5}M$
$pOH = -\log[OH^-] = -\log[1 \times 10^{-5}] = 5$
$pH = 14 - 5 = 9.0$

05 10^{-5} mol/L H_2SO_4 용액의 pH는?(단, H_2SO_4는 100% 이온화 한다.)

① 4.7　　　② 5.0
③ 7.4　　　④ 9.3

해설　$H_2SO_4 \rightleftharpoons 2H^+ + SO_4^{2-}$
$10^{-5}M \quad 2 \times 10^{-5}M \quad 10^{-5}M$
$pH = -\log[H^+] = -\log[2 \times 10^{-5}] = 4.7$

06 10^{-5} mol/L $Ca(OH)_2$ 용액의 pH는?(단, $Ca(OH)_2$는 100% 이온화 한다.)

① 4.7　　　② 5.0
③ 7.4　　　④ 9.3

해설　$Ca(OH)_2 \rightleftharpoons Ca^{2+} + 2OH^-$
$10^{-5}M \quad 10^{-5}M \quad 2 \times 10^{-5}M$
$pOH = -\log[OH^-] = -\log[2 \times 10^{-5}] = 4.7$
$pH = 14 - 4.7 = 9.3$

07 pH 2인 용액의 [H^+] 농도(M/L)는?

① 0.01　　　② 0.1　　　③ 1.0　　　④ 100

해설　$pH = -\log[H^+] \Rightarrow [H^+] = 10^{-2} = 0.01 M/L$

08 pH 9인 용액의 [OH^-] 농도(M/L)는?

① 10^{-1}　　　② 10^{-5}
③ 10^{-9}　　　④ 10^{-11}

해설　$pOH = 14 - pH = 14 - 9 = 5 \Rightarrow 10^{-5}$ M/L

정답　04.④　05.①　06.④　07.①　08.②

09 물 500mL에 HCl 0.04g 용해되어있다. 이 용액의 pH는?

① 2.0   ② 2.7
③ 10.3 ④ 11.3

해설 $HCl(mol/L) = \dfrac{0.04g}{0.5L} \Big| \dfrac{1mol}{36.5g} = 2 \times 10^{-3} mol \ as \ H^+$

$pH = -\log[H^+] = -\log[2 \times 10^{-3}] = 2.7$

10 물 500mL에 NaOH 0.04g 용해되어있다. 이 용액의 pH는?

① 2.0   ② 2.7
③ 10.3 ④ 11.3

해설 $NaOH(mol/L) = \dfrac{0.04g}{0.5L} \Big| \dfrac{1mol}{40g} = 2 \times 10^{-3} mol \ as \ OH^-$

$pOH = -\log[OH^-] = -\log[2 \times 10^{-3}] = 2.7$
$pH = 14 - 2.7 = 11.3$

11 pH 2인 용액은 pH 3인 용액보다 몇 배 더 산성인가?

① 1배   ② 2배   ③ 10배   ④ 20배

해설 $\dfrac{pH2}{pH3} = \dfrac{10^{-2}M}{10^{-3}M} = \dfrac{0.01M}{0.001M} = 10$배

12 pH 2인 용액의 산도보다 2배 높은 산도의 pH는?

① 1.0   ② 1.7   ③ 2.0   ④ 2.7

해설 $pH = -\log[H^+] \Rightarrow [H^+] = 10^{-2} = 2$배 $\times 0.01M$

$pH = -\log[2 \times 10^{-2}] = 1.7$

13 pH 4인 용액 200mL와 pH 2인 용액 50mL 혼합용액의 pH는?

① 2.0   ② 2.68
③ 3.0   ④ 3.7

해설 pH 4의 산 농도는 $10^{-4}M = 10^{-4}N$
pH 2의 산 농도는 $10^{-2}M = 10^{-2}N$

$N = \dfrac{N_1 V_1 + N_2 V_2}{V_1 + V_2} = \dfrac{10^{-4} \times 200 + 10^{-2} \times 50}{200 + 50} = 2.08 \times 10^{-3} N$

$pH = -\log[H^+] \Rightarrow [H^+] = 2.08 \times 10^{-3} M$
$pH = -\log[2.08 \times 10^{-3}] = 2.68$

정답 09.② 10.④ 11.③ 12.② 13.②

14 pH 10인 용액 200mL와 pH 8인 용액 50mL 혼합용액의 pH는?

① 4.09　　　② 5.0　　　③ 6.0　　　④ 9.91

> 해설　pH 10의 염기농도는 $10^{-4}M = 10^{-4}N$
> pH 8의 염기농도는 $10^{-6}M = 10^{-6}N$
> $N = \dfrac{N_1 V_1 + N_2 V_2}{V_1 + V_2} = \dfrac{10^{-4} \times 200 + 10^{-6} \times 50}{200 + 50} = 8.02 \times 10^{-5} N$
> $pH = -\log[OH^-] \Rightarrow [OH^-] = 8.02 \times 10^{-5} M$
> $pH = -\log[8.02 \times 10^{-5}] = 4.09$
> $pH = 14 - 4.09 = 9.91$

15 pH 4인 용액 200mL와 pH 8인 용액 50mL 혼합용액의 pH는?

① 4.09　　　② 5.0　　　③ 6.0　　　④ 9.91

> 해설　pH 4의 산 농도는 $10^{-4}M = 10^{-4}N$
> pH 8의 염기농도는 $10^{-6}M = 10^{-6}N$
> $N = \dfrac{N_1 V_1 - N_2 V_2}{V_1 + V_2} = \dfrac{10^{-4} \times 200 - 10^{-6} \times 50}{200 + 50} = 7.98 \times 10^{-5} N$
> $pH = -\log[H^+] \Rightarrow [H^+] = 7.98 \times 10^{-5} M$ (잔류 산의 농도)
> $pH = -\log[7.98 \times 10^{-5}] = 4.09$

16 Ca(OH)$_2$ 5g을 200mL 물에 녹였을 때 용액의 M농도와 N농도는?

① 0.24M/L, 0.57N　　　② 0.34M/L, 0.67N
③ 0.43M/L, 0.76N　　　④ 0.54M/L, 0.87N

> 해설　$M농도 = \dfrac{5g}{200mL} \Big| \dfrac{1000mL}{1L} \Big| \dfrac{1M}{74g} = 0.34 M/L$
> $N농도 = \dfrac{5g}{200mL} \Big| \dfrac{1000mL}{1L} \Big| \dfrac{1eq}{37g} = 0.67 N$

17 pH에 관한 설명으로 옳지 않은 것은?

① pH는 수소이온농도를 그 역수의 상용대수로서 나타내는 값이다.
② pH 표준액의 조제에 사용되는 물은 정제수를 증류하여 그 유출액을 15분 이상 끓여서 사용한다.
③ pH 표준액 중 보통 산성표준액은 3개월, 염기성 표준액은 산화칼슘 흡수관을 부착하여 1개월 이내에 사용한다.
④ pH 미터는 아르곤전극 및 산화전극으로 되어 있다.

> 해설　pH 미터는 유리전극, 비교전극으로 된 검출부와 지시부로 되어 있다.

정답 14.④　15.①　16.②　17.④

18. 기본단위

① 농도

$$\% = \frac{1}{100}, \quad \permil = \frac{1}{1000}$$

$$\frac{1}{100}\% = \frac{x}{1000000}ppm \quad \therefore 1\% = 10000\,ppm$$

$$\frac{1}{10^9}ppb = \frac{x}{10^6}ppm \quad \therefore 1ppb = 10^{-3}ppm$$

$$1\,ppm = \frac{1}{10^6} = \frac{1mg}{10^6 mg} = \frac{1mg}{kg} = \frac{1mg}{L} = \frac{1g}{m^3} = \frac{10^{-3}kg}{m^3}$$

$$\begin{aligned}* mg &\to g \to kg \to ton \\ mL &\quad L \quad\; kL \\ cm^3 &\quad\quad\;\; m^3\end{aligned}$$

② 압력

$$1\,atm(\text{표준대기압}) = 760\,mmHg = 1.033\,kg/cm^2 = 10.33\,mH_2O$$
$$= 1.013\,bar = 1013\,mbar = 101325\,N/m^2$$

③ 온도

$$\begin{array}{ccc} \text{℃(섭씨)} = & \text{°F(화씨)} = & K(\text{켈빈}) \\ 0 & 32 & 273.15 \end{array}$$

$$\text{°F} \underset{\frac{9}{5}\times\text{℃}+32}{\overset{\frac{5}{9}\times\text{°F}-32}{\rightleftarrows}} \text{℃} \underset{K-273}{\overset{\text{℃}+273}{\rightleftarrows}} K$$

④ 면적

$$km^2 = 1000m \times 1000m, \quad ha = 100m \times 100m$$

⑤ 밀도(ρ) 및 비중(s)

$$\rho = \frac{M(\text{질량}, g)}{V(\text{부피}, cm^3)}, \quad s = \frac{\text{측정대상 고·액체 밀도}(\rho)}{4\text{℃ 액체 밀도}(\rho_0)}$$

⑥ 구형입자의 비표면적

$$S(cm^2/g) = \frac{4\pi r^2 \cdot N}{\frac{4}{3}\pi r^3 N \cdot \rho} = \frac{1}{r}(\text{밀도 } \rho : 3.0\text{일 때, } N : \text{입자수, } r : \text{반지름})$$

01 어떤 물질을 분석한 결과 1500ppm의 결과를 얻었다. 이것을 %로 환산하면?

① 0.15%   ② 1.5%
③ 15%   ④ 150%

해설 $\frac{x}{100}\% = \frac{1500}{10^6} ppm \quad \therefore x = 0.15\%$

02 다음 압력 중 크기가 다른 하나는?

① $1.013 N/m^2$ ② 760mmHg
③ 1013mbar   ④ 1atm

해설 $1atm = 760mmHg = 1.033 kg/cm^2 = 10.33 mH_2O$
$= 1.013 bar = 1013 mbar = 101325 N/m^2$

03 섭씨온도 25℃는 절대온도로 몇 K인가?

① 25K   ② 45K
③ 273K   ④ 298K

해설 절대온도(K)=273+섭씨온도(℃)=273+25=298K

04 다음 농도 표시 중에 가장 낮은 농도는?

① 0.44mg/L   ② 0.44μg/mL
③ 0.44ppm   ④ 44ppb

해설 ① $0.44 mg/L$
② 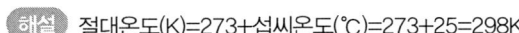 $\frac{0.44 \mu g}{mL} | \frac{10^3 mL}{L} | \frac{mg}{10^3 \mu g} = 0.44 mg/L$
③ $ppm = \frac{1 mg}{L} \quad \therefore 0.44 ppm \times \frac{1 mg}{L} = 0.44 mg/L$
④ $ppb = \frac{1^{-3} mg}{L} \quad \therefore 44 ppb \times \frac{10^{-3} mg}{L} = 0.044 mg/L$

정답 01.① 02.① 03.④ 04.④

05 다음과 같이 정의되는 입자의 직경은?

> 측정하고자 하는 입자와 동일한 침강속도를 가지며, 밀도가 $1g/cm^3$인 구형입자의 직경을 말한다.

① 휘렛 직경(Feret Diameter)
② 마틴 직경(Martin Diameter)
③ 공기역학 직경(Aerodynamic Diameter)
④ 스톡스 직경(Stoke's Diameter)

06 SO_2 $100\mu g/m^3$을 ppm으로 환산하면?

① 0.035ppm ② 0.44ppm
③ 35ppm ④ 44ppm

 $100\mu g/m^3 \rightarrow 0.1mg/m^3 \quad ppm \rightarrow mg/L \rightarrow g/m^3 \rightarrow mL/m^3$

SO_2 : 부피
$64mg$: $22.4mL$
$0.1mg/m^3$: x $\therefore x = \dfrac{0.1mg}{m^3}\bigg|\dfrac{22.4mL}{64mg}\bigg| = 0.035mL/m^3 \fallingdotseq 0.035ppm$

07 NH_3 $22mg/m^3$을 ppm으로 환산하면?

① 12ppm ② 19ppm
③ 22ppm ④ 29ppm

 $ppm \rightarrow mL/m^3$

NH_3 : 부피
$17mg$: $22.4mL$
$22mg/m^3$: x $\therefore x = 28.99mL/m^3 \fallingdotseq 28.99ppm$

08 SO_2 0.06ppm을 $\mu g/m^3$으로 환산하면?

① $171\mu g/m^3$ ② $182\mu g/m^3$
③ $187\mu g/m^3$ ④ $190\mu g/m^3$

 $0.06ppm \rightarrow 0.06mL/m^3$

SO_2 : 부피
$64mg$: $22.4mL$
x : $0.06mL/m^3$ $\therefore x = 0.171mg/m^3 \fallingdotseq 171\mu g/m^3$

정답 05.③ 06.① 07.④ 08.①

19 몰 농도(M)

① 몰 농도란 용액 1L중에 함유되어 있는 몰(M) 수를 말한다.

② **몰 농도의 계산**

$$M농도(mol/L) = \frac{용질의\ g몰수}{용액부피\ L}$$

③ **몰비**

$$CH_4 + 2O_2 \rightarrow CO_2 + 2H_2O$$
$$1mol \quad 2mol \quad 1mol \quad 2mol$$

④ **부피비**

$$CH_4 + 2O_2 \rightarrow CO_2 + 2H_2O$$
$$1\times22.4 \quad 2\times22.4 \quad 1\times22.4 \quad 2\times22.4L$$

⑤ **질량비**

$$CH_4 + 2O_2 \rightarrow CO_2 + 2H_2O$$
$$1\times16 \quad 2\times32 \quad 1\times44 \quad 2\times18$$

Question

01 물의 몰농도는? 단, 물의 밀도는 1kg/L 이다.

① 55.56M   ② 57.56M
③ 65.34M   ④ 67.34M

해설 $H_2O = \frac{1kg}{L} \Big| \frac{10^3 g}{kg} \Big| \frac{1mol}{18g} = 55.56\,mol/L$

02 117 ppm, NaCl 용액의 몰농도(mol/L)는?

① 0.2M   ② 0.02M
③ 0.002M   ④ 0.0002M

해설 $NaCl = \frac{117mg}{L} \Big| \frac{1g}{10^3 mg} \Big| \frac{1mol}{58.5g} = 0.002\,mol/L$

정답 01.① 02.③

03 농황산의 비중 1.84, 농도 75%.W/W일 때, 농황산의 몰농도(mol/L)는?

① 10.2M ② 11.02M
③ 12.14M ④ 13.14M

해설 $H_2SO_4 = \dfrac{75g}{100g} \Big| \dfrac{1.84g}{mL} \Big| \dfrac{10^3 mL}{1L} \Big| \dfrac{1mol}{98g} = 13.14\,mol/L$

04 0.01M NaOH 용액을 ppm으로 환산하면?

① 300ppm ② 400ppm
③ 500ppm ④ 600ppm

해설 $ppm(mg/L) = \dfrac{0.01mol}{L} \Big| \dfrac{40g}{1mol} \Big| \dfrac{10^3 mg}{1g} = 400\,mg/L$

05 0.01M NaOH 용액을 mg/L으로 환산하면?

① 300mg/L ② 400mg/L
③ 500mg/L ④ 600mg/L

해설 $mg/L = \dfrac{0.01mol}{L} \Big| \dfrac{40g}{1mol} \Big| \dfrac{10^3 mg}{1g} = 400\,mg/L$

06 메탄(Methane) 1mol을 이론적으로 완전연소 시킬 때 0℃, 1기압 하에서 필요한 산소의 부피(L)는? (단, 이 때 산소는 이상기체로 간주한다)

① 22.4L ② 44.8L
③ 67.2L ④ 89.6L

해설 $CH_4 \;+\; 2O_2 \;\to\; CO_2 + 2H_2O$
$\quad\;\; 1\times 22.4 \quad 2\times 22.4L$

07 0.03%를 ppm으로 환산하면?

① 300ppm ② 400ppm
③ 500ppm ④ 600ppm

해설 $\dfrac{0.03}{100}\% = \dfrac{x}{10^6}ppm \quad \therefore x = 300ppm$

정답 03.④ 04.② 05.② 06.② 07.①

20 노르말 농도(N)

① 노르말농도란 용액 1L에 존재하는 당량(eq) 수를 말한다.

② **노르말농도의 계산**

$$N농도(eq/L) = \frac{용질의\ g당량수(eq)}{용액부피\ L}$$

③ **M농도와 N농도 관계**

$$M = \frac{g용질}{g분자량}$$

$$N = \frac{g용질}{g분자량/원자가} = \frac{g용질}{g분자량} \times 원자가 = M \times 원자가$$

$$\therefore M \xrightarrow[원자가 \div]{\times 원자가} N$$

④ 당량(eq, equivalent weight)은 그램원자량(분자량)을 원자가로 나눈 값이다.

$$원자 1당량(eq) = \frac{g원자량}{원자가}, \quad 분자 1당량(eq) = \frac{g분자량}{양이온\ 가수}$$

예를 들면,

$$Al^{3+}\ 1eq = 27g/3 = 9g, \qquad Cl^-\ 1eq = 35.5g/1 = 35.5g$$
$$CaCO_3\ 1eq = 100g/2 = 50g, \qquad NaCl\ 1eq = 58.5g/1 = 58.5g$$

Question

01 NaOH 0.8g을 물에 녹여 200mL로 하였을 때, N농도는?

① 0.0001N ② 0.001N
③ 0.01N   ④ 0.1N

해설 $eq/L = \frac{0.8g}{0.2L} \Big| \frac{1eq}{40g(≒40/1)} = 0.1eq/L ≒ 0.1N$

02 0.1N-NaOH 용액 200mL를 만들고자 한다. NaOH 필요량(g)은?

① 0.8g ② 0.08g ③ 0.9g ④ 0.09g

해설 $eq/L = \frac{0.1eq}{L} \Big| \frac{0.2L}{} \Big| \frac{40g(≒40/1)}{1eq} = 0.8g$

정답 01.④ 02.①

03 1N - H_2SO_4 용액으로 옳은 것은?

① 용액 1mL 중 H_2SO_4 98g 함유
② 용액 1000mL 중 H_2SO_4 98g 함유
③ 용액 1000mL 중 H_2SO_4 49g 함유
④ 용액 1mL 중 H_2SO_4 49g 함유

해설 $eq/L = \frac{1eq}{L} | \frac{1L}{1000mL} | \frac{49g(≒98/2)}{1eq} = 49g/1000mL$

04 0.025N-$KMnO_4$용액 1L 제조에 필요한 $KMnO_4$의 량(g)은?

① 0.78g ② 0.078g
③ 0.79g ④ 0.079g

해설 $\frac{0.025eq}{L} | \frac{1L}{} | \frac{31.6g(≒158/5)}{1eq} = 0.79g$

05 0.1N-NaOH 용액의 농도를 ppm으로 환산하면?

① 4.0 ② 40
③ 400 ④ 4000

해설 $mg/L = \frac{0.1eq}{L} | \frac{40g(≒40/1)}{1eq} | \frac{10^3 mg}{1g} = 4000mg/L$

06 4N-H_2SO_4 용액의 M농도는?

① 1M ② 2M
③ 3M ④ 4M

해설 $M \xrightarrow[\text{원자가} \div]{\times \text{원자가}} N$

07 0.1M-NaOH 용액의 N농도는?

① 0.1N ② 0.01
③ 0.4 ④ 0.04

해설 $M \xrightarrow[\text{원자가} \div]{\times \text{원자가}} N$

정답 03.③ 04.③ 05.④ 06.② 07.①

21. 수질오염공정시험기준

[1] 온도

① 온도의 표시는 셀시우스(celcius) 법에 따라 아라비아 숫자의 오른쪽에 ℃를 붙인다. 절대온도는 K로 표시하고, 절대온도 0K는 -273℃로 한다.
② 표준온도는 0℃, 상온은 15~25℃, 실온은 1~35℃로 하고, 찬 곳은 따로 규정이 없는 한 0~15℃의 곳을 뜻한다.
③ 냉수는 15℃이하, 온수는 60~70℃, 열수는 약 100℃를 말한다.
④ **"수욕상 또는 수욕중에서 가열한다"** 라 함은 따로 규정이 없는 한 수온 100℃에서 가열함을 뜻하고 약 100℃의 증기욕을 쓸 수 있다.
⑤ 각각의 시험은 따로 규정이 없는 한 상온에서 조작하고 조작 직후에 그 결과를 관찰한다. 단, 온도의 영향이 있는 것의 판정은 표준온도를 기준으로 한다.

[2] 용액

① 용액의 앞에 몇 %라고 한 것(예 : 20% 수산화나트륨 용액)은 수용액을 말하며, 따로 조제방법을 기재하지 아니하였으며 일반적으로 용액 100mL에 녹아있는 용질의 g수를 나타낸다.
② 용액 다음의 ( )안에 몇 N, 몇 M, 또는 %라고 한 것[예 : 아황산나트륨용액(0.1N), 아질산나트륨용액(0.1M), 구연산이암모늄용액(20%)]은 용액의 조제방법에 따라 조제하여야 한다.
③ 용액의 농도를 (1 → 10), (1 → 100) 또는 (1 → 1000) 등으로 표시하는 것은 고체성분에 있어서는 1g, 액체성분에 있어서는 1mL를 용매에 녹여 전체 양을 10mL, 100mL 또는 1000mL로 하는 비율을 표시한 것이다.
④ 액체시약의 농도에 있어서 예를 들어 염산(1+2)이라고 되어있을 때에는 염산 1mL와 물 2mL를 혼합하여 조제한 것을 말한다.

[3] 용어 정의

① 시험조작 중 **"즉시"** 란 30초 이내에 표시된 조작을 하는 것을 뜻한다.
② **"감압 또는 진공"** 이라 함은 따로 규정이 없는 한 15mmHg 이하를 뜻한다.
③ **"이상"** 과 **"초과"**, **"이하"**, **"미만"** 이라고 기재하였을 때는 **"이상"** 과 **"이하"** 는 기산점 또는 기준점인 숫자를 포함하며, **"초과"** 와 **"미만"** 의 기산점 또는 기준점인 숫자를 포함하지 않는 것을 뜻한다. 또 **"a~b"** 라 표시한 것은 a이상 b이하임을 뜻한다.

④ "**방울수**"라 함은 20℃에서 정제수 20방울을 적하할 때, 그 부피가 약 1mL 되는 것을 뜻한다.
⑤ "**항량으로 될 때까지 건조한다**"라 함은 같은 조건에서 1시간 더 건조할 때 전후 무게의 차가 g당 0.3mg 이하일 때를 말한다.
⑥ "**정밀히 단다**"라 함은 규정된 양의 시료를 취하여 화학저울 또는 미량저울로 칭량함을 말한다.
⑦ 무게를 "**정확히 단다**"라 함은 규정된 수치의 무게를 0.1mg까지 다는 것을 말한다.

[4] 유량측정

① **관내의 유량측정방법** : 벤튜리미터, 노즐, 오리피스, 피토관, 자기식 유량계
② **수로에 의한 유량측정방법** : 위어(weir), 파샬플루움
③ **기타 유량측정방법** : 용기, 개수로에 의한 방법

Question

01 감압 또는 진공이라 함은 따로 규정이 없는 한 몇 mmHg 이하를 의미하는가?
① 15mmHg 이하
② 20mmHg 이하
③ 30mmHg 이하
④ 76mmHg 이하

02 폐기물공정시험기준(방법)에서 방울수라 함은 20℃에서 정제수 몇 방울을 적하할 때 그 부피가 약 1mL가 되는 것을 의미하는가?
① 5
② 10
③ 20
④ 50

03 대기오염공정시험방법상 시험의 기재 및 용어에 관한 설명으로 틀린 것은?
① "정확히 단다"라 함은 규정한 량의 검체를 취하여 분석용 저울로 0.1mg까지 다는 것을 뜻한다.
② 시험조작 중 "즉시"란 1분 이내에 표시된 조작을 하는 것을 뜻한다.
③ "항량이 될 때까지 건조한다 또는 강열한다"라 함은 따로 규정이 없는 한 보통의 건조방법으로 1시간 더 건조 또는 강열할 때 전후 무게의 차가 매 g당 0.3mg 이하일 때를 뜻한다.
④ "감압 또는 진공"이라 함은 따로 규정이 없는 한 15mmHg 이하를 뜻한다.

해설 "즉시"란 30초 이내에 표시된 조작을 하는 것을 뜻한다.

04 폐기물공정시험기준(방법)상 용어의 정의 중 "항량으로 될 때까지 건조한다."의 의미로 가장 적합한 것은?

① 같은 조건에서 1시간 더 건조할 때 전후 무게의 차가 g당 0.3mg 이하일 때를 말한다.
② 같은 조건에서 1시간 더 건조할 때 전후 무게의 차가 g당 0.5mg 이하일 때를 말한다.
③ 같은 조건에서 1시간 더 건조할 때 전후 무게의 차가 g당 1mg 이하일 때를 말한다.
④ 같은 조건에서 1시간 더 건조할 때 전후 무게의 차가 g당 5mg 이하일 때를 말한다.

05 다음은 수질오염공정시험기준상 방울수에 대한 설명이다. 괄호 안에 알맞은 것은?

> 방울수라 함은 20℃에서 정제수 (㉠)을 적하할 때, 그 부피가 약 (㉡)되는 것을 뜻한다.

① ㉠ 10방울, ㉡ 1mL
② ㉠ 20방울, ㉡ 1mL
③ ㉠ 10방울, ㉡ 0.1mL
④ ㉠ 20방울, ㉡ 0.1mL

06 다음 괄호 안에 들어갈 말로 알맞은 것은?

> "정확히 단다" 라 함은 규정한 량의 검체를 취하여 분석용 저울로 (   )까지 다는 것을 뜻한다.

① 0.1g   ② 0.01g   ③ 0.001g   ④ 0.0001g

07 웨어(Weir)의 설치 목적으로 가장 적합한 것은?
① pH 측정   ② DO 측정   ③ MLSS 측정   ④ 유량 측정

08 폐수처리장에서 개방유로의 유량측정에 이용되는 것으로 단면의 형상에 따라 삼각, 사각 등이 있는 것은?
① 확산기(Diffuser)
② 산기기(Aerator)
③ 웨어(Weir)
④ 피토전극기(Pitot Electrometer)

09 개방유로의 유량측정에 주로 사용되는 것으로 일정한 수위와 유속을 유지하기 위해 침사지의 폐수가 배출되는 출구에 설치하는 것은?
① 그릿(Grit)
② 스크린(Screen)
③ 배출관(Out-flow Tube)
④ 웨어(Weir)

정답 01.① 02.③ 03.② 04.① 05.② 06.④ 07.④ 08.③ 09.④

22 하천의 자정작용(Wipple 4단계)

① **분해지대**
  오염물질의 방출지점과 가까운 지점으로써 세균수의 증가, 유기물의 증가, 슬러지의 침전, 용존산소의 부족, 탄산가스의 증가 현상이 나타난다.

② **활발한 분해지대**
  용존산소가 부족하여 유기물이 부패상태에 이르게 되며, 혐기성 분해가 진행되어 산가스와 암모니아성 질소, 황화수소의 농도가 증가한다.

③ **회복지대**
  용존산소의 농도가 증가하며 아질산염이나 질산염의 농도가 증가한다. 세균의 수가 감소하며 원생동물, 윤충, 갑각류가 번식하기 시작한다.

④ **정수지대**
  자연수처럼 많은 종류의 물고기가 번식하기 시작하는 등 청정한 상태로 된다.

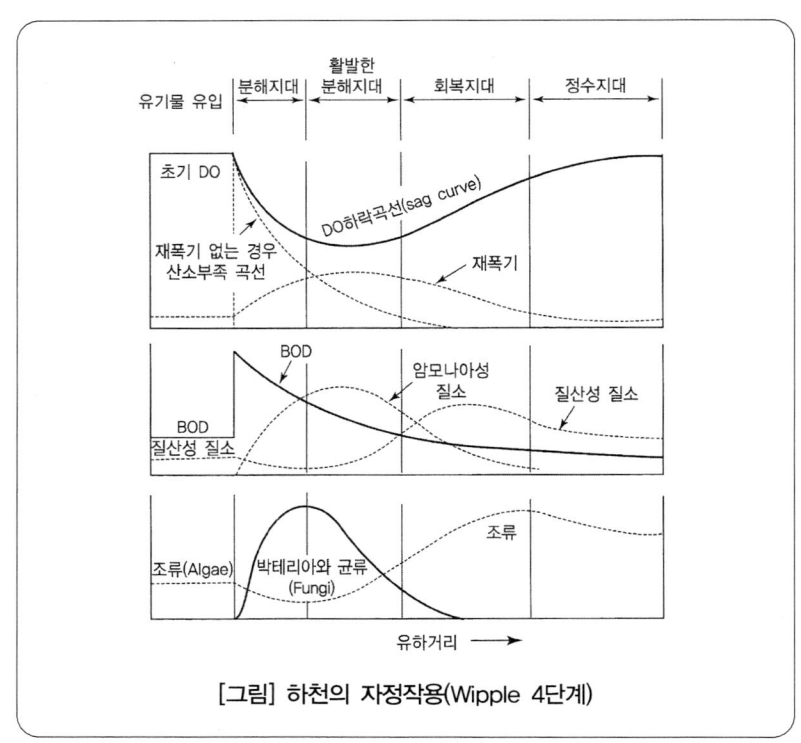

[그림] 하천의 자정작용(Wipple 4단계)

01 위플(Wipple)에 의한 하천의 자정과정을 오염원으로부터 하천유하거리에 따라 단계별로 옳게 구분한 것은?

① 분해지대 → 활발한 분해지대 → 회복지대 → 정수지대
② 분해지대 → 활발한 분해지대 → 정수지대 → 회복지대
③ 활발한 분해지대 → 분해지대 → 회복지대 → 정수지대
④ 활발한 분해지대 → 분해지대 → 정수지대 → 회복지대

02 아래 그래프는 자정단계에 따른 용존산소의 변화량을 나타낸 것이다. 이에 관한 설명으로 옳지 않은 것은?

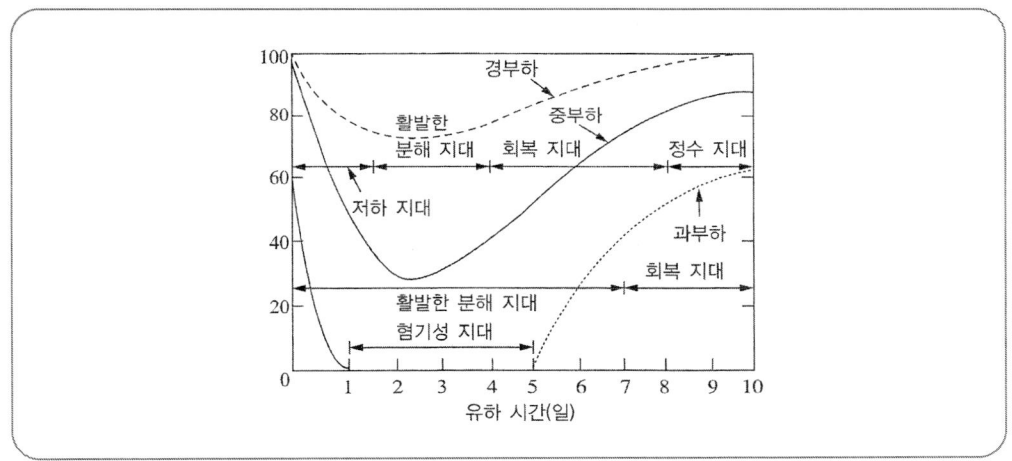

① 저하지대는 오염물질의 유입으로 수질이 저하되어 오염에 약한 고등생물은 오염에 강한 미생물로 교체된다.
② 활발한 분해지대는 용존산소가 가장 높아 활발한 분해가 일어나는 상태에 도달되고, 호기성 세균의 번식이 활발하다.
③ 회복지대는 수질이 점차 깨끗해지며, 기포의 발생이 감소하는 등 분해지대와는 반대 현상이 장거리에 걸쳐 발생한다.
④ 정수지대는 마치 오염되지 않은 자연수처럼 보이며, 용존산소 농도가 증가하여 오염되지 않은 자연 수계에서 살 수 있는 식물이나 동물이 번식한다.

해설 활발한 분해지대는 용존산소가 부족하여 유기물이 부패상태에 이르게 된다.

정답 01.① 02.②

03 지표수와 비교 시 지하수의 수질특성에 대한 설명 중 옳지 않은 것은?

① 지질특성에 영향을 받는다.
② 환경변화에 대한 반응이 느리다.
③ 미생물에 의한 생화학적 자정작용이나 화학적 자정능력이 약하다.
④ 수온변화가 심하다.

> **해설** 지하수는 수온변화, 수질변동이 적으며 한번 오염되면 복구가 상당히 어렵고 미생물에 의한 생화학적 자정작용이나 화학적 자정능력이 약하다.

04 생태계의 생물적 요소 중 유기물을 스스로 합성할 수 없으며, 생산자나 소비자의 생체, 사체와 배출물을 에너지원으로 하여 무기물을 생성하고 용존산소를 소비하는 분해자로, 일반적으로 유기물과 영양물질이 풍부한 환경에서 잘 자라며, 물질순환과 자정작용에 중요한 역할을 하는 종으로 가장 적합한 것은?

① 조류
② 호기성 독립 영양 세균
③ 호기성 종속 영양 세균
④ 혐기성 종속 영양 세균

05 하천이 유기물로 오염되었을 경우 자정과정을 오염원으로 부터 하천 유하거리에 따라 분해지대, 활발한 분해지대, 회복지대, 정수지대의 4단계로 구분한다. 다음과 같은 특성을 나타내는 단계는?

- 용존산소의 농도가 아주 낮거나 때로는 거의 없어 부패 상태에 도달하게 된다.
- 이 지대의 색은 짙은 회색을 나타내고, 암모니아나 황화수소에 의해 썩은 달걀 냄새가 나게 되며 흑색과 점성질이 있는 퇴적물질이 생기고 기포 방울이 수면으로 떠오른다.
- 혐기성 분해가 진행되어 수중의 탄산가스 농도나 암모니아성 질소의 농도가 증가한다.

① 분해지대
② 활발한 분해지대
③ 회복지대
④ 정수지대

정답 03.④ 04.③ 05.②

23. 호소의 성층 및 전도현상

① 호소 또는 저수지의 물이 수심에 따라 여러 개의 층으로 분리되는 현상을 성층현상(stratification)이라고 한다.
② 물의 밀도는 4℃에서 최대이므로 4℃의 물은 정체대를 형성하고 4℃ 이상 또는 그 이하의 물은 변천대, 순환대층을 형성한다.
③ 오염물질이 계속 유입되는 수역에서 성층현상은 자정능력을 저하시킨다.

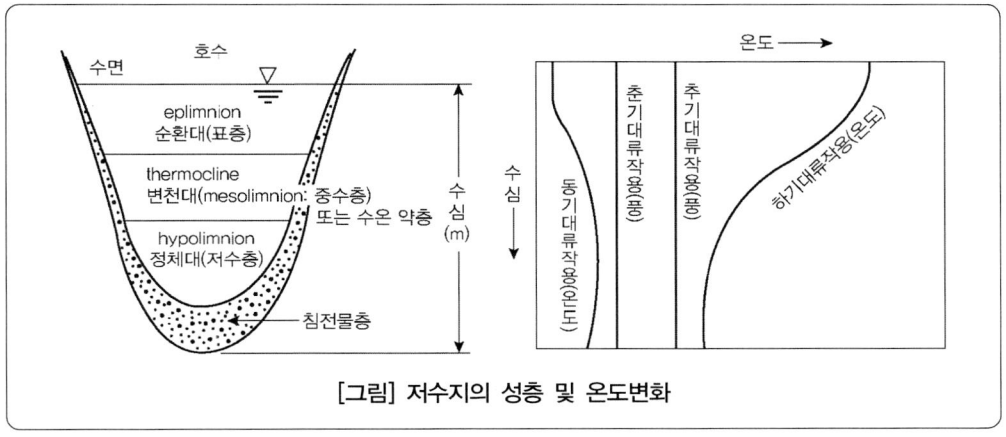

[그림] 저수지의 성층 및 온도변화

④ 겨울에는 대기중의 온도가 낮아 물의 표면은 0℃ 정도이며, 깊은 곳의 물은 4℃ 정도로서 최대 밀도를 갖게 된다.
⑤ 겨울에서 봄이 되면 물의 표면은 4℃가 되어 하부로 이동하고 하부의 물은 상부로 이동하는 수직 순환운동이 일어난다.
⑥ 여름에는 대기중의 온도가 높아 물의 표면은 상온이며, 깊은 곳의 물은 4℃ 정도로서 최대 밀도를 갖게 된다.
⑦ 여름에서 가을이 되면 물의 표면은 4℃가 되어 하부로 이동하고 하부의 물은 상부로 이동하는 수직 순환운동이 일어난다.
⑧ 겨울과 여름에는 정체현상이 생겨 수심에 따른 온도, DO, 오염농도 차가 크지만 봄, 가을에는 수직 순환운동이 발생하여 수심에 따른 농도변화가 적다.
⑨ 봄과 가을에 발생하는 물의 수직 순환운동을 전도(turn over)현상이라고 한다.

01 추운 겨울에 호수가 표면부터 어는 현상 및 호수의 전도현상과 가장 밀접한 연관이 있는 물의 특성은?

① 증 산
② 밀 도
③ 증발열
④ 용해도

해설 정체수역은 수온에 따른 밀도 차에 의해 성층현상 및 전도현상이 발생한다. 물의 밀도 차는 4℃가 최대이다.

02 물의 깊이에 따라 나타나는 수온성층에 해당되지 않는 것은?

① 수온약층
② 표수층
③ 변수층
④ 심수층

해설 수온성층은 표수층, 수온약층, 심수층으로 구분한다.

03 성층이 형성될 경우 수면부근에서부터 하부로 내려갈수록 형성된 층의 구분으로 옳은 것은?

① 표수층 → 수온약층 → 심수층
② 심수층 → 수온약층 → 표수층
③ 수온약층 → 심수층 → 표수층
④ 수온약층 → 표수층 → 심수층

04 수자원에 대한 일반적인 설명으로 틀린 것은?

① 호수는 미생물의 번식이 있고, 수온변화에 따른 성층이 형성된다.
② 지표수는 무기물이 풍부하고 지하수보다 깨끗하며 연중 수온이 일정하다.
③ 수량면에서 무한하지만 사용 목적이 극히 한정적인 수자원은 바닷물이다.
④ 호수는 물의 움직임이 적어 한 번 오염이 되면 회복이 어렵다.

정답 01.② 02.③ 03.① 04.②

24 부영양화

① 해양이나 호소에 있어서 영양염류가 적은 곳은 플랑크톤이 적고 투명도가 높은데 이와 같은 수역을 **빈영양**이라고 하는 반면 영양염류가 많은 곳에서는 조류(algae)가 많이 발생하여 투명도가 낮은데 이와 같은 수역을 **부영양**이라고 한다.

② 빈영양에서 부영양으로 변화하는 현상을 **부영양화**(eutrophication)라 한다.

③ **부영양화의 문제점**
- COD가 높고 산소가 결핍되어 어패류의 생활환경이 악화된다.
- 수돗물의 이취미, 맛, 냄새를 유발한다.
- 투명도가 낮아진다.
- 생태계가 변화하여 마침내 죽음의 호수가 된다.

④ **방지대책**
- 저수지, 호소에 질소(N), 인(P) 등의 유입이나 농도를 감소시킨다.
- 인(P)을 함유하는 합성세제의 사용을 금한다.

Question

01 다음 중 해양오염현상으로 거리가 먼 것은?
① 적조 ② 부영양화 ③ 용존산소 과포화 ④ 온열배수유입

02 부영양화의 원인물질 또는 영양물질의 양을 측정하는 정량적 평가방법으로 가장 거리가 먼 것은?
① 경도 측정 ② 투명도 측정
③ 영양염류 농도 측정 ④ 클로로필-a 농도 측정

해설 부영양화의 평가지표에는 TN, TP, 투명도, 클로로필-a농도가 대표적이다.

03 오염물질과 피해형태의 연결로 가장 거리가 먼 것은?
① 페놀 - 냄새 ② 인 - 부영양화
③ 유기물 - 용존산소결핍 ④ 시안 - 골연화증

해설 시안은 질식성 경련, 의식장애 등의 원인이 된다.

정답 01.③ 02.① 03.④

25 녹조

① 조류(algae)는 엽록소를 가지고 있는 단세포 혹은 다세포식물이다.
② 조류는 일반적으로 H_2O를 수소공여체(H donor)로 하고 CO_2를 탄소원으로 하여 O_2를 생산한다.

$$CO_2 + H_2O \xrightleftharpoons[\text{야간}]{\text{주간, 빛}} (CH_2O) + O_2$$

③ 조류농도가 높을 때는 주간에는 CO_2를 흡수하여 pH9~10으로 높아지고 산소(DO)의 포화는 200%까지 이르는 과포화에 달할 때도 있다.
④ 조류가 죽으면 그 세포의 완전 무기화를 위하여 그동안 광합성에서 생산했던 정도의 산소를 소비한다.
⑤ 수중에서의 조류는 무기물로부터 유기물을 만들어내고(생산자) 그것이 보다 높은 영양계의 생물(소비자)의 먹이로 이용된다.

Question

01 수질오염 지표에서 수중의 DO농도가 증가하는 것은?
① 동물의 호흡 작용
② 불순물의 산화 작용
③ 유기물의 분해 작용
④ 조류의 광합성 작용

02 호소에서 주간에 조류가 성장하는 동안 조류가 수질에 미치는 영향으로 가장 적합한 것은?
① 수온의 상승
② 질소의 증가
③ 칼슘농도의 증가
④ 용존산소 농도의 증가

03 다음 중 조류를 이용한 산화지(Oxidation Pond)법으로 폐수를 처리할 경우에 가장 중요한 영향인자는?
① 산화지의 표면모양
② 물의 색깔
③ 햇빛
④ 산화지 바닥 흙입자 모양

해설 산화지는 조류(Algae)의 광합성 작용에 의하여 유기물을 분해시키는 오폐수처리 방법이다.

정답 01.④ 02.④ 03.③

26 　적조

① 부영양화된 수역에 플랑크톤이 이상증식하여 적색 또는 갈색, 녹색 등으로 변색되는 현상을 말한다.

② **발생조건**
- 햇빛, 수온
- 질소(N), 인(P) 등의 영양분
- 정체수역
- 담수의 유입이나 강수 등으로 염분농도가 낮을 때
- up-welling(상승류) 현상으로 저부의 N, P가 상부로 이동할 때

③ **피해**
- 플랑크톤의 사멸에 따른 DO결핍, H_2S 가스로 어패류가 질식사
- 독소(toxin)나 독성물질을 포함한 조류로 인해 어류의 폐사
- 점액물질의 플랑크톤이 어류의 아가미에 부착하여 질식사
- 수질변화에 따른 수생태계의 악영향

Question

01 다음 중 해양오염 현상으로 거리가 먼 것은?
① 적조　　　　　　　　　② 부영양화
③ 용존산소 과포화　　　　④ 온열배수유입

02 다음 중 적조현상을 발생시키는 주된 원인물질은?
① Cl　　　　　　　　　　② P
③ Mg　　　　　　　　　　④ Fe

　해설　적조현상을 발생시키는 주된 원인물질에는 질소(N)와 인(P) 등의 영양염류가 있다.

정답 01.③　02.②

27 상하수도 계통도

① 상수도 계통도
  수원 → 취수 → 도수 → 정수 → 송수 → 배수 → 급수
② 정수처리 계통도
  유입 → 혼화지 → 플록 형성지 → 약품 침전지 → 급속 여과지 → 염소소독
③ 하수처리 계통도
  유입 → 스크린 → 침사지 → 유량조정지 → 혼화지 → 플록 형성지 → 1차 침전지 → 포기조 → 2차 침전지 → 염소소독

Question

01 다음 하수처리 계통도 중 가장 적합한 것은?
① 침사지 → 1차 침전지 → 포기조 → 2차 침전지 → 염소소독 → 방류
② 염소소독 → 침사지 → 포기조 → 침전지 → 방류
③ 염소소독 → 침사지 → 포기조 → 소화조 → 저류조 → 방류
④ 1차 침전지 → 포기조 → 2차 침전지 → 급속여과조 → 활성탄 처리조 → 침사지 → 방류

02 도시 폐수처리 계통도의 처리순서가 가장 적합한 것은?
① 유입수 → 침사지 → 1차침전지 → 포기조 → 최종침전지 → 염소소독조 → 유출수
② 유입수 → 염소소독조 → 침사지 → 1차침전지 → 포기조 → 최종침전지 → 유출수
③ 유입수 → 침사지 → 1차침전지 → 최종침전지 → 염소소독조 → 포기조 → 유출수
④ 유입수 → 1차침전지 → 침사지 → 포기조 → 최종침전지 → 염소소독조 → 유출수

정답 01.① 02.①

28 하수의 배제방식

① 분류식은 오수와 우수를 별개의 관로로 배제하기 때문에 오수의 배제계획이 합리적이며 수질 및 수량의 변동이 없다.
② 합류식은 오수와 우수를 동일관거로 배제하기 때문에 오수의 배제계획이 비합리적이며 수질 및 수량의 변동이 심하다.

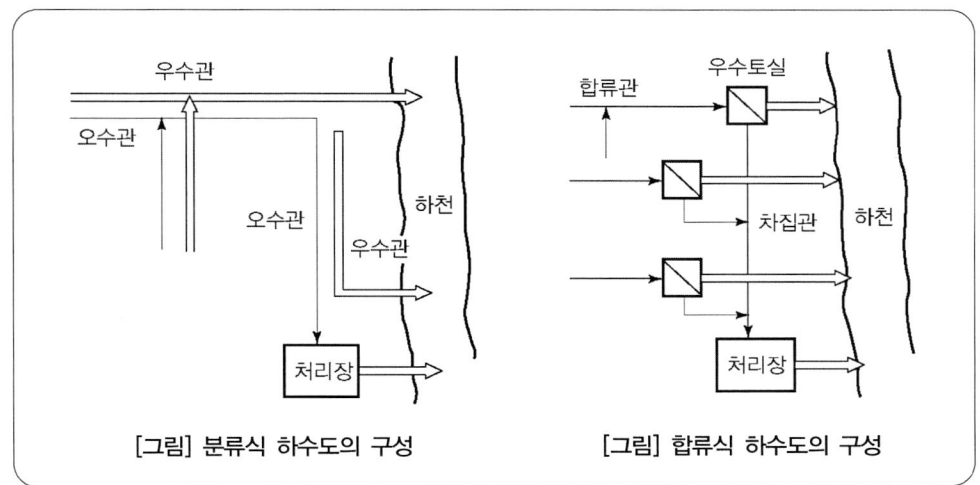

[그림] 분류식 하수도의 구성   [그림] 합류식 하수도의 구성

Question

01 신도시를 중심으로 설치되며 생활오수는 하수처리장으로, 우수는 별도의 관거를 통해 직접 수역으로 방류하는 배제방식은?

① 합류식　　　　　　　　② 분류식
③ 직각식　　　　　　　　④ 원형식

해설 합류식은 우수나 오수를 동일관으로 배제하는 데 반해, 분류식은 우수나 오수를 별도의 관으로 나누어 배제하는 방식이다.

02 오수와 우수를 하나의 관거로 배제하는 하수관거는?

① 합류식　② 분류식　③ 직각식　④ 원형식

정답 01.②　02.①

29 하수관의 관정부식

① 관거 내 유기물, 단백질, 황화물 등이 혐기성 상태에서 분해되어 황화수소(H_2S)가 발생한다.
$$S^{2-} + 2H^+ \rightarrow H_2S$$

② H_2S 하수관 내의 공기 중으로 솟아오르면서 산소와 반응하여 SO_2나 SO_3가 된다.
$$H_2S + \frac{3}{2}O_2 \rightarrow SO_2 + H_2O$$
$$H_2S + 2O_2 \rightarrow SO_3 + H_2O$$

③ H_2S는 관정부(管頂部)의 물방울과 반응하여 황산(H_2SO_4)이 된다.
$$H_2S + 2O_2 \rightarrow H_2SO_4$$

④ 이 황산이 콘크리트관에 함유된 철(Fe), 칼슘(Ca), 알루미늄(Al) 등과 반응하여 황산염이 되어 콘크리트관을 부식하는 현상을 관정부식(crown corrosion)이라 한다.

Question

01 다음 중 콘크리트 하수관거의 부식을 유발하는 오염물질로 가장 적합한 것은?

① NH_4^+ ② SO_4^{2-}
③ Cl^- ④ PO_4^{3-}

해설 $H_2S + 2O_2 \rightarrow H_2SO_4 \rightarrow 2H^+ + SO_4^{2-}$

02 관정부식의 주 원인 물질은?

① NH_4^+ ② H_2S
③ Na^+ ④ PO_4^{3-}

정답 01.② 02.②

30. 스크리닝(Screening)

① 상·하·폐수처리의 첫 단계로서 비교적 큰 부유물을 제거하는 방법이다.
② 침사지 전방에 설치한다.
③ **통과유속** 은 0.45~1.0m/sec로 한다.
④ 설치각도는 기계식의 경우 70° 전후, 수동식의 경우 45~60°로 한다.
⑤ 스크린은 구조상으로 스크린의 유효간격에 따라 봉 스크린, 격자 스크린, 망 스크린 등으로 나눈다.
⑥ 트롬멜 스크린은 회전식 스크린이다.
⑦ 스크린의 형식은 진동식과 회전식으로 구분할 수 있다.
⑧ 회전 스크린은 일반적으로 도시폐기물 선별에 많이 사용하는 스크린이다.

Question

01 다음 중 물리적 예비처리공정으로 볼 수 없는 것은?
① 스크린
② 침사지
③ 유량조정조
④ 소화조

해설 예비처리에는 스크린, 침사지, 유량조정조 등이 있다.

02 폐수처리 공정 중 예비처리인 스크리닝(Screening)에 관한 설명으로 옳지 않은 것은?
① 유입수 중의 부유협잡물을 제거하여 후속처리과정을 원활하게 할 목적으로 설치한다.
② 통과유속은 2m/s 이하로 한다.
③ 사석의 퇴적방지를 위해 스크린으로의 접근유속은 0.45m/s 이상이 되어야 한다.
④ 대부분 침사지 전방에 설치한다.

해설 스크린의 통과 유속은 1m/s 이하(표준유속 : 0.45m/s)로 한다.

정답 01.④ 02.②

31 침사지(Grit chamber)

① 침사지의 설치 목적은 하수내의 자갈, 모래 기타 금속부속품 등의 무거운 입자를 제거하여 펌프, 처리기계 시설, 관거의 손상이나 폐쇄를 방지한다.
② **표면부하율** : $1800m^3/m^2 \cdot day$
③ **평균유속** : $0.15 \sim 0.3m/sec$
④ **체류시간** : $30 \sim 60sec$

Question

01 폐수처리공정에서 유입폐수 중에 포함된 모래, 기타 무기성의 부유물로 구성된 혼합물을 제거하는데 사용되는 시설은?

① 응집조 ② 침사지
③ 부상조 ④ 여과조

02 하수처리장의 침사지 부피가 $12m^3$이고, 유입되는 유량이 $60m^3/hr$이라면 체류시간은?

① 0.2min ② 12min
③ 30min   ④ 60min

해설 $t = \dfrac{V}{Q}$ ∴ $\dfrac{12m^3}{} \bigg| \dfrac{hr}{60m^3} \bigg| \dfrac{60\min}{hr} = 12\min$

03 폭 2m, 길이 15m인 침사지에 100cm 수심으로 폐수가 유입할 때 체류시간이 50초라면 유량은?

① $2000m^3/h$ ② $2160m^3/h$
③ $2280m^3/h$ ④ $2460m^3/h$

해설 체류시간 $t = \dfrac{V}{Q}$

∴ $\dfrac{2m \times 15m \times 1m}{50sec} \bigg| \dfrac{3600ses}{hr} = 2160m^3/hr$

정답 01.② 02.② 03.②

04 다음 중 물리적 예비처리공정으로 볼 수 없는 것은?

① 스크린 ② 침사지
③ 유량조정조 ④ 소화조

05 침사지 내의 평균 유속은 보통 얼마로 유지하는 것이 적당한가?

① 0.3m/초 ② 1.5m/초
③ 2.5m/초 ④ 3.0m/초

> **해설** 침사지의 평균유속은 0.15~0.4m/s 이며, 보통 0.3m/s 정도가 적당하다.

06 침사지의 수면적부하 1800m²/m·day 수평유속 0.32m/s, 유효수심 1.2m인 경우, 침사지의 유효길이는?

① 14.4m ② 16.4m
③ 18.4m ④ 20.4m

> **해설** $\dfrac{H}{V_s} = \dfrac{L}{V} \quad \therefore L = \dfrac{H \cdot V}{V_s}$
>
> $L(m) = \dfrac{1.2m}{} \bigg| \dfrac{0.32m}{\sec} \bigg| \dfrac{m \cdot day}{1800m^2} \bigg| \dfrac{24 \times 3600 \sec}{day} = 18.432m$

정답 04.④ 05.① 06.③

32. 최초 침전지

[1] 설계인자

① 표면적 부하 : 25~40m³/m² · day
② 유효수심 : 2.5~4.0m
③ 체류시간 : 2~4시간
④ 직사각형 길이와 폭의 비 : 3~5 : 1
⑤ 정류판 설치 : 사류, 편류, 단락류, 단로 방지

[2] 침강속도와 표면적부하

① 입자의 침강속도(V_s)는 입자와 액체의 밀도차($\rho_s - \rho$), 입자경의 제곱(d^2)에 비례하고 점성계수(μ)에 반비례한다.

$$\text{침강속도} \quad V_s = \frac{d^2(\rho_s - \rho)g}{18\mu}$$

② 침전지에서는 유속이 $R_e < 0.5$ 이하 이므로 stokes의 침강속도 공식이 적용된다.
③ 장방형 침전지에서 입자의 침강속도는 수면적부하와 동일하다.

$$\text{수면적 부하}(V_o, \text{m}^3/\text{m}^2 \cdot \text{day}) = \text{침강속도}(V_s, \text{m/day})$$

④ 침강속도는 $V_s = \dfrac{Q}{A} = V_o$ 수면적 부하

$$\therefore V_s \geq V_o \text{ (입자는 100\% 침전)}$$
$$E\text{(침전효율)} = \frac{V_s}{V_o}$$

⑤ 수리학적 체류시간(HRT)

$$t = \frac{\text{부피} \, V}{\text{유량} \, Q}$$

⑥ SS제거효율(%) $= \dfrac{\text{유입}SS - \text{유출}SS}{\text{유입}SS} \times 100$

⑦ 월류부하 $= \dfrac{\text{폐수량}}{\text{웨어의 유효길이}}$

01 Stokes의 법칙에 의한 침강속도에 영향을 미치는 요소로 가장 거리가 먼 것은?

① 침전물의 밀도
② 침전물의 입경
③ 폐수의 밀도
④ 대기압

02 다음 중 침전 효율을 높이기 위한 방법과 가장 거리가 먼 것은?

① 침전지의 표면적을 크게 한다.
② 응집제를 투여한다.
③ 침전지 내 유속을 빠르게 한다.
④ 침전된 침전물을 계속 제거 시켜준다.

03 시간당 125m³의 폐수가 유입되는 침전조가 있다. weir의 유효길이를 30m라고 할 때, 월류부하는?

① 약 $4.2m^3/m \cdot hr$
② 약 $40m^3/m \cdot hr$
③ 약 $100m^3/m \cdot hr$
④ 약 $150m^3/m \cdot hr$

해설 월류부하 = $\dfrac{125m^3/h}{30m} = 4.2m^3/m \cdot h$

04 스톡스(Stokes)의 법칙에 따라 물속에서 침전하는 원형입자의 침전속도에 관한 설명으로 옳지 않은 것은?

① 침전속도는 입자의 지름의 제곱에 비례한다.
② 침전속도는 물의 점도에 반비례한다.
③ 침전속도는 중력가속도에 비례한다.
④ 침전속도는 입자와 물간의 밀도차에 반비례한다.

해설 $V_s = \dfrac{d^2(\rho_s - \rho)g}{18\mu}$

05 A도시에서 발생하는 2000m³/day의 하수를 1차 침전지에서 침전속도가 2m/day보다 큰 입자들을 완전히 제거하기 위해 요구되는 1차 침전지의 표면적으로 가장 적합한 것은?

① 100m² 이상
② 500m² 이상
③ 1000m² 이상
④ 4000m² 이상

해설 $A = \dfrac{Q}{V_o} = \dfrac{2000m^3/d}{2m/d} = 1000m^2$

정답 01.④ 02.③ 03.① 04.④ 05.③

06 입자의 침전속도 0.5m/day, 유입유량 50m³/day, 침전지 표면적 50m², 깊이 2m인 침전지에서의 침전효율은?

① 20% ② 50% ③ 70% ④ 90%

해설 침전효율 $E = \dfrac{V_s}{V_o}$

표면부하율 $V_o = \dfrac{Q}{A} = \dfrac{50}{50} = 1$ ∴ $E = \dfrac{0.5}{1} = 0.5 = 50\%$

07 물 속에서 입자가 침강하고 있을 때 스톡스(Stokes)의 법칙이 적용된다고 한다. 다음 중 입자의 침강속도에 가장 큰 영향을 주는 변화인자는?

① 입자의 밀도 ② 물의 밀도 ③ 물의 점도 ④ 입자의 직경

해설 입자의 침강속도는 d^2에 비례한다.

08 침전지에서 입자가 100%제거되기 위해서 요구되는 침전속도를 의미하는 것은?

① 침강속도 ② 침전효율 ③ 표면부하율 ④ 유입속도

해설 표면적부하 $V_0 = \dfrac{Q}{A}$

09 침전지에서 고형물질의 침강속도를 증가시키기 위한 가장 효율적인 조건은?

① 폐수와 고형물질 간의 밀도차가 크고, 점성도가 작고, 고형물질의 입자 직경이 클수록 좋다.
② 폐수와 고형물질 간의 밀도차가 작고, 점성도가 크고, 고형물질의 입자 직경이 작을수록 좋다.
③ 폐수와 고형물질 간의 밀도차에는 관계없이 점성도가 크고, 고형물질의 입자 직경이 클수록 좋다.
④ 폐수와 고형물질 간의 밀도차가 크고, 점성도가 크고, 고형물질의 입자 직경이 작을수록 좋다.

10 침전지에서 지름이 0.1mm이고 비중이 2.65인 모래입자가 침전하는 경우에 침전속도는? (단, Stokes 법칙을 적용, 물의 점도 : 0.01g/cm·s)

① 0.625cm/s ② 0.726cm/s ③ 0.792cm/s ④ 0.898cm/s

해설 $V_s = \dfrac{d^2(\rho_s - \rho)g}{18\mu}$

$cm/\sec = \dfrac{(0.01cm)^2}{} \Big| \dfrac{(2.65-1)g}{cm^3} \Big| \dfrac{980cm}{\sec^2} \Big| \dfrac{1}{18} \Big| \dfrac{cm \cdot \sec}{0.01g} = 0.898 cm/\sec$

정답 06.② 07.④ 08.③ 09.① 10.④

11 1차 원형침전지의 깊이가 3m이고 표면적 1m²에 대해서 36m³/d로 폐수가 유입된다면, 이때의 체류시간은?

① 2h
② 3h
③ 6h
④ 12h

해설 $t = \dfrac{V}{Q}$

$\therefore t = \dfrac{3m}{1} \Big| \dfrac{1m^2}{1} \Big| \dfrac{day}{36m^3} \Big| \dfrac{24hr}{1day} = 2hr$

정답 11.①

[3] 침전형태

① **I형 침전**
- 비중이 큰 독립입자의 침전형태로써 자연수의 보통침전, 침사지의 모래입자 침전이 여기에 해당된다.
- 침전지에서는 유속이 $R_e < 0.5$ 이하이므로 stokes의 침강속도 공식이 적용된다.
- 침전은 수면적부하에 의해서 결정된다.

② **II형 침전**
- 응결입자의 침전형태로써 미생물 floc의 침전, 화학적 응결입자의 침전이 여기에 해당된다.
- 응결침전에서 현탁입자의 제거율은 침강속도와 체류시간의 함수이나, 이를 수식화할 만한 충분한 이론이 발달하지 못했다. 일반적으로 I형 침전의 원리를 발전시켜 설계한다.
- 미세 floc이 대형화 되면서 침전하므로 수면적부하와 침전깊이에 영향을 받는다.

③ **III형 침전**
- 생물학적 2차 침전지의 중간정도 깊이에서의 침전형태로 간섭침전 또는 계면침전이라 한다.
- 고농도의 고형물입자는 침전하면서 가까이 위치한 입자의 방해와 물의 상승속도에 의하여 뚜렷한 두 계면(interface)을 가진 sludge blanket을 형성한다.
- 침전은 수면적부하와 계면에 영향을 받는다.

④ IV형 침전
- 압밀침전 또는 압축침전이라 하며 2차 침전지 및 농축조의 저부에 해당되는 침전형태이다.
- 슬러지가 천천히 압밀되어 최종 압밀한계에 도달하면 물은 빠져나가고 농축(IV형 침전)하게 된다.

Question

01 부유물의 농도와 부유물 입자의 특성에 따른 침전현상의 4가지 형태가 아닌 것은?
① 독립침전　　　　　　　② 응집침전
③ 지역침전　　　　　　　④ 분리침전

02 입자의 농도가 큰 경우의 침전으로 입자들이 서로 방해함으로써 독립적으로 침전하지 못하고 침전물과 액체사이에 경계면을 이루면서 진행되는 침전형태로서 방해침전이라고도 하는 것은?
① 독립침전　　　　　　　② 응집침전
③ 지역침전　　　　　　　④ 압축침전

03 다음 수처리 공정 중 스톡스(Stokes) 법칙이 가장 잘 적용되는 공정은?
① 1차 소화조　　　　　　② 1차 침전지
③ 살균조　　　　　　　　④ 포기조

해설　스톡스(Stokes) 법칙이 가장 잘 적용되는 공정은 독립침전 형태인 침사지, 1차 침전지 이다.

04 다음 침전에 해당하는 것은?

> 입자들이 고농도로 있을 때의 침전현상으로서, 활성슬러지공법으로 폐수를 처리하는 경우에 최종침전지의 하부에서 일어난다. 이 침전은 슬러지 중력농축공정에서 중요한 요소로, 포기조로의 반송을 위해 활성슬러지가 농축되어야 하는 활성슬러지 공법의 최종침전지에서 특히 중요하다.

① 독립침전　　② 압축침전　　③ 지역침전　　④ 응집침전

정답 01.④　02.③　03.②　04.②

33 부상분리

① 부상은 침전과는 반대로 물보다 가벼운 입자를 떠올려서 분리 제거하는 방법으로 침전지를 뒤집어 놓은 형태이며, 부상의 종류에는 진공부상, 공기부상, 용존공기부상 등이 있다.

② 기포를 현탁성 부유물표면에 부착시켜 부상하는 현탁성 부유물을 스키머(skimmer)로 걷어내어 분리한다. 이를 부사(浮渣: scum)라고 한다.

③ 부상조의 설계시에는 입자의 농도, 주입공기량, 입자의 부상속도, 공기방울의 크기, 고형물의 부하량을 고려해야 한다.

stokes의 부상속도

$$v_f = \frac{g(\rho_s - \rho)d^2}{18\mu}$$

여기서, v_f : 입자(유적)의 부상속도(cm/sec)
g : 중력가속도(980cm/sec^2)
μ : 액의 점성계수(g/cm·sec)
d : 입자(유적)의 직경(cm)
ρ : 액의 밀도(g/cm^3)
ρ_s : 유적의 밀도(g/cm^3)

④ **공기/고형물의 비**(Air/Solids)

$$A/S \text{ 비} = \frac{1.3S_a(f \cdot p - 1)}{S}$$

⑤ 가압수의 반송이 있는 경우 A/S비는 다음과 같다.

$$A/S \text{ 비} = \frac{1.3S_a(f \cdot p - 1)}{S} \cdot \frac{R}{Q}$$

여기서, 1.3 : 공기의 밀도(mg/cm^3, mg/mL)
S_a : 1기압 t°C때 공기의 용해도(cm^3/L, mg/mL)
f : 포화상태에 대한 공기의 용해비(0.5가 대표적)
p : 가압탱크 내의 압력(atm)
S : 고형물 농도(mg/L)
$\frac{R}{Q}$: 반송율

⑥ 일반적으로 A/S 비는 0.02 ~ 0.04, 화학약품의 첨가가 있을 때 수리학적 부하율은 25 ~ 120m^3/m^2·day, 화학약품의 첨가가 없을 때 42m^3/m^2·day이다.

01 부상법으로 처리해야 할 폐수의 성상으로 가장 적합한 것은?

① 수중에 용존유기물의 농도가 높은 경우
② 비중이 물보다 낮은 고형물이 많은 경우
③ 수온이 높은 경우
④ 독성물질을 많이 함유한 경우

02 다음 중 부상법의 종류에 해당하지 않는 것은?

① 진공부상
② 산화부상
③ 공기부상
④ 용존공기부상

03 다음 중 용존공기부상법에서 공기와 고형물 간의 비를 나타낸 것은?

① A/S비
② F/M비
③ C/N비
④ SVI비

해설 용존공기 부상법(Dissolved Air Flotation, DAF)에서 A/S비는 공기와 고형물간의 비를 나타낸다.

정답 01.② 02.② 03.①

34 산화 환원

① **산화와 환원**

구분	산 화	환 원
산소	물질이 산소와 화합	산화물이 산소를 잃을 때
수소	수소화합물이 수소를 잃을 때	물질이 수소와 화합
전자	전자를 잃을 때	전자를 얻을 때
산화수	증가	감소

② **완충용액** : 완충용액은 외부로부터 일정량의 산 또는 염기가 가해졌을 때 영향을 크게 받지 않고 수소이온의 농도를 일정하게 유지하는 용액이다.

Question

01 다음 중 산화에 해당하는 것은?
① 수소와 화합
② 산소를 잃음
③ 전자를 얻음
④ 산화수의 증가

02 다음 중 침출수 중의 난분해성 유기물의 처리에 사용되는 것은?
① 중크롬산(Bichromate) 용액
② 옥살산(Oxalic acid) 용액
③ 펜턴(Fenton) 시약
④ 네슬러(Nessler) 시약

03 펜턴(Fenton) 산화반응에 대한 설명으로 옳은 것은?
① 황화수소의 난분해성 유기물질 산화
② 과산화수소의 난분해성 유기물질 산화
③ 오존의 난분해성 유기물질 산화
④ 아질산의 난분해성 유기물질 산화

해설 Fenton 산화반응은 촉매제로 철을, 산화제로 과산화수소를 반응시켜 유기물을 산화시키는 반응이다

04 다음 오염물질 함유폐수 중 알칼리 조건하에서 염소처리(산화)가 필요한 것은?
① 시안(CN) ② 알루미늄(Al) ③ 6가 크롬(Cr^{6+}) ④ 아연(Zn)

해설 CN 폐수는 일반적으로 알칼리염소법을 적용한다.

정답 01.④ 02.③ 03.② 04.①

35. 응결 및 응집

① 급속교반으로 응집제와 콜로이드를 혼합하여 탁질성분을 미세플록으로 응결시킨다.
② 콜로이드 입자의 크기는 엄밀하게 정해져 있지는 않지만 대개 $1.0nm \sim 1.0\mu m$ ($10^{-6} \sim 10^{-3}mm$, $10^{-3} \sim 1.0\mu m$, $1.0 \sim 10^{3}nm$)범위이다.
③ 수용액과 같은 극성 매질에서 대부분의 물질은 이온화, 이온흡착, 이온용해 등의 과정에 의하여 표면전하를 띤다. 이 표면전하는 인접한 반대 전하끼리는 서로 끌리고, 같은 전하의 이온들은 서로 반발한다.
④ 콜로이드 입자의 표면전하와 반대 전하물질 즉, 응결제를 주입하면 표면전하는 전기적 중화에 의해 반발력은 감소하고 입자들은 뭉쳐져 침전하게 된다. 이 현상을 응결(coagulation)이라 한다. 응결제 Al, Fe^{3+}의 반응은 다음과 같다.

$$Al^{3+} + OH^- \rightarrow Al(OH)^{2+}$$
$$Al(OH)^{2+} + OH^- \rightarrow Al(OH)_2^+$$
$$Al(OH)_2^+ + OH^- \rightarrow Al(OH)_3^0$$
$$Al(OH)_3^0 + OH^- \rightarrow Al(OH)_4^-$$

⑤ 응결은 콜로이드입자와 반대전하이온의 원자가에 따라 대단히 다르다는 것이 알려졌는데, 이것이 슐쯔=하디(Schulze - Hardy의 원자가)법칙으로 불리는 유명한 법칙이다. 원자가가 증가함에 따라 zeta potential(반발력)은 급격히 감소하고 vander waals force(인력)는 증가한다.

$$1가 : 2가 : 3가 = \frac{1}{1^6} : \frac{1}{2^6} : \frac{1}{3^6} = 100 : 1.6 : 0.13$$

⑥ 응집 및 응결의 영향인자에는 교반강도, pH, 수온, 알칼리도, 응집제 농도 등이 있다.
⑦ 소수성 콜로이드는 현탁상태로 존재하며 염에 민감하고, 틴들효과가 크며 표면장력이 용매와 비슷하다.

01 폐수를 응집침전 시킬 때의 고려사항 중 가장 거리가 먼 것은?

① pH
② 교반속도
③ 용존산소량
④ 응집제 첨가량

02 다음 중 응집침전을 위한 폐수처리에서 일반적으로 가장 널리 사용되는 응집제는?

① 염화칼슘
② 석회
③ 수산화나트륨
④ 황산알루미늄

[해설] 일반적으로 가장 널리 사용되는 응집제는 황산알루미늄, 염화제2철, 황산철 등이 있다.

03 명반(Alum)을 폐수에 첨가하여 응집처리를 할 때, 투입조에 약품 주입 후 응집조에서 완속교반을 행하는 주된 목적은?

① 명반이 잘 용해되도록 하기 위해
② Floc과 공기와의 접촉을 원활히 하기 위해
③ 형성되는 Floc을 가능한 한 뭉쳐 밀도를 키우기 위해
④ 생성된 Floc을 가능한 한 미립자로 하여 수량을 증가시키기 위해

[해설] 완속교반은 미세 플럭을 대형 플럭으로 형성시키는 데 있다.

04 다음 중 폐수를 응집침전으로 처리할 때 영향을 주는 주요인자와 가장 거리가 먼 것은?

① 수온
② pH
③ DO
④ Colloid의 종류와 농도

정답 01.③ 02.④ 03.③ 04.③

36 약품교반시험(Jar-test)

① 응집제 주입 → 급속교반 → 완속교반 → 침전
② 급속교반은 응집제와 콜로이드 입자의 완전혼합에 있다.
③ 완속교반은 floc입자의 대형화에 있다.
④ 약품교반시험은 교반강도, pH, 수온, 알칼리도, 응집제 농도, 콜로이드의 종류 등이 응집반응에 미치는 영향을 알고자 하는 데 있다.

Question

01 효과적인 응집을 위해 실시하는 약품교반 실험장치(Jar Tester)의 일반적인 실험순서가 바르게 나열된 것은?

① 정치 침전→ 상징수 분석→ 응집제 주입→ 급속교반→ 완속교반
② 급속교반→ 완속교반→ 응집제 주입→ 정치 침전 → 상징수 분석
③ 상징수 분석→ 정치 침전→ 완속교반→ 급속교반→ 응집제 주입
④ 응집제 주입→ 급속교반→ 완속교반→ 정치 침전→ 상징수 분석

02 일반적인 폐수처리공정에서 최적 응집제 투입량을 결정하기 위한 자-테스트(Jar Test)에 관한 설명으로 가장 적합한 것은?

① 응집제 투입량 대 상징수의 SS 잔류량을 측정하여 최적 응집제 투입량을 결정
② 응집제 투입량 대 상징수의 알칼리도를 측정하여 최적 응집제 투입량을 결정
③ 응집제 투입량 대 상징수의 용존산소를 측정하여 최적 응집제 투입량을 결정
④ 응집제 투입량 대 상징수의 대장균군수를 측정하여 최적 응집에 투입량을 결정

03 Jar-Test와 가장 관련이 깊은 것은?

① 응집제 선정과 주입량 결정
② 흡착제(물리, 화학) 선정과 적용
③ 경도결정
④ 최적 알칼리도 선정

정답 01.④ 02.① 03.①

04 일반적으로 약품교반시험(Jar-test)에 관한 다음 설명 중 괄호 안에 가장 적합한 것은?

> Jar-test는 시료를 일련의 유리 비커에 담고, 여기에 응집제와 응집보조제의 양을 달리 주입하여 (㉠)으로 혼합한 후, (㉡)으로 하여 침전시킨다.

① ㉠ 1~5분 정도 100rpm ㉡ 10~15분간 40~50rpm
② ㉠ 1시간 정도 40~50rpm ㉡ 1~5분간 600rpm
③ ㉠ 1~5분 정도 1200rpm ㉡ 1시간 5000rpm
④ ㉠ 1시간 정도 150rpm ㉡ 1~5분간 1200rpm

05 A폐수의 응집처리를 위해 Jar Test를 하였다. 폐수시료 300mL에 대하여 0.2%의 황산알루미늄 15mL를 넣었을 때 가장 좋은 결과가 나왔다. 이 경우 황산알루미늄의 사용량은 폐수시료에 대하여 몇 mg/L인가?

① 10mg/L
② 50mg/L
③ 100mg/L
④ 150mg/L

해설 $0.2\% = 2000 mg/L$

$$X mg/L = \frac{2000 mg}{L} \left| \frac{15 mL}{300 mL} \right| = 100 mg/L$$

06 다음 중 수분 및 고형물 함량 측정에 필요한 실험기구와 거리가 먼 것은?

① 증발접시
② 전자저울
③ Jar-테스터
④ 데시케이터

해설 Jar Tester는 응집, 응결, 응집제 주입량, 교반속도, 플록(Floc) 형성 등을 실험하는 장치이다.

정답 04.① 05.③ 06.③

37. 응집제와 응집처리

① **황산알루미늄($Al_2(SO_4)_3$)**
- 가장 널리 사용되며 가격이 저렴하다.
- 부식성이 없고 시설물을 더럽히지 않는다.
- 플럭의 비중이 낮아 침전성이 작고 pH 응집영역이 좁다.

② **철염(Fe^{2+}, Fe^{3+})**
- 알루미늄염에 비해 침강성이 좋다.
- 부식성이 크며 색도를 유발한다.
- 가격이 비싸다.

③ **PAC(폴리염화알루미늄)**
- 고탁도의 원수에 응집효율이 높다.
- 황산알루미늄에 비해 응집으로 인한 pH저하가 작다.
- 플럭 형성속도가 빠르며 저온에서도 응집효과가 좋다.
- 가격이 비싸다.

[표] 수질오염물질의 처리공법

수질오염물질	처리공법
유기물	생물학적 처리
무기물	화학적 처리
Pb	황화물침전, 수산화물 침전
Hg	아말감법, 황화물침전, 이온교환, 활성탄 흡착
Cd	황화물침전, 수산화물침전, 흡착, 이온교환
CN	알칼리 염소법, 감청법, 오존산화, 전기분해
PCB	흡착, 추출, 응집침전
유기인	화학적 처리, 생물화학적 처리, 흡착
Cr^{6+}	환원에 의한 수산화물공침법($Cr^{6+} \rightarrow Cr^{3+} \rightarrow Cr(OH)_3 \downarrow$)
F	Al등 과잉의 응결제

01 수처리 시 사용되는 응집제와 거리가 먼 것은?

① 입상활성탄 ② 소석회 ③ 명반 ④ 황산반토

02 다음 중 수처리 시 사용되는 응집제와 거리가 먼 것은?

① PAC ② 소석회
③ 입상활성탄 ④ 염화 제2철

03 무기응집제인 알루미늄염의 장점으로 가장 거리가 먼 것은?

① 적정 pH폭이 2~12 정도로 매우 넓은 편이다.
② 독성이 거의 없어 대량으로 주입할 수 있다.
③ 시설을 더럽히지 않는 편이다.
④ 가격이 저렴한 편이다.

04 폐수처리 과정 중 응집제를 넣어 완속교반하는 주된 목적은?

① 입자를 미세하게 하기 위하여 ② 크고 무거운 Floc을 만들기 위해
③ 응집제와 폐수입자의 접촉을 위하여 ④ 응집제를 확산시키기 위하여

05 다음은 폐수처리에서 일반적으로 많이 사용되고 있는 무기응집제인 황산알루미늄에 관한 설명이다. 옳지 않은 것은?

① 결정은 부식성이 없어 취급이 용이하다.
② 철염에 비해 적정 pH의 범위가 좁다.
③ 저렴하고 무독성으로 대량주입이 가능하다.
④ 철염에 비해 Floc이 무거워 침전이 잘된다.

06 다음 중 카드뮴(Cd) 함유 폐수처리법으로 거리가 먼 것은?

① 수산화물 침전법 ② 황화물 침전법
③ 탄산염 침전법 ④ 시안화 제2철 침전법

해설 Cd 폐수 처리방법으로는 수산화물 침전법, 탄산염 침전법, 황화물 침전법, 이온교환수지법 등이 있다.

정답 01.① 02.③ 03.① 04.② 05.④ 06.④

07 다음 중 불소 제거를 위한 폐수처리 방법으로 가장 적합한 것은?

① 화학침전
② P/L 공정
③ 살수여상
④ UCT 공정

> **해설** 불소폐수는 과잉의 소석회로 pH10 이상으로 올린 다음 인산을 첨가한다. 반응이 완료되면 황산이나 염산으로 중화시켜 응집침전 시킨다.

08 다음 중 응집침전을 위한 폐수처리에서 일반적으로 가장 널리 사용되는 응집제는?

① 염화칼슘
② 석회
③ 수산화나트륨
④ 황산알루미늄

09 다음 폐수처리법 중 입자의 고액분리 방법과 가장 거리가 먼 것은?

① 전기투석
② 부상분리
③ 침전
④ 침사지

10 산업폐수에 관한 일반적인 설명으로 거리가 먼 것은?

① 주로 악성폐수가 많다.
② 중금속 등의 오염물질 함량이 생활하수에 비해 높다.
③ 업종 및 생산방식에 따라 수질이 거의 일정하다.
④ 같은 업종일지라도 생산규모에 따라 배수량이 달라진다.

11 다음은 어떤 중금속에 관한 설명인가?

> · 상온에서 유일하게 액체 상태로 존재하는 금속이다.
> · 인체에 증기로 흡입 시 뇌 및 중추신경계에 큰 영향을 미친다.
> · 체내에 축적되어 Hunter-Russel 증후군을 일으킨다.

① Cr
② Hg
③ Mn
④ As

정답 07.① 08.④ 09.① 10.③ 11.②

12 산성폐수의 중화제로서 값이 저렴하여 널리 이용되지만 용해속도가 느리고 중화반응 시 슬러지가 많이 발생하는 것은?

① NaOH
② Na_2CO_3
③ $Ca(OH)_2$
④ KOH

해설 소석회($Ca(OH)_2$), 생석회(CaO)는 값이 싸고 응집효과가 다소 있으나 반응생성물은 불용성이 많아서 슬러지가 많이 발생한다.

13 다음 중 황산알루미늄에 비하여 처리수의 pH 강하가 적고, 알칼리 소비량도 적은 무기성 고분자 응집제는?

① PAC(Poly Aluminium Chloride)
② ABS(Alkyl Benzene Sulfonate)
③ PCB(Polychlorinated Biphenyl)
④ PCDD(Polychlorinated Dibenzo-p-dioxin)

해설 폴리염화알루미늄(Poly Aluminum Chloride)

14 다음 괄호 안에 가장 적합한 수질오염물질은?

> 물 속에 있는 (   )의 대부분은 산업폐기물과 광산폐기물에서 유입된 것이며, 아연정련업, 도금공업, 화학공업(염료, 촉매, 염화비닐 안정제), 기계제품제조업(자동차부품, 스프링, 항공기) 등에서 배출된다. 그 처리법으로 응집침전법, 부상분리법, 여과법, 흡착법 등이 있다.

① 수은
② 페놀
③ PCB
④ 카드뮴

15 슬러지의 탈수성을 개량하기위한 약품으로 적절하지 않은 것은?

① 명반
② 철염
③ 염소
④ 고분자 응집제

해설 염소는 소독제이다.

정답 12.③ 13.① 14.④ 15.③

38 펜톤산화

① 산화제로 과산화수소를 촉매제로 철을 사용한다.
② pH 3.0~4.0에서 철 금속이 과산화수소를 분해시켜 OH·라디칼을 생성한다.
③ 유기물질은 생성된 OH·라디칼에 의해 분해된다.

$$Fe^{2+} + H_2O_2 \rightarrow Fe^{3+} + OH^- + OH\cdot$$
$$OH\cdot + \underset{\text{유기물}}{RH} \rightarrow R\cdot + H_2O$$
$$R\cdot + Fe^{3+} \rightarrow R^+ + Fe^{2+}$$
$$R\cdot + OH\cdot \rightarrow ROH \text{ (소멸)}$$

④ Fenton 산화반응에 의해 유기물이 산화분해되어 COD는 감소하지만 BOD는 증가할 수 있다.
⑤ 후 처리공정으로 중화, 응집, 침전공정을 거친다.

Question

01 침출수내 난분해성 유기물을 펜톤산화법에 의해 처리하고자 할 때, 사용되는 시약의 구성으로 옳은 것은?

① 과산화수소+철
② 과산화수소+구리
③ 질산+철
④ 질산+구리

02 펜톤(Fenton) 산화반응에 대한 설명으로 옳은 것은?

① 황화수소 난분해성 유기물질 산화
② 오존의 난분해성 유기물질 산화
③ 과산화수소의 난분해성 유기물질 산화
④ 아질산의 난분해성 유기물질 산화

03 다음 중 침출수 중의 난분해성 유기물의 처리에 사용되는 것은?

① 중크롬산(Bichromate) 용액
② 옥살산(Oxalic acid) 용액
③ 펜톤(Fenton) 시약
④ 네슬러(Nessler) 시약

정답 01.① 02.③ 03.③

39 시안 및 크롬처리

① 알칼리염소법에 의한 시안폐수처리

1차 : $CN^- + OCl^-$(또는 Cl_2) + $OH^- \xrightarrow[ORP\ 300-350mV]{pH\ 10\uparrow} CNO^-$
[pH 10이하에서 CNCl발생]

2차 : $OCN^- + OCl^-$(또는 Cl_2) + $OH^- \xrightarrow[ORP\ 600-650mV]{pH\ 8.0} N_2\Uparrow$
[pH 4.0이하에서 NCl_3발생]

② 환원침전법에 의한 크롬폐수처리

1차 : $Cr^{6+} \xrightarrow[ORP\ 250mV]{pH\ 2.0-3.0} Cr^{3+}$

2차 : $Cr^{3+} + 3OH^- \xrightarrow{pH\ 8.0-9.0} Cr(OH)_3\Downarrow$

Question

01 아래 식은 크롬폐수의 수산화물 침전과정의 화학반응식이다.
㉠에 들어갈 알맞은 수치는?

$$Cr_2(SO_4)_3 + 6NaOH \rightarrow ㉠Cr(OH)_3\downarrow + 3Na_2SO_4$$

① 1 ② 2 ③ 3 ④ 4

02 다음 오염물질 함유폐수 중 알칼리 조건하에서 염소처리(산화)가 필요한 것은?

① 시안(CN) ② 알루미늄(Al)
③ 6가 크롬(Cr^{6+}) ④ 아연(Zn)

03 다음 중 크롬함유 폐수처리 시 사용되는 크롬환원제에 해당하지 않는 것은?

① NH_2SO_4 ② Na_2SO_3
③ $FeSO_4$ ④ SO_2

정답 01.② 02.① 03.①

04 Cr^{6+} 함유 폐수처리법으로 가장 적합한 것은?

① 환원 → 침전 → 중화
② 환원 → 중화 → 침전
③ 중화 → 침전 → 환원
④ 중화 → 환원 → 침전

05 다음 중 6가크롬(Cr^{6+})함유 폐수를 처리하기 위한 가장 적합한 방법은?

① 아말감법
② 환원침전법
③ 오존산화법
④ 충격법

해설 6가 크롬 → 3가로 환원 → 중화 → 수산화물 침전(pH 8~10 범위)

06 유독한 6가크롬이 함유된 폐수를 처리하는 과정에서 환원제로 사용하기에 적합한 것은?

① O_3
② Cl_2
③ $FeSO_4$
④ $NaOCl$

해설 크롬 환원제에는 $Na_2S_2O_5$, SO_2, Na_2SO_3, $NaHSO_3$, $FeSO_4$ 등이 있다.

07 염소계 산화제를 이용하여 무해한 CO_2와 N_2로 분해시키는 보편적인 알칼리산화법으로 처리할 수 있는 폐수는?

① 시안 함유 폐수
② 크롬 함유 폐수
③ 납 함유 폐수
④ PCB 함유 폐수

08 다음과 같은 특성을 가지는 수질오염물질은?

- 은백색의 광택이 있고 경도가 높은 금속으로 도금과 합금재료로 많이 쓰인다.
- 6가 이온은 특히 독성이 강하여 3가 이온의 100배 정도가 더 해롭다.
- 피부염 피부궤양을 일으키며 흡입으로 코, 폐, 위장에 점막을 생성하고 폐암을 유발한다.

① 크롬
② 구리
③ 수은
④ 카드뮴

정답 04.② 05.② 06.③ 07.① 08.①

09 도금, 피혁제조, 색소, 방부제, 약품제조업 등의 폐기물에서 주로 검출될 수 있는 성분은?

① PCB ② Cd
③ Cr   ④ Hg

해설 크롬 화합물(Cr)은 피혁제조, 크롬도금, 약품제조업 등에서 발생한다.

10 다음 공정은 무기환원제에 의한 크롬함유폐수의 처리공정이다. 이에 관한 설명으로 옳지 않은 것은?

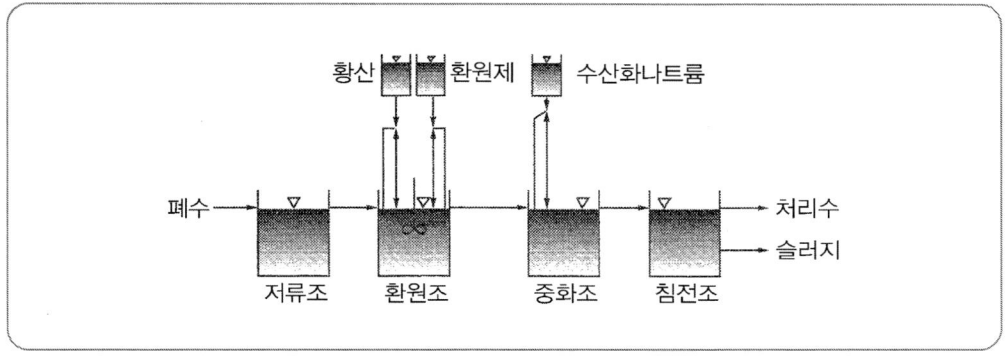

① 알칼리를 주입하여 수산화물로 침전시켜 제거한다.
② 3가 크롬을 함유한 폐수는 NaClO 환원제를 사용하여 6가 크롬으로 환원시켜 처리한다.
③ 폐수의 색깔 변화는 황색에서 청록색으로 변하므로 반응의 완결을 알 수 있다.
④ 환원반응은 pH 2~3이 적절하고 pH가 낮을수록 반응속도가 빠르나 비경제적이며 pH 4 이상이 되면 반응속도가 급격히 떨어진다.

해설 크롬함유폐수의 처리공정은 6가크롬을 3가크롬으로 환원시켜 처리한다.

정답 09.③ 10.②

40 완속여과지

① 생물여과 또는 완속모래여과, 표면여과라고 한다.
② **주기능**
- 생물학적 작용 : 모래층 표면이나 상부층 내에 생물막이 형성되어 유기물, NH_3 등을 흡착시켜 분해 제거한다.
- 산화작용 : 여재층 표면의 미생물에 의해 철, 망간 등을 산화시켜 제거한다.
- 흡착 및 침전작용 : 여재층을 통과하면서 플록을 형성하여 공극 내에서 침전, 모래표면에 흡착된다.
- 체거름작용(여별작용) : 여재층의 공극크기에 의해 입자를 제거한다.

③ **설계제원**

유효경 0.3~0.45mm	균등계수 2.0 이하
모래층 70~90cm	자갈층 40~60cm
수심 90~120cm	여유고 30cm
여과속도 및 수면적 4~5m/day	세척방법으로는 삭토를 한다.

④ **여과지 면적**

$$여과지\ 면적\ A(\mathrm{m}^2) = \frac{계획정수량\ Q(\mathrm{m}^3/\mathrm{day})}{여과속도\ v(\mathrm{m}/\mathrm{day})}$$

⑤ **균등계수**
- 균등계수(U, uniformity coefficient)란 모래 10%를 통과시킨 체눈의 크기와 모래 60%를 통과시킨 체눈 크기의 비로써 정의한다.

$$U = \frac{P_{60}}{P_{10}}$$

여기서, U : 균등계수($\geqq 1$)
 P_{10} : 모래 10%를 통과시킨 체눈의 크기(유효경)
 P_{60} : 모래 60%를 통과시킨 체눈의 크기

- 균등계수가 작다는 것은 P_{10}과 P_{60}의 입경차이가 크지 않다는 의미이다.
- 균등계수가 크다는 것은 큰 입자의 혼합차가 크며, 모래의 공극률이 작아져서 여과 저항이 증대한다.
- 균등계수가 1에 가까울수록 입도분포가 양호하다.

01 상수처리에서 완속여과법과 비교한 급속여과법의 특징으로 가장 거리가 먼 것은?

① 실트, 조류, 금속산화물 등의 현탁물 외에 점토, 세균, 바이러스, 색도성분 등의 콜로이드성분이 제거가능하나 용해성분인 암모니아성 질소, 페놀류, 냄새성분 등에 대해서는 제거효율이 낮다.
② 여과속도에 따라 120~150m/d의 표준여과 및 200~300m/d 이상의 고속여과로 구분할 수 있다.
③ 잔류염소를 포함하지 않는 물을 여과하는 경우, 수온이 높은 시기에는 여재 표면에 증식한 미생물의 활동에 의해 암모니아성 질소 등의 용해성분 일부가 제거되는 경우도 있다.
④ 여과 시 손실수두가 작고, 원칙적으로 약품을 사용하지 않고 처리하는 방법이다.

해설 급속여과법은 여과속도가 빠르므로 손실수두가 크고, 응집제를 사용해 물을 여과하는 방법이다.

02 완속여과의 특징에 관한 설명으로 거리가 먼 것은?

① 손실수두가 비교적 적다.
② 유지관리비가 적은 편이다.
③ 시공비가 적고 부지가 좁다.
④ 처리수의 수질이 양호한 편이다.

03 상수처리를 위한 완속여과지의 적당한 여과속도는?

① 5m/d   ② 15m/d   ③ 50m/d   ④ 150m/d

04 상수도계획 시 여과에 관한 설명으로 옳지 않은 것은?

① 완속여과를 채용할 경우 색도, 철, 망간도 어느정도 제거된다.
② 완속여과는 생물막에 의한 세균, 탁질제거와 생화학적 산화반응에 의해 다양한 수질인자에 대응할 수 있다.
③ 급속여과의 여과속도는 70~90m/d를 표준으로 하고, 침전은 필수적이나, 약품사용은 필요치 않다.
④ 급속여과는 탁도 유발물질의 제거효과는 좋으나 세균은 안심할 정도로의 제거는 어려운 편이다.

해설 급속여과의 여과속도는 120~150m/d를 표준으로 한다.

정답 01.④ 02.③ 03.① 04.③

41. 급속여과지

① 전처리로 응집 침전시킨 후 상등수를 모래(sand), 규조토, 무연탄 등의 여재층을 통수시키는 방법이다.

② 주 기능은 주로 여과(straining), 응결(凝結), 침전에 의해서 이루어진다. 여과층 내에서 발생하는 기능은 원수의 수질과 화학적인 전처리에 의해 결정된다.

③ **급속여과의 설계제원**
- 유효경 0.45~1.0mm
- 균등계수 1.7 이하
- 모래층 60~120cm
- 수심 100~150cm
- 여유고 30cm
- 여과속도 및 수면적 120~150m/day
- 세척방법으로는 표면세척, 역세척이 있다.

④ 문제점으로 mud ball, air binding, break through 등이 있다.

Question

01 여과지 운전 중에 발생하는 주요 문제점으로 가장 거리가 먼 것은?
① 여재의 부패
② 진흙덩어리의 축적
③ 여재층의 수축
④ 공기 결합

해설 여과지 운전 중에 발생하는 주요 문제점은 머드볼, 에어 빈딩, 탁질누출 등이다.

02 여과지 운전 중에 발생하는 주요 문제점으로 가장 거리가 먼 것은?
① 여재의 부패
② 진흙덩어리의 축적
③ 여재층의 수축
④ 공기 결합

03 여과지의 운전 중 발생하는 주요 문제점으로 가장 거리가 먼 것은?
① 진흙 덩어리의 축적
② 공기결합
③ 여재층의 수축
④ 슬러지벌킹 발생

정답 01.① 02.① 03.④

42 흡착

① **흡착** : 고체의 바깥 표면이나 안쪽 표면(모세관이나 갈라진 틈의 벽)으로 분자가 모이는 것을 말한다.

② **흡착제** : 기체나 녹아 있는 물질들을 흡착시키는 고체를 흡착제라 한다. 종류로는 활성탄, 알루미나, 제올라이트, 실리카겔, 분자체, 보크사이트 등이 있다.

③ **피흡착제** : 흡착되는 분자들을 보통 총칭해 피흡착제라 한다.

④ **흡수** : 어떤 물질이 결정이나 무정형 고체 덩어리 또는 액체의 내부로 스며드는 것을 말한다.

⑤ **수착(收着)** : 흡착이나 흡수를 구분하지 않고 기체나 액체가 고체에 붙는 현상을 수착(收着 sorption)이라고도 한다.

⑥ **물리적 흡착**
- 흡착제와 피흡착제 분자 사이의 인력(반 데르 발스 힘)에 의해 흡착한다.
- 가역적 흡착을 한다(재생가능).
- 흡착 시 발열반응을 한다.
- 온도가 낮을수록 흡착효율은 증가한다.
- 기체의 압력이 높을수록 흡착효율은 증가한다.
- 접촉시간이 길수록 흡착효율은 증가한다.
- 흡착제의 비표면적이 클수록 흡착효율은 증가한다.
- 분자량이 클수록 흡착효율은 증가한다.

⑦ **화학적 흡착**
- 화학적 힘에 의해 기체가 고체 표면에 달라붙는다.
- 비가역적 흡착을 한다(재생 불가능).
- 물리적 흡착이 일어나는 온도보다 훨씬 높은 온도에서 흡착된다.
- 일반적으로 물리적 흡착보다 서서히 진행된다.
- 화학반응과 같이 활성화 에너지와 관련이 있다.

⑧ **흡착제의 구비조건**
- 흡착률이 우수해야 한다.
- 압력손실이 작아야 한다.
- 흡착제의 강도가 있어야 한다.
- 흡착물질의 회수가 쉬워야 한다.

- 흡착제의 재생이 용이해야 한다.
⑨ **흡착과정**은 크게 3단계로 나눌 수 있으며, 흡착(吸着)과 흡수(吸收)를 수착(收着)이라 한다.
- 흡착제 표면에 피흡착제의 흡착(가역적)
- 흡착제의 세공으로 피흡착제의 이동확산
- 흡착제의 세공 내부에 피흡착제가 흡수되어 결합(비가역적)
⑩ 흡착제의 흡착능은 일반적으로 피흡착제의 분자량, 이온화 경향, pH, 극성, 입경, 온도(화학적 흡착)가 낮을수록 흡착능은 증가한다.
⑪ 반면에 비표면적, 세공 수(多), 용질농도, 물질 확산속도가 높을수록 흡착능은 증가한다.
⑫ 활성탄의 주입량은 흡착제의 단위 무게당 흡착된 피흡착제의 양과 용액 내에 남아있는 피흡착제의 농도와 평형관계를 등온흡착이라 한다.
⑬ Fruendrich의 등온흡착식은 한정된 범위의 용질농도에 대한 흡착평형값을 나타낸 것으로 용질농도의 제한된 범위에서만 타당성이 있다.

$$\frac{X}{M} = KC^{\frac{1}{n}}$$

여기서, $\frac{X}{M}$: 흡착제 단위 무게당 흡착된 피흡착제의 양
C : 흡착이 평형상태에 도달했을 때 용액 내에 남아있는 피흡착제의 농도
K, n : 경험적 상수

⑭ Langmiur의 등온흡착식은 한정된 표면만이 흡착에 이용되고, 표면에 흡착된 용질물질은 단분자층으로 흡착되며, 흡착은 가역적이고 평형조건이 이루어졌다고 가정함으로써 유도된 식이다.

$$\frac{X}{M} = \frac{abC}{1+bC}$$

⑮ 흡착제에는 분말활성탄, 입상활성탄, 실리카겔, 합성제올라이트, 보크사이트, 활성알루미나 등이 있다.

01 폐수처리에 있어서 활성탄은 주로 어떤 목적으로 사용되는가?
① 흡착　　　　② 중화　　　　③ 침전　　　　④ 부유

02 다음 용어 중 흡착과 가장 관련이 깊은 것은?
① 도플러효과　　　　② VAL
③ 플랑크상수　　　　④ 프로인들리히의 식

> 해설 Freundlich의 식은 흡착제를 이용한 흡착등온식이다.

03 화학흡착의 특성에 해당되는 것은?(단, 물리흡착과 비교)
① 온도범위가 낮다.
② 흡착열이 낮다.
③ 여러 층의 흡착층이 가능하다.
④ 흡착제의 재생이 이루어지지 않는다.

04 흡착법에 관한 설명으로 옳지 않은 것은?
① 물리적 흡착은 Van der Waals 흡착이라고도 한다.
② 물리적 흡착은 낮은 온도에서 흡착량이 많다.
③ 화학적 흡착인 경우 흡착과정이 주로 가역적이며 흡착제의 재생이 용이하다.
④ 흡착제는 단위질량당 표면적이 큰 것이 좋다.

05 물리흡착과 화학흡착에 대한 비교 설명 중 옳은 것은?
① 물리적 흡착과정은 가역적이기 때문에 흡착제의 재생이나 오염가스의 회수에 매우 편리하다.
② 물리적 흡착은 온도의 영향에 구애받지 않는다.
③ 물리적 흡착은 화학적 흡착보다 분자 간의 인력이 강하기 때문에 흡착과정에서의 발열량이 크다.
④ 물리적 흡착에서는 용질의 분자량이 적을수록 유리하게 흡착한다.

> 해설 물리적 흡착은 온도의 영향이 크며, 용질의 분자량이 클수록 유리하게 흡착한다. 이에 반해, 화학적 흡착은 물리적 흡착보다 분자간의 인력이 강하다.

정답 01.①　02.④　03.④　04.③　05.①

06 다음 중 물리적 흡착의 특징을 모두 고른 것은?

> ⊙ 흡착과 탈착이 비가역적이다.
> ⓒ 온도가 낮을수록 흡착량이 많다.
> ⓒ 흡착이 다층(multi-layers)에서 일어난다.
> ② 분자량이 클수록 잘 흡착된다.

① ⊙, ⓒ
② ⓒ, ②
③ ⊙, ⓒ, ⓒ
④ ⓒ, ⓒ, ②

07 유해가스 처리를 위한 흡착제 선택 시 고려해야 할 사항으로 옳지 않은 것은?

① 흡착효율이 우수해야 한다.
② 흡착제의 회수가 용이해야 한다.
③ 흡착제의 재생이 용이해야 한다.
④ 기체의 흐름에 대한 압력손실이 커야 한다.

08 화학흡착의 특성에 해당되는 것은?(단, 물리흡착과 비교)

① 온도범위가 낮다.
② 흡착열이 낮다.
③ 여러 층의 흡착층이 가능하다.
④ 흡착제의 재생이 이루어지지 않는다.

09 가스 중의 유해물질 또는 회수가치가 있는 가스를 흡착법으로 이용하고자 할 때, 다음 중 흡착제로 사용할 수 없는 것은?

① 활성탄
② 알루미나
③ 실리카겔
④ 석영

> **해설** 흡착제에는 활성탄, 알루미나, 실리카겔, 제올라이트 등이 있다.

10 유동층 흡착장치에 관한 설명으로 옳지 않은 것은?

① 가스의 유속을 빠르게 할 수 있다.
② 다단의 유동층을 이용하여 가스와 흡착제를 향류로 접촉시킬 수 있다.
③ 흡착제의 마모가 적게 일어난다.
④ 조업조건에 따른 주어진 조건의 변동이 어렵다.

> **해설** 유동수송에 의한 흡착제의 마모가 크다.

정답 06.④ 07.④ 08.④ 09.④ 10.③

43. 이온교환법

① 이온교환은 용액중의 이온을 매질상의 다른 이온과 교환하는 것이다.
② 일반적으로 상수의 연수화는 수중 칼슘이온을 제거하기 위하여 양이온교환수지의 나트륨이온과 자리바꿈하여 칼슘이온을 제거한다.

$$2R-Na_2 + Ca(HCO_3)_2 \xrightarrow{제거반응} R_2-Ca + 2NaHCO_3$$

$$R_2-Ca + 2NaCl \xrightarrow{재생반응} 2R-Na + CaCl_2$$

③ 이온교환의 선택성은 원자가가 높은 이온, 극성이 강한 이온, 이온교환영역과 강하게 반응하는 이온을 선택하는 경향이 있다.

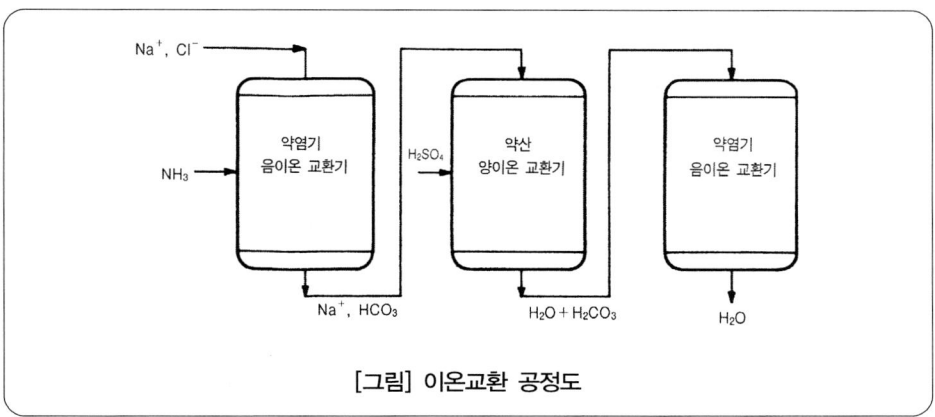

[그림] 이온교환 공정도

44 오존산화법

① 오존은 산성에서는 안정하나 높은 pH상태에서는 변화속도가 빨라 OH·라디칼을 생성하게 된다.
② pH의 변화는 OH·라디칼 생성에 중요한 역할을 하는데, 원수수질에 따라서 최적 pH를 제시하는 것이 중요한 과제라 생각된다.
③ *OH*·라디칼은 유기물을 분해하여 유기물 radical(R·)을 만들며 이 유기물 라디칼은 결국 산화분해 된다.

$$O_3 + OH^- \xrightarrow{high\ pH} HO_2 + O_2$$

$$O_3 + HO_2 \rightarrow \underset{radical}{HO\cdot} + 2O_2$$

$$OH\cdot + \underset{유기물}{RH} \rightarrow R\cdot + H_2O$$

$$R\cdot + OH\cdot \rightarrow ROH\ (소멸)$$

④ OH·라디칼의 강력한 산화력은 유기물질의 성상을 변화시켜 후처리공정의 효과를 증대시킨다.
⑤ 오존은 현장에서 생산해야 하며 시설비, 유지관리비가 고가이다.
⑥ 염소와 비교해 잔류성 및 이취미가 없으며 가격이 저렴하고 20℃에서 반감기는 20~30분이다.

Question

01 정수 시설에서 오존처리에 관한 설명으로 가장 거리가 먼 것은?

① 오존은 강력한 산화력이 있어 원수 중의 미량 유기물질의 성상을 변화시켜 탈색효과가 뛰어나다.
② 맛과 냄새 유발물질의 제거에 효과적이다.
③ 소독 효과가 우수하면서도 소독 부산물을 적게 형성한다.
④ 잔류성이 뛰어나 잔류 소독효과를 얻기 위해 염소를 추가로 주입할 필요가 없다.

해설 오존은 강력한 산화제로써 잔류성이 없다.

정답 01.④

02 폐수를 화학적으로 산화처리할 때 사용되는 오존처리에 대한 설명으로 옳은 것은?

① 생물학적 분해불가능 유기물 처리에도 적용할 수 있다.
② 2차 오염물질인 트리할로메탄을 생성한다.
③ 별도 장치가 필요 없어 유지비가 적다.
④ 색과 냄새 유발성분은 제거할 수 없다.

해설 오존은 강력한 산화력에 의해 유기물의 분해, 살균, 색도제거, 악취물질의 분해, 유해물질의 분해 등에 있다.

 02.①

45 염소소독

① 세균의 부활을 막기 위해 급수관에서는 0.2mg/L 이상, 소화기 계통의 전염병 유행시에는 0.4mg/L 이상의 잔류염소가 잔류하도록 염소를 주입한다.

② 염소는 물에 가수분해되어 유리잔류염소를 형성한다.

$$Cl_2 + H_2O \rightleftharpoons HOCl + H^+ + Cl^-$$
$$HOCl \rightleftharpoons H^+ + OCl^-$$

pH 5.0 또는 그 이하에서 염소는 HOCl의 형태

pH 10.0 또는 그 이상에서 염소는 OCl^-의 형태

③ HOCl은 매우 강한 소독제로서 OCl^-보다 약 80~200배 더 강하다.

④ 암모니아는 염소와 반응하여 상당한 살균력을 갖고 있는 결합잔류염소로 전환된다.

$NH_3 + HOCl \rightarrow NH_2Cl + H_2O$ monochloramin pH 8.5 ~ 4.5

$NH_3 + 2HOCl \rightarrow NHCl_2 + 2H_2O$ dichloramin pH 4.5

$NH_3 + 3HOCl \rightarrow NCl_3 + 3H_2O$ trichloramin pH 4.4 이하

⑤ 염소의 살균력 강도

$HOCl > OCl^- >$ Chloramines

⑥ 그림에서와 같이 염소를 계속 주입하면 결합잔류염소를 생성하다가 일정농도 이상의 염소가 주입되면 결합잔류염소가 파괴되고(파괴점) 유리염소가 증가하게 된다. 즉 파괴점에서부터 염소의 살균작용이 비로소 진행된다.

$2NH_3 + 3HOCl \rightarrow N_2 + 3HCl + 3H_2O$ breakpoint chlorination

⑦ 염소요구량 농도 = 염소주입량 농도 − 잔류염소량 농도

  염소요구량 = 염소요구량 농도 × 유량 × 1/염소의 순도

⑧ 물 속의 유기물 및 무기물을 산화, 분해하는데 필요한 주입 염소량을 염소요구량이라 한다.

[표] 소독방법에 따른 장단점

소독방법	장 점	단 점
Cl_2	• 보편화된 소독방법이다. • 소독력이 강하다. • 잔류성이 크다. • 경제적이다.	• pH에 따라 소독력이 변한다. • 소독부산물(THMs)이 발생한다. • 부식성이 있다. • 맛과 냄새가 발생한다.
O_3	• 산화력이 강하다. • 소독부산물의 발생이 없다. • 철, 망간의 제거효율이 높다. • pH 변화에 따른 영향이 적다.	• 잔류성이 없다. • 현장에서 직접 제조하여 사용하여야 한다. • 유지관리가 어렵다. • 비경제적이다.
UV	• 소독력이 강하다. • 소독부산물의 발생이 없다. • 접촉시간이 짧다. • 유량과 수질변동에 강하다. • 경제적이다.	• 잔류성이 없다. • 탁도가 높으면 소독력이 저하한다.
ClO_2	• 소독력이 강하다. • 소독부산물의 발생이 없다. • 철, 망간의 제거효율이 높다. • 페놀의 분해력이 강하다.	• 현장에서 직접 제조하여 사용하여야 한다. • 암모니아성 질소의 제거가 어렵다. • 비경제적이다.
NaOCl	• 잔류성이 크다. • 소독력이 강하다. • 경제적이다.	• 맛과 냄새를 유발한다. • 접촉시간이 길다. • 소독부산물(THMs)이 발생한다.

Question

01 염소(Cl_2)가스를 물에 흡수시켰을 때 살균력은 pH가 낮은 쪽이 유리하다고 한다. pH가 9 이상에서 물속에 많이 존재하는 것으로 옳은 것은?

① OCl^- 보다 $HOCl$이 많이 존재한다.
② $HOCl$ 보다 OCl^-이 많이 존재한다.
③ pH에 관계없이 항상 $HOCl$이 많이 존재한다.
④ NH_3가 없는 물속에서 NH_2Cl_2이 많이 존재한다.

02 염소 살균에서 용존 염소가 반응하여 물의 불쾌한 맛과 냄새를 유발하는 것은?

① 클로로페놀
② PCB
③ 다이옥신
④ CFC

해설 클로로페놀는 염소가 페놀과 반응하여 형성되며 악취와 불쾌한 맛을 유발한다.

03 수돗물을 염소로 소독하는 가장 주된 이유는?

① 잔류염소 효과가 있다.
② 물과 쉽게 반응한다.
③ 유기물을 분해한다.
④ 생물농축 현상이 없다.

04 액체염소의 주입으로 생성된 유리염소, 결합잔류염소의 살균력의 크기를 바르게 나열한 것은?

① HOCl > Chloramines > OCl^-
② OCl^- > HOCl > Chloramines
③ HOCl > OCl^- > Chloramines
④ OCl^- > Chloramines > HOCl

05 다음 오염물질 함유폐수 중 알칼리 조건하에서 염소처리(산화)가 필요한 것은?

① 시안(CN)
② 알루미늄(Al)
③ 6가 크롬(Cr^{6+})
④ 아연(Zn)

06 오존 살균 시 급수계통에서 미생물의 증식을 억제하고, 잔류 살균효과를 유지하기 위해 투입하는 약품은?

① 염소
② 활성탄
③ 실리카겔
④ 활성알루미나

정답 01.② 02.① 03.① 04.③ 05.① 06.①

07 염소혼화지에 2000m³/day의 처리수가 유입되고 혼화시간을 15분으로 했을 때, 혼화지 수로의 유효길이는?(단, 혼화지의 폭은 1.0m, 수심은 0.8m이다)

① 12m
② 15m
③ 20m
④ 26m

해설 체류시간 $t = \dfrac{V}{Q} = \dfrac{WHL}{Q}$

$Q = \dfrac{2000}{24} = 83.3 \text{m}^3/\text{h} = 1.38 \text{m}^3/\text{min}$

∴ 유효길이 $= \dfrac{1.38 \times 15}{1.0 \times 0.8} = 25.87m$

08 50000m³/d의 상수를 살균하기 위해 20kg/d의 염소가 사용되고 있는데 15분 접촉 후 잔류염소는 0.2mg/L이다. 이때 염소주입농도(㉠)와 염소요구량(㉡)은 각각 얼마인가?

① ㉠ 0.8mg/L, ㉡ 0.4mg/L
② ㉠ 0.2mg/L, ㉡ 0.4mg/L
③ ㉠ 0.4mg/L, ㉡ 0.8mg/L
④ ㉠ 0.4mg/L, ㉡ 0.2mg/L

해설 염소요구량=염소주입량-잔류염소량

$mg/L = \dfrac{20kg}{day} \Big| \dfrac{day}{50000m^3} \Big| \dfrac{10^6 mg}{kg} \Big| \dfrac{m^3}{1000L} = 0.4 mg/L$

∴ 염소요구량=0.4mg/L-0.2mg/L=0.2mg/L

09 다음 중 염소살균의 가장 큰 장점은?

① 대장균을 선택적으로 살균한다.
② 낮은 농도에서도 효과적이며, 충분한 양 투여 시 지속적인 살균효과를 나타낸다.
③ 독성유해화학물질도 제거할 수 있고, 특히 냄새제거에 탁월한 효능을 나타낸다.
④ 플랑크톤 제거에 가장 효과적이다.

정답 07.④ 08.④ 09.②

46 수중미생물

① **박테리아**

폐수처리 미생물은 개체크기가 1mm이하 이다. 박테리아는 유기물을 분해하는 가장 중요한 미생물로서 구균, 간균, 나선균 등이 있으며 화학조성식은 호기성 박테리아가 $C_5H_7O_2N$ 혐기성 박테리아가 $C_5H_9O_3N$ 이다.

② **남조류**

에너지원으로 빛(photo)을 탄소원(영양원)으로 무기물질(CO_2)을 이용하는 섬유상 단세포생물로 물의 맛, 냄새, pH 변화, 독소물질을 분비한다.

③ **조류**

에너지원으로 빛(photo)을 탄소원(영양원)으로 무기물질(CO_2)을 이용하는 단세포 또는 다세포생물로 물의 맛, 냄새, pH, DO변화에 관여한다. 경험적 화학조성식은 $C_5H_8O_2N$ 이다.

④ **균류**

탄소동화작용을 하지 않는 다세포생물이다. 용존산소가 부족한 환경에서 잘 성장하는 사상균이며 활성슬러지법에서 벌킹현상을 일으키는 Fungi이다.

⑤ **원생동물(Protozoa)**

통상 호기성 종속영양균으로 DO에 민감하며 박테리아나 입자상의 유기물을 소모시킬 수 있다. 폐수처리가 양호할 경우 지표생물로 이용되는 대표적인 미생물은 Vorticella, Rotifer 등이 있다.

Question

01 수질오염 지표에서 수중의 DO농도가 증가하는 것은?

① 동물의 호흡 작용
② 불순물의 산화 작용
③ 유기물의 분해 작용
④ 조류의 광합성 작용

02 주간에 호소에서 조류가 성장하는 동안 조류가 수질에 미치는 영향으로 가장 적합한 것은?

① 수온의 상승
② 질소의 증가
③ 칼슘농도의 증가
④ 용존산소 농도의 증가

정답 01.④ 02.④

03 생태계의 생물적 요소 중 용존산소를 소비하는 분해자로 유기물과 영양물질이 풍부한 환경에서 잘 자라며, 물질순환과 자정작용에 중요한 역할을 하는 종으로 가장 적합한 것은?

① 조류
② 호기성 독립영양세균
③ 호기성 종속영양세균
④ 혐기성 종속영양세균

04 다음 설명에 해당하는 생물적 요소로 가장 적합한 것은?

- 고형물질의 표면에 부착하여 생장하는 미생물이다.
- 핵의 형태가 뚜렷한 단세포가 서로 연결되어 일정한 형태를 이룬다.
- 다세포로 구성된 균사, 생식세포를 형성하는 자실체로 구성되어 있다.
- 각 세포는 독립된 생존능력을 가지며, 영양물질과 에너지 물질인 유기물을 세포표면으로 흡수하여 생장한다.
- 물질순환 및 자정작용에 중요한 역할을 한다.

① 곰팡이
② 바이러스
③ 원생동물
④ 수서곤충

05 용존산소가 충분한 조건의 수중에서 미생물에 의한 단백질 분해순서를 올바르게 나타낸 것은?

① $NO_3^- \to NO_2 \to NH_4^+ \to Amino\,Acid$
② $NH_4^+ \to NO_2^- \to NO_3^- \to Amino\,Acid$
③ $Amino\,Acid \to NO_3^- \to NO_2^- \to NH_4^+$
④ $Amino\,Acid \to NH_4^+ \to NO_2^- \to NO_3^-$

해설 단백질 → 아미노산(Amino Acid) → 암모늄(NH_4^+) → 질산화과정($NO_2^- \to NO_3^-$)

06 박테리아의 경험식은 C₅H₇O₂N 이다. 1kg의 박테리아를 완전히 산화시키려면 몇 kg의 산소가 필요한가?(단, 질소는 암모니아로 무기화 된다)

① 4.32
② 3.47
③ 2.14
④ 1.42

해설 $C_5H_7O_2N + 5O_2 \to 5CO_2 + 2H_2O + NH_3$

$\therefore x = \dfrac{5 \times 32\text{kg} \times 1\text{kg}}{113\text{kg}} = 1.42\text{kg}$

정답 03.③ 04.① 05.④ 06.④

47 미생물의 생장곡선

[1] 개요
① 미생물의 생장은 미생물 수의 증가로 정의한다.
② 시간에 따른 세포수의 변화 단계를 보면 유도기(지연기) → 대수생장기(log성장기) → 감소생장기(정지기) → 내생호흡기(사멸기)의 과정을 거친다.

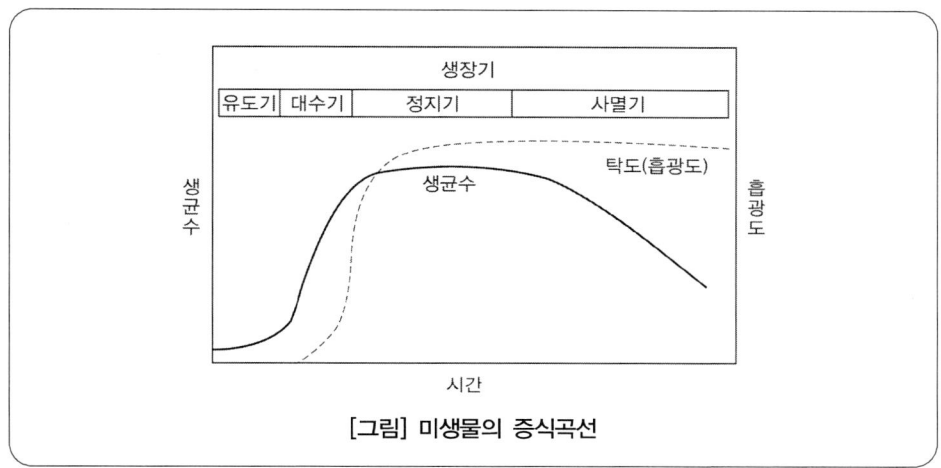

[그림] 미생물의 증식곡선

[2] 유도기
① 미생물을 새로운 환경에 접종하면 생장이 즉시 일어나지 않고 일정한 시간이 지난후 생장이 시작된다. 이 기간을 유도기 또는 지연기라 한다.
② 유도기는 새로운 환경에 세포가 적응하는 기간이다.
③ 이때 세포내에서는 생화학물질을 생성한다.
④ 유도기는 미생물의 숫자는 증가하지 않으나 미생물의 내부에서는 활발한 생화학 반응이 일어나 세포의 분열을 준비하는 단계이다.

[3] 대수생장기
① 대수기 동안 미생물의 수는 기질(유기물)의 농도에 비례하여 대수적으로 증가하며 분산성장을 한다.
② 이 기간 동안 대수생장율은 미생물의 종류와 온도, 배지조성과 같은 생장조건에 따라 다르다.

[4] 감소생장기
① 미생물 세포의 생장속도가 감소하는 단계이다.
② 세포는 영양소 부족, 전자수용체의 부족, pH의 변화, 항생물질 등의 2차 대사물질 생성으로 생장이 감소한다.
③ 세포의 생장과 사멸은 일정하며 전체 세포수는 최대로 된다.
④ 감소 및 내생단계에서 미생물 floc 이 형성되고, 이 floc의 침전제거로 하수를 처리한다.

[5] 내생호흡기
① 내생호흡기는 미생물 집단의 죽는 비율이 생장비율보다 높다.
② 사멸세포 수가 대수적으로 증가한다.

Question

01 다음 포기조 내의 미생물 성장 단계 중 신진 대사율이 가장 높은 단계는?
① 내생성장 단계
② 감소성장 단계
③ 감소와 내생성장 단계 중간
④ 대수성장 단계

02 미생물 성장곡선에서 다음과 같은 특성을 보이는 단계는?

- 살아 있는 미생물들이 조금밖에 없는 양분을 두고 서로 경쟁하고, 신진대사율은 큰 비율로 감소한다.
- 미생물은 그들 자신의 원형질을 분해시켜 에너지를 얻는 자산화 과정을 겪게 되어 전체 원형질 무게는 감소된다.

① 지체기
② 대수성장기
③ 감소성장기
④ 내생호흡기

03 다음 중 유기성 액상 폐기물을 호기성 분해시킬 때 미생물이 가장 활발하게 활동하는 기간은?
① 고정기
② 대수증식기
③ 휴지기
④ 사멸기

정답 01.④ 02.④ 03.②

04 다음 중 회분식 배양조건에서 시간에 따른 박테리아의 성장곡선을 순서대로 옳게 나열한 것은?

① 유도기 → 사멸기 → 대수성장기 → 정지기
② 유도기 → 사멸기 → 정지기 → 대수성장기
③ 대수성장기 → 정지 → 유도기 → 사멸기
④ 유도기 → 대수성장기 → 정지기 → 사멸기

05 다음은 미생물의 성장단계에 관한 설명이다. 괄호 안에 알맞은 것은?

( )란 일정한 양의 에너지와 영양분이 한번만 주어지는 회분식 배양에서 접종 전 배양말기의 불리한 조건에서 대사산물이나 효소가 고갈된 접종세포가 새로운 환경에 적응할 때까지의 소요기간을 말한다.

① 내생호흡기
② 지체기
③ 감소성장기
④ 대수성장기

해설 미생물의 성장단계
지체기 → 대수성장기 → 감소성장기 → 내생호흡기

정답 04.④ 05.②

48. 표준활성오니법

[1] 원리

① 호기성 종속영양미생물의 동화작용과 이화작용으로 유기물을 분해한다.

$$유기물 + O_2 \xrightarrow{이화작용} CO_2 + H_2O + energy$$

$$유기물 + O_2 \xrightarrow[energy]{동화작용} C_5H_7O_2 + CO_2 + H_2O$$

② 처리공정

유입→ 스크린→ 침사→ 1차 침전→ 포기→ 2차 침전→ 소독→ 방류

[2] 영향인자

① 생물학적 처리법은 미생물을 이용하여 하수중의 용존 유기물을 산화분해 시키는 것으로 미생물이 충분히 잘 자랄 수 있는 환경이 유지되어야 한다.

② **영양소** : 일반적으로 포기조 유입수의 $BOD : N : P = 100 : 5 : 1$의 분포가 미생물의 대사 및 처리에 최적인 것으로 알려져 있다.

③ **용존산소(DO)** : 호기성 반응조에서 최저 0.5mg/L 이상, 통상 2.0mg/L 이상 유지함이 적당하다.

④ **온도** : 미생물 처리는 중온성 미생물에 의한 처리가 대부분이므로 10~40°C 정도가 유지되어야 하다.

⑤ **pH** : 6~8정도의 범위가 적당하다.

⑥ **기타 독성물질**

독성물질은 미생물의 활동이나 성장에 방해를 주어 처리에 장해를 일으킨다. 따라서 사전에 영향을 받지 않는 농도까지 낮추거나 함유하지 않도록 하여야 한다.

[3] 운전인자

① F/M비 : 0.2~0.4kg BOD/kg MLSS · day

② BOD 용적부하 : 0.3~0.8kg BOD/m^3 · day

③ MLSS농도 : 1500~2500mg/L

④ SRT : 3~6day

⑤ 포기시간 : 6~8hr

⑥ 슬러지 반송률 : 30~100%

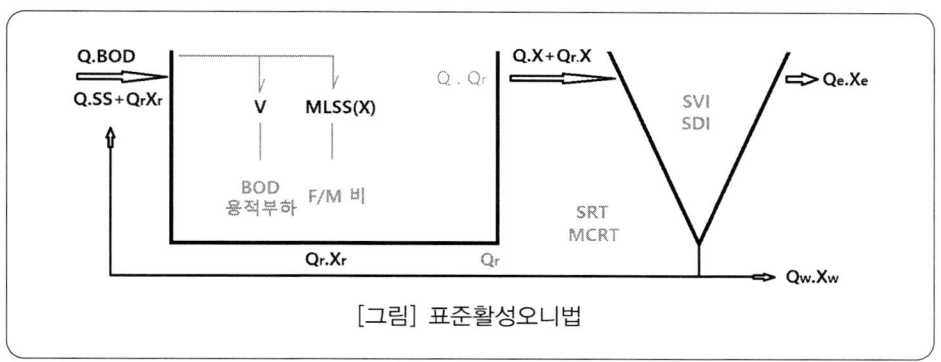

[그림] 표준활성오니법

Question

01 활성슬러지법에서 MLSS가 의미하는 것으로 가장 적합한 것은?

① 방류수 중의 부유물질
② 폐수 중의 중금속물질
③ 포기조 혼합액 중의 부유물질
④ 유입수 중의 부유물질

해설 MLSS는 포기조 혼합액 중의 미생물로서 부유물질을 의미한다.

02 포기조의 용량이 500m³, 포기조 내의 부유물질의 농도가 2000mg/L 일 때, MLSS의 양은?

① 500kg.MLSS
② 800kg.MLSS
③ 1000kg.MLSS
④ 1500kg.MLSS

해설 $kg.MLSS = \dfrac{500m^3}{} \mid \dfrac{2000mg}{L} \mid \dfrac{10^{-6}kg}{mg} \mid \dfrac{10^3 L}{m^3} = 1000kg$

03 활성슬러지법으로 처리하고 있는 어떤 폐수처리시설 포기조의 운영관리 자료 중 적절하지 않은 것은?

① SV가 20~30%
② DO가 7~9mg/L
③ MLSS가 3000mg/L
④ pH가 6~8

해설 호기성 반응조에서 최저 $0.5mg/L$ 이상, 통상 $2.0mg/L$ 이상 유지함이 적당하다.

정답 01.③ 02.③ 03.②

04 표준활성슬러지법으로 폐수를 처리하는 경우 F/M비(kg BOD/kg MLSS · d)의 운전범위로 가장 적절한 것은?

① 0.03~0.06   ② 0.2~0.4   ③ 2~4   ④ 3~6

해설 F/M비는 유기물(Food)과 미생물(MLSS)의 비율을 나타낸다.

05 다음 내용에 알맞은 생물학적 처리공정으로 가장 적합한 것은?

- 설치면적이 적게 들며, 처리수의 수질이 양호하다.
- BOD, SS의 제거율이 높다.
- 수량 또는 수질에 영향을 많이 받는다.
- 슬러지 팽화가 문제점으로 지적된다.

① 산화지법   ② 살수여상법
③ 회전원판법   ④ 활성슬러지법

06 활성슬러지공법에서 포기조 내 SVI(Sludge Volume Index)가 적정 값보다 높을 때, 발생할 수 있는 현상으로 가장 적합한 것은?

① 슬러지의 밀도가 증가한다.   ② 슬러지 벌킹의 우려가 있다.
③ 슬러지 내 휘발성분이 감소한다.   ④ 슬러지는 아주 빨리 침강한다.

07 다음 중 BOD 600ppm, SS 40ppm인 폐수를 처리하기 위한 공정으로 가장 적합한 것은?

① 활성슬러지법   ② 역삼투법
③ 이온교환법   ④ 오존소화법

해설 활성슬러지법은 용존 유기물질을 생물학적으로 처리하는 데 효과적이다.

08 활성슬러지공법을 적용하고 있는 폐수종말처리시설에서 운전상 발생하는 점에 관한 설명으로 옳지 않은 것은?

① 슬러지 팽화는 플록의 침전성이 불량하여 농축이 잘 되지 않는 것을 말한다.
② 슬러지 팽화의 원인 대부분은 각종 환경조건이 악화된 상태에서 사상성 박테리아나 균류 등의 성장이 둔화되기 때문이다.
③ 포기조에서 암갈색의 거품은 미생물 체류시간이 길고 과도한 과포기를 할 때 주로 발생한다.
④ 침전성이 좋은 슬러지가 떠오르는 슬러지 부상문제는 주로 과포기나 저부하에 의해 포기조에서 상당한 질산화가 진행되는 경우 침전조에서 침전슬러지를 오래 방치할 때 탈질이 진행되어 야기된다.

09 활성슬러지법은 여러 가지 변법이 개발되어 왔으며, 각 방법은 특별한 운전이나 제거효율을 달성하기 위하여 발전되었다. 다음 중 활성슬러지법의 변법으로 볼 수 없는 것은?

① 다단 포기법　　　　　② 접촉 포기법
③ 장기 포기법　　　　　④ 오존 포기법

> **해설** 오존은 화학적 처리방법이다.

10 BOD, SS의 제거율이 비교적 높고, 악취나 파리의 발생이 거의 없고, 설치면적은 적게 드나, 슬러지 팽화의 문제점이 있고, 슬러지 생성량이 비교적 많은 생물학적 처리방법은?

① 활성슬러지법　　　　② 회전원판법
③ 산화지법　　　　　　④ 살수여상법

11 활성슬러지법의 미생물 성장은 35℃ 정도까지의 경우 10℃ 증가할 때마다 그 성장속도가 일반적으로 몇 배로 증가되는가?

① 2배로 증가　　　　　② 16배로 증가
③ 32배로 증가　　　　　④ 64배로 증가

> **해설** 미생물 성장은 35℃ 정도까지의 경우 10℃ 증가할 때마다 그 성장속도는 2배가 된다.

12 다음은 생물학적 처리방법에 대한 설명이다. 옳지 않은 것은?

① 주로 유기성 폐수의 처리에 적용한다.
② 미생물을 이용한 처리방법으로 호기성 처리방법은 부패조 등이 있다.
③ 살수여상은 부착성장식 생물학적 공법이다.
④ 산화지는 자연에 의하여 처리하기 때문에 활성 슬러지법에 비해 적정처리가 어렵다.

> **해설** 생물학적 호기성 처리방법에는 활성슬러지법, 살수여상법, 산화지법 등이 있으며, 혐기성 처리방법에는 부패조 등이 있다.

정답 04.② 05.④ 06.② 07.① 08.② 09.④ 10.① 11.① 12.②

[4] BOD 용적부하

BOD 용적부하란 포기조 부피 $1m^3$당 하루에 가해지는 BOD무게(kg)로 정의한다.

$$BOD\text{용적부하} = \frac{\text{BOD농도} \times \text{유입수량}}{\text{포기조용적}} = \frac{BOD \cdot Q}{V} = \frac{BOD}{t}$$

여기서, t(포기시간 ≒ 처리시간)=포기조 부피/유입수량= V/Q

Question

01 BOD 용적부하(kg/m³ · day)식에 관한 설명으로 옳은 것은?

① 유입폐수 BOD농도(mg/L)에 유입유량(m^3/day)과 10^{-3}을 곱한 값을 포기조 용적(m^3)으로 나눈 값이다.
② 유출폐수 BOD농도(mg/L)에 유출유량(m^3/day)과 10^{-3}을 곱한 값을 포기조 용적(m^3)으로 나눈 값이다.
③ 유입폐수 BOD농도(mg/L)에 유입유량(m^3/day)과 10^{-3}을 곱한 값에 미생물(MLSS) 용적(m^3)을 곱한 값이다.
④ 유출폐수 BOD농도(mg/L)에 유출유량(m^3/day)과 10^{-3}을 곱한 값에 미생물(MLSS) 용적(m^3)을 곱한 값이다.

해설 BOD 용적부하= $\dfrac{BOD\text{농도}(kg)}{\text{포기조용적}(m^3)}$

$$\therefore kg/m^3 \cdot day = \frac{BOD \cdot mg}{L} \Big| \frac{Q\,m^3}{day} \Big| \frac{1}{V\,m^3} \Big| \frac{10^{-6}kg}{mg} \Big| \frac{10^3 L}{m^3} = 10^{-3} kg/m^3 \cdot day$$

02 200m³의 포기조에 BOD 370mg/L인 폐수가 1250m³/d의 유량으로 유입되고 있다. 이 포기조의 BOD용적부하는?

① 1.78kg/m³ · d
② 2.31kg/m³ · d
③ 2.98kg/m³ · d
④ 3.12kg/m³ · d

해설 BOD 용적부하= $\dfrac{Q \times BOD\text{농도}}{V}$

$$kg/m^3 \cdot day = \frac{370mg}{L} \Big| \frac{1250m^3}{day} \Big| \frac{1}{200m^3} \Big| \frac{10^{-6}kg}{1mg} \Big| \frac{1L}{10^{-3}m^3} = 2.31 kg/m^3 \cdot day$$

정답 01.① 02.②

03 유입수량이 700m³/day 이고, BOD가 1715mg/L 인 하수를 활성슬러지공법으로 처리하고자 할 때 적당한 포기조의 용적은?(단, 포기조의 BOD 용적부하는 1.0kg/m³·day)

① 약 2100m³　　　　　　② 약 1715m³
③ 약 1200m³　　　　　　④ 약 700m³

해설 $m^3 = \dfrac{700m^3}{day} \left| \dfrac{1715mg}{L} \right| \dfrac{m^3 \cdot day}{1kg} \left| \dfrac{10^{-6}kg}{mg} \right| \dfrac{1L}{10^{-3}m^3} = 1200.5 m^3$

정답 03.③

[5] F/M비

F/M비란 포기조 내의 sludge(MLSS, mixed liquor suspended solids) 단위무게당 하루에 가해지는 BOD무게로 정의한다.

$$F/M비 = \dfrac{\text{BOD농도} \times \text{유입수량}}{\text{MLSS농도} \times \text{포기조용적}} = \dfrac{BOD \cdot Q}{MLSS \cdot V} = \dfrac{BOD}{MLSS \cdot t}$$

Question

01 MLSS 농도가 1000mg/L이고, BOD 농도가 200mg/L인 2000m³/day의 폐수가 포기조로 유입될 때 BOD/MLSS부하는?(단, 포기조의 용적은 1000m³이다.)

① 0.1kgBOD/kgMLSS·day　　② 0.2kgBOD/kgMLSS·day
③ 0.3kgBOD/kgMLSS·day　　④ 0.4kgBOD/kgMLSS·day

해설 $\dfrac{kg \cdot BOD}{kg \cdot MLSS \cdot day} = \dfrac{200mg}{L} \left| \dfrac{2000m^3}{day} \right| \dfrac{L}{1000mg} \left| \dfrac{1}{1000m^3} \right. = 0.4\ BOD/MLSS \cdot day$

02 BOD가 200mg/L이고, 폐수량이 1500m³/d인 폐수를 활성슬러지법으로 처리하고자 한다. F/M비가 0.4kg/kg·day라면 MLSS 1500mg/L로 운전하기 위해서 요구되는 포기조 용적은?

① 900m³　　② 800m³　　③ 600m³　　④ 500m³

해설 $F/M비 = \dfrac{Q \cdot BOD}{V \cdot MLSS}$

$m^3 = \dfrac{200mg}{L} \left| \dfrac{1500m^3}{day} \right| \dfrac{kg \cdot day}{0.4kg} \left| \dfrac{L}{1500mg} \right. = 500 m^3$

정답 01.④　02.④

03 활성슬러지법의 운전조건 중 F/M비(kg BOD/kg MLSS · 일)는 얼마로 유지하는 것이 가장 적합한가?

① 200~400
② 20~40
③ 2~4
④ 0.2~0.4

04 BOD 400mg/L, 유량 3000m³/day 인 폐수를 MLSS 3000mg/L인 포기조에서 체류시간을 8시간으로 운전하고자 한다. 이때 F/M비(BOD-MLSS 부하)는?

① 0.2   ② 0.4   ③ 0.6   ④ 0.8

해설
$$V = t \cdot Q = \frac{8hr \times 3000\text{m}^3/\text{d}}{24hr/d} = 1000\text{m}^3$$

$$\frac{400mg}{L} \Big| \frac{3000m^3}{day} \Big| \frac{L}{3000mg} \Big| \frac{1}{1000m^3} = 0.4\, kg.BOD/kg.MLSS.day$$

정답 03.④ 04.②

[6] SRT

포기조 내의 고형물은 최종침전지를 순환하면서 일부는 폐기되고, 일부는 재순환하여 포기조 내에 체류하게 되는데 이 기간을 고형물체류시간(SRT)이라 한다.

$$SRT = \frac{\text{포기조 부피} \times \text{MLSS}}{\text{폐기 }SS\text{량} + \text{유출 }SS\text{량}} = \frac{VX}{Q_w X_w + Q_e X_e}$$

$$= \frac{VX}{X_r Q_w + (Q - Q_w) X_e} = \frac{VX}{Q_w X_r} \quad (*\text{유출 }SS\text{없을 때})$$

슬러지의 반송이 없는 경우 고형물 체류시간은 다음과 같다.

$$SRT(\text{슬러지 일령}) = \frac{V \cdot X}{SS \cdot Q} = \frac{1}{F/M\text{비}} = \frac{X \cdot t}{SS}$$

01 포기조의 유입량은 2000m³/day, BOD 총량은 250kg/day일 때, BOD 용적부하를 0.4kg/m³·d로 하였다. 포기조 체류시간은 얼마인가?

① 12.5h ② 10.5h
③ 8.5h   ④ 7.5h

해설 $BOD 용적부하 = \dfrac{BOD 총량}{용적(V)}$ ∴ $Vm^3 = \dfrac{250kg}{day} | \dfrac{m^3 \cdot day}{0.4kg} = 625m^3$

체류시간 $t = \dfrac{V}{Q}$ ∴ $hr = \dfrac{625m^3}{} | \dfrac{day}{2000m^3} | \dfrac{24hr}{day} = 7.5hr$

02 인구 5500명이 사는 도시에 3500m³/day의 하수를 처리하는 하수처리시설이 있다. 이 시설의 침전지의 부피가 150m³일 때, 이론적인 하수 체류시간은?

① 약 1시간   ② 약 1시간 20분
③ 약 1시간 50분 ④ 약 2시간 15분

해설 $t = \dfrac{V}{Q}$ ∴ $hr = \dfrac{150m^3}{} | \dfrac{day}{3500m^3} | \dfrac{24hr}{day} = 1.02hr$

정답 01.④ 02.①

[7] 슬러지 용량지표(SVI)

SVI(sludge volume index)란 슬러지의 침강농축성을 나타내는 지표로서 포기조 혼합액 1L를 30분 침전시킨후 1g의 MLSS가 슬러지로 형성시 차지하는 부피(mL)를 말하며, 이 값이 작을수록 침전성이 양호하다.

$$SVI = \dfrac{30분\ 침강후\ 슬러지부피(mL/L)}{MLSS\ 농도(g/L)} \fallingdotseq \dfrac{mL}{g}$$

$$= \dfrac{SV_{30}(mL/L) \times 1000}{MLSS(mg/L)} = \dfrac{SV_{30}(\%) \times 10^4}{MLSS(mg/L)} = \dfrac{100}{SDI} = \dfrac{10^6}{X_r}$$

* 여기서 단위는 SVI=mL/g, Xr=mg/L 이다.

통상 SVI가 50~150일 때 침전성은 양호하며 200 이상이면 sludge bulking이 일어난다.

01 MLSS 농도가 2500mg/L인 혼합액을 1000mL 메스실린더에 취해 30분간 정치한 후의 침강슬러지가 차지하는 용적이 400mL이었다면 이 슬러지의 SVI는?

① 100 ② 160
③ 250 ④ 400

해설 $SVI = \dfrac{SV_{30}\ mL/L}{MLSS\ mL/L} \times 10^3$ ∴ $\dfrac{400mL}{L} | \dfrac{L}{2500mg} | \dfrac{10^3 mg}{g} = 160 mL/g$

02 다음 중 슬러지 팽화의 지표로서 가장 관계가 깊은 것은?

① 함수율 ② SVI
③ TSS ④ NBDCODnb

03 SVI=125일 때, 반송슬러지 농도(mg/L)는?

① 1000 ② 2000
③ 4000 ④ 8000

해설 $SVI = \dfrac{1}{X_r(mg/L)} \rightarrow SVR = \dfrac{10^6}{X_r}(mL/g)$

∴ $X_r = \dfrac{10^6}{125} = 8000 mg/L$

04 슬러지 침전성을 나타내는 값으로 SVI가 사용된다. 다음 중 침전성이 양호한 SVI의 범위로 가장 적합한 것은?

① 1000~2000 ② 500~1000
③ 200~500 ④ 50~150

정답 01.② 02.② 03.④ 04.④

[8] SDI

SDI(sludge density index)는 슬러지 밀도지수로써, 슬러지 100mL 중의 고형물량(g)이다. 일반적으로 침전성이 좋은 슬러지는 SDI ≧ 0.7이며, 다음과 같이 정의된다.

$$SDI = \frac{100}{SVI}$$

Question

01 SVI와 SDI의 관계식으로 옳은 것은?(단, SVI : Sludge Volume Index, SDI : Sludge Density Index)

① SVI=100/SDI
② SVI=10/SDI
③ SVI=1/SDI
④ SVI=SDI/1000

02 MLSS 농도 3000mg/L인 포기조 혼합액을 1000mL 메스실린더로 취해 30분간 정치시켰을 때, 침강슬러지가 차지하는 용적은 440mL이었다. 이때 슬러지밀도지수(SDI)는?

① 146.7
② 73.4
③ 1.36
④ 0.68

해설 $SVI = \frac{SV_{30}}{MLSS}$ ∴ $\frac{440mL}{L} | \frac{L}{3000mg} | \frac{1000mg}{g} = 146.7 mL/g$

$SDI = \frac{100}{SVI}$ ∴ $\frac{100}{146.7} = 0.68$

03 눈금이 있는 실린더에 슬러지 1L를 담아 30분간 침전시킨 결과 슬러지의 부피가 180mL였다. 이 슬러지의 SVI는?(단, MLSS의 농도는 2000mg/L이다)

① 20
② 50
③ 90
④ 111

해설 $SVI = \frac{SV}{MLSS}$ ∴ $\frac{L}{2000mg} | \frac{180mL}{L} | \frac{1000mg}{g} = 90 mL/g$

정답 01.① 02.④ 03.③

[9] 슬러지 반송

① 활성슬러지법의 운영관리에 있어서 포기조내 미생물의 적정유지는 처리의 효율측면에서 상당히 중요하다.
② 포기조내에 유입되는 유기물질과 이를 섭취 분해 제거하는 미생물 간에는 서로 균형이 유지되어야 처리의 효과를 높일 수 있기 때문이다.
③ 포기조의 MLSS농도를 일정하게 유지하기 위해서는 침강슬러지의 일부를 순환시켜서 다시 포기조에 보급하여 조절하는데 이를 슬러지 반송이라 한다.
④ 유입수의 SS를 무시하는 경우 슬러지 반송률(R)은 다음과 같다.

$$r = \frac{\text{포기조내 } MLSS \text{농도}}{\text{반송슬러지 } SS \text{농도} - \text{포기조내 } MLSS \text{농도}} = \frac{X}{X_r - X}$$

⑤ 유입수의 SS를 고려하는 경우 슬러지 반송율(r)은 다음과 같다.

반응조 유입 = 반응조 유출

$Q \cdot SS + Q_r \cdot X_r = Q \cdot X + Q_r \cdot X$

$Q_r \cdot X_r - Q_r \cdot X = Q \cdot X - Q \cdot SS$

$Q_r(X_r - X) = Q(X - SS)$

$Q_r = \dfrac{Q(X-SS)}{X_r - X}$ 　　$\dfrac{Q_r}{Q} = \dfrac{X-SS}{X_r - X}$

$\therefore r = \dfrac{X - SS}{X_r - X}$

Question

01 활성슬러지공법에서 슬러지 반송의 주된 목적은?

① MLSS 조절　② DO 공급　③ pH 조절　④ 소독 및 살균

02 SVI=125일 때, 반송슬러지 농도(mg/L)는?

① 1000　② 2000　③ 4000　④ 8000

해설 $SVI = \dfrac{1}{X_r(mg/L)} \rightarrow SVR = \dfrac{10^6}{X_r}(mL/g)$

$\therefore X_r = \dfrac{10^6}{125} = 8000 \text{mg/L}$

정답 01.①　02.④

[10] 슬러지 팽화

01 원인

① sludge bulking이란 DO, BOD, pH, 영양분 등의 불균형으로 사상균이 발생하여 슬러지가 팽화 부상하는 현상이다.
② 슬러지 팽화시 SVI는 200 이상으로 매우 높다.
③ 사형(絲形) 미생물의 과도한 번식으로 슬러지 팽화가 발생한다.
④ BOD 용적부하가 높으면 사상균의 발생으로 슬러지 팽화가 발생한다.
⑤ F/M비가 높으면 사상균이 이상 번식하여 슬러지 팽화가 발생한다.
⑤ SRT가 짧으면 사상균이 이상 번식하여 슬러지 팽화가 발생한다.
⑥ 슬러지의 반송율이 낮으면 미생물의 과부하로 사상균이 이상 번식한다.
⑦ pH가 낮으면 사상균이 이상 번식하여 슬러지 팽화가 발생한다.
⑧ 온도가 너무 낮으면 사상균이 이상 번식하여 슬러지 팽화가 발생한다.
⑨ DO가 부족하면 혐기성상태가 되어 사상균이 이상 번식한다.
⑩ 영양물질의 불균형으로 사상균이 번식하여 슬러지 팽화가 발생한다.
⑪ 환원된 황의 유입으로 사상성 황 박테리아(Thiotrix, Beggiatoa)가 급격히 성장하여 슬러지는 팽화한다.

02 대책

① BOD 용적부하를 낮게 유지하기 위하여 BOD유입량을 줄인다.
② F/M비 낮추기 위하여 BOD유입량을 줄인다.
③ SRT를 길게하기 위하여 $MLSS$농도를 증대한다.
④ SVI를 50~150정도로 유지 관리한다.
⑤ 슬러지 반송율을 증대시켜 $MLSS$농도를 증대 시킨다.
⑥ pH를 적정하게 유지 관리한다.
⑦ 온도를 적정하게 유지 관리한다.
⑧ DO를 $2.0mg/l$이상으로 유지 관리한다.
⑨ 영양물질의 균형을 $BOD:N:P=100:5:1$로 조정한다.
⑩ 과잉의 사상균이 이상 번식하면 철, 알루미늄, 염소, 오존, 과산화수소 등을 주입시켜 응집 또는 살균하여 슬러지를 제거한 후 seeding한다.
⑪ 환원된 황의 유입을 차단한다.

[11] 슬러지 부상

01 원인
① 종말침전지에서 탈질반응으로 sludge 층이 부상한다.
② 침전지 내의 혐기성으로 바닥에 쌓인 슬러지가 부패하여 부상한다.
③ 바닥에 쌓인 슬러지가 신속히 재순환 되지 않을 때 부패되어 부상한다.
④ 침전지의 감속기가 너무 저속일 때 슬러지가 부패하여 부상한다.
⑤ 침전지의 감속기가 너무 고속일 때 슬러지가 교반되면서 부상한다.
⑥ 침전지의 수면적부하가 클 때 슬러지는 부상한다.
⑦ 웨어의 월류부하가 크면 슬러지는 월류한다.
⑧ 슬러지의 과도한 배출로 슬러지는 부상한다.
⑨ 침전지 내에 사영역이 존재하면 슬러지는 부패하여 부상한다.
⑩ 침전지 유입부의 유속이 크면 수류에 의해 슬러지는 부상한다.

02 대책
① 종말침전지에서 채류시간을 줄여 탈질현상을 방지한다.
② 바닥에 쌓인 슬러지를 신속히 재순환 한다.
③ 침전지의 스크레퍼는 일반적으로 선속도 2m/min를 유지한다.
④ 침전지의 수면적부하는 일반적으로 15~25m^3/m^2 · day로 한다.
⑤ 웨어의 길이를 연장하여 월류부하를 저하시킨다.
⑥ 슬러지의 과도한 배출을 방지한다.
⑦ 침전지 내에 사영역을 제거한다.
⑧ 침전지 유입부에 정류벽을 설치하여 유속을 저하시킨다.

Question

01 다음 중 슬러지 팽화의 지표로서 가장 관계가 깊은 것은?
① 함수율
② SVI
③ TSS
④ NBDCOD

정답 01.②

02 BOD, SS의 제거율이 비교적 높고, 악취나 파리의 발생이 거의 없고, 설치면적은 적게 드나, 슬러지 팽화의 문제점이 있고, 슬러지 생성량이 비교적 많은 생물학적 처리방법은?

① 활성슬러지법　　　　　　② 회전원판법
③ 산화지법　　　　　　　　④ 살수여상법

03 활성슬러지공법을 적용하고 있는 폐수종말처리시설에서 운전상 발생하는 점에 관한 설명으로 옳지 않은 것은?

① 슬러지 팽화는 플록의 침전성이 불량하여 농축이 잘 되지 않는 것을 말한다.
② 슬러지 팽화의 원인 대부분은 각종 환경조건이 악화된 상태에서 사상성 박테리아나 균류 등의 성장이 둔화되기 때문이다.
③ 포기조에서 암갈색의 거품은 미생물 체류시간이 길고 과도한 과포기를 할 때 주로 발생한다.
④ 침전성이 좋은 슬러지가 떠오르는 슬러지 부상문제는 주로 과포기나 저부하에 의해 포기조에서 상당한 질산화가 진행되는 경우 침전조에서 침전슬러지를 오래 방치할 때 탈질이 진행되어 야기된다.

04 다음 중 활성슬러지공법으로 하수를 처리할 때 주로 사상성 미생물의 이상번식으로 2차 침전지에서 침전성이 불량한 슬러지가 침전되지 못하고 유출되는 현상을 의미하는 것은?

① 슬러지 벌킹　　　　　　② 슬러지 시딩
③ 연못화　　　　　　　　　④ 역세

05 다음 중 활성슬러지공법으로 폐수를 처리하는 경우 침전성이 좋은 슬러지가 최종 침전지에서 떠오르는 슬러지 부상(sludge rising)을 일으키는 원인으로 가장 적합한 것은?

① 층류형성　　　　　　　　② 이온전도도 차
③ 탈질작용　　　　　　　　④ 색도 차

해설 2차 침전조에서 탈질반응이 일어나면서 질소기포가 고형물을 부상시킨다.

06 폐수처리시설의 2차 침전지에서 팽화현상은 주로 어떤 결과를 초래하는가?

① 활성슬러지를 부패시킨다.　　② 포기조 산기관을 막는다.
③ 유출수의 SS농도가 높아진다.　④ 포기조 내의 이상난류를 발생시킨다.

해설 팽화현상은 사상미생물의 이상번식으로 유출수의 SS농도가 증가하여 방류된다.

정답 02.① 03.② 04.① 05.③ 06.③

49. 살수여상법

[1] 개요
활성슬러지 공법과는 달리 1차침전지의 유출수를 미생물 점막으로 덮인 쇄석(碎石) 또는 매개층 여재 위에 살수하여 생물막과 유기물을 접촉시키는 고정상(固定床)법에 의한 처리법이라고 정의할 수 있다.

[2] 장점
① 포기에 동력이 필요 없다.
② 건설비와 유지비가 적게 든다.
③ 운전이 간편하다.
④ 폐수의 수질이나 수량변동 등의 충격부하에 강하다.
⑤ 온도에 의한 영향이 적고 저온에서도 처리가 가능하다.
⑥ 활성슬러지법에서와 같은 bulking 문제가 없다.
⑦ 슬러지 발생량이 적다.

[3] 단점
① 여상의 폐색이 잘 일어난다(ponding).
② 냄새를 발생하기 쉽다.
③ 여름철에 파리 발생의 문제가 있다.
④ 겨울철에 동결문제가 있다.
⑤ 미생물 막의 탈락으로 처리수가 악화되는 수가 있다.
⑥ 수두손실이 크다.

Question

01 살수여상에서 발생하는 연못화 현상의 원인으로 가장 거리가 먼 것은?
① 유기물 부하량이 너무 적어 처리가 되지 않을 경우
② 매질이 너무 작거나 균일하지 못한 경우
③ 미생물 점막이 과도하게 탈리되어 공극을 메울 경우
④ 최초침전지에서 현탁고형물이 충분히 제거되지 않을 경우

02 다음 중 살수여상법으로 폐수를 처리할 때 유지관리상 주의할 점이 아닌 것은?

① 슬러지의 팽화　　　　② 여상의 폐쇄
③ 생물막의 탈락　　　　④ 파리의 발생

03 최초유입폐수의 BOD는 250mg/L, 살수여상의 BOD용적부하는 0.2kg/m³day 일 때, 유효깊이가 3m인 살수여상의 표면부하율은?(단, 살수여상 유입 전 1차 침전지의 BOD 처리효율은 20%이다)

① 3m/d　　② 4m/d　　③ 5m/d　　④ 6m/d

> **해설** BOD 용적부하 $= \dfrac{BOD \cdot Q}{V} = \dfrac{BOD}{t}$
>
> $t = \dfrac{0.25 \times 0.8}{0.2} = 1 \text{day}$
>
> 표면부하율 $V_o = \dfrac{Q}{A} = \dfrac{V/t}{A} = \dfrac{H}{t} = \dfrac{3m}{1day} = 3m/day$

04 다음 중 폐수처리의 대표적인 부착성장식 생물학적 처리공법은?

① 활성슬러지법　　　　② 이온교환법
③ 살수여상법　　　　　④ 임호프탱크

05 탱크에 쇄석 등의 여재를 채우고 위에서 폐수를 뿌려 쇄석 표면에 번식하는 미생물이 폐수와 접촉하여 유기물을 섭취 분해하여 폐수를 생물학적으로 처리하는 방식은?

① 활성슬러지법　　　　② 호기성 산화지법
③ 회전원판법　　　　　④ 살수여상법

06 다음과 같은 특성을 가지는 생물학적 폐수처리 방법은?

> • 대표적인 부착 성장식 생물학적 처리공법이다.
> • 매질(Media)로 채워진 탱크에 위에서 폐수를 뿌려 주면 매질 표면에 붙어있는 미생물이 유기물을 섭취하여 제거한다.
> • 여재의 크기가 균일하지 않거나 매질이 파손되는 경우에는 연못화 현상이 일어날 수 있다.

① 회전원판법　　　　　② 살수여상법
③ 활성슬러지법　　　　④ 산화지

정답 01.① 02.① 03.① 04.③ 05.④ 06.②

50. 활성슬러지 변법

[표] 활성슬러지의 운전인자

처리방식	특 징	MLSS 농도 (mg/L)	F/M비 (kgBOD/kgSS일)	반응조의 수심 (m)	반응조의 형상	HRT (시간)	SRT (일)
표준활성 슬러지법	-	1,500~2,500	0.2~0.4	4~6	사각형다단 완전혼합형	6~8	3~6
step aeration법	유입수를 반응조에 분할 유입시켜, 표준활성슬러지법과 동일한 F/M비에도 MLSS농도를 높게 유지하여 반응조의 용량을 작게 함	1,000~1,500 (반응조후단)	표준활성슬러지법과 동일함	표준활성슬러지법과 동일함	표준활성슬러지법과 동일함	4~6	3~6
순산소 활성 슬러지법	높은 유기물부하와 높은 MLSS농도를 가능하게 하기 위하여 산소에 의한 포기를 채용한 방법	3,000~4,000	0.3~0.6	4~6	사각형 다단 완전혼합형	1.5~3	1.5~4
장기 포기법	일차침전지를 생략하고, 유기물부하를 낮게 하여 잉여슬러지의 발생을 제한하는 방법	3,000~4,000	0.05~0.10	4~6	사각형 다단 완전혼합형	16~24	13~50
산화구법	일차침전지를 생략하고, 유기물부하를 낮게 하며, 기계식교반기를 채용하여 운전관리를 용이하게 한 방법	3,000~4,000	0.03~0.05	1.5~4.5	장원형 무한수로 완전혼합형	24~48	8~50
연속 회분식 활성 슬러지법	한 개의 반응조로 유입, 반응, 침전, 배출의 각 기능을 행하는 활성슬러지법의 총칭	고부하형에서는 낮고 저부하형에서는 높음	고부하와 저부하가 있음	5~6	사각형 완전혼합형 시간적인 플러그흐름형	변화 폭이 큼	변화 폭이 큼

01 연속회분식 활성슬러지법(SBR)에 관한 설명으로 거리가 먼 것은?

① 슬러지 반송이 필요 없다.
② 유입기를 혐기상태로 할 경우 용존산소가 거의 없도록 할 수 있어 포기 시 산소전달효율을 극대화 할 수 있다.
③ 반응조 일부만 사용하므로 단로(Short Circuiting)현상이 자주 발생되고, 침전효율은 낮다.
④ 방류수질이 기준치에 미달할 경우 처리시간을 연장할 수 있다.

02 활성슬러지법은 여러 가지 변법이 개발되어 왔으며 각 방법은 특별한 운전이나 제거효율을 달성하기 위하여 발전되었다. 다음 중 활성슬러지법의 변법으로 볼 수 없는 것은?

① 다단 포기법
② 접촉 안정법
③ 장기 포기법
④ 오존 안정법

03 회전원판식 생물학적 처리시설로 유량 1000m³/day, BOD 200mg/L로 유입될 경우 BOD 부하(g/m² · day)는? (단, 회전원판의 지름은 3m, 300매로 구성되어 있으며, 두께는 무시하며, 양면을 기준으로 한다.)

① 29.4
② 47.2
③ 94.3
④ 107.6

해설) BOD 부하 = $\dfrac{\text{BOD 농도} \times \text{유량(Q)}}{\text{단면적(A)}}$

여기서, BOD 농도 = 200mg/L → 200g/m³

단면적 = $\dfrac{3.14}{4} \times 3^2 \times 2$면 $\times 300$매 $= 4239\text{m}^2$

∴ BOD 부하 = $\dfrac{200\text{g/m}^3 \times 1000\text{m}^3/\text{d}}{4239\text{m}^2} = 47.18\text{g/m}^2 \cdot \text{d}$

04 회전원판 접촉법과 가장 관계가 먼 것은?

① 호기성 처리
② 고밀도 폴리에틸렌
③ 포기기
④ 생물학적 처리

05 다음 중 폐수처리의 대표적인 부착성장식 생물학적 처리공법은?

① 활성슬러지법
② 이온교환법
③ 살수여상법
④ 임호프탱크

해설) 생물학적 처리공법에서 활성슬러지법은 부유성장식 이며, 살수여상법 및 회전원판법은 부착식 성장식 이다.

정답 01.③ 02.④ 03.② 04.③ 05.③

06 대표적인 부착성장식 생물학적 처리공법 중의 하나로 미생물이 부착된 매체에 하수를 뿌려주어 유기물을 제거하는 공법은?

① 산화지법　　　　　　　　　② 소화조법
③ 살수여상법　　　　　　　　④ 활성슬러지법

> **해설**　살수여상법은 여재(Filter Material) 위에 하수를 뿌려서 미생물막과 폐수 중의 유기물을 접촉시켜 분해시키는 처리 방법이다.

07 다음 중 살수여상법으로 폐수를 처리할 때, 유지관리상 주의할 점이 아닌 것은?

① 파리의 발생　　　　　　　② 여상의 폐쇄
③ 생물막의 탈락　　　　　　④ 슬러지의 팽화

08 각 생물학적 처리방법에 관한 설명으로 옳지 않은 것은?

① 산화지법 – 수심 1m 이하의 경우 호기성 세균의 산소공급원은 조류와 균류이다.
② 접촉산화법 – 생물막을 이용한 처리방식의 일종으로 포기조에 접촉여재를 침적하여 포기, 교반시켜 처리한다.
③ 살수여상법 – 연못화에 따른 악취, 파리의 이상번식 등이 문제점으로 지적되고 있다.
④ 회전원판법 – 미생물 부착성장형으로서 슬러지의 반송이 필요 없다.

09 다음 중 폐수처리의 대표적인 부착성장식 생물학적 처리공법은?

① 활성슬러지법　　　　　　　② 이온교환법
③ 살수여상법　　　　　　　　④ 임호프탱크

> **해설**　생물학적 처리공법에서 활성슬러지법은 부유성장식 이며, 살수여상법 및 회전원판법은 부착식 성장식이다.

10 활성슬러지법은 여러 가지 변법이 개발되어 왔으며 각 방법은 특별한 운전이나 제거효율을 달성하기 위하여 발전되었다. 다음 중 활성슬러지법의 변법으로 볼 수 없는 것은?

① 다단 포기법　　　　　　　② 접촉 안정법
③ 장기 포기법　　　　　　　④ 오존 안정법

> **해설**　활성슬러지의 변법에는 장기 포기법, 순산소 활성슬러지법, 접촉 안정법, 단계식 포기법, 점감식 포기법, 산화구법, 심층식 포기법 등이 있다.

정답　06.③　07.④　08.①　09.③　10.④

11 소규모 분뇨처리시설인 임호프 탱크(Imhoff tank)의 구성 요소와 거리가 먼 것은?

① 침전실　　　　　　　　② 소화실
③ 스컴실　　　　　　　　④ 포기조

12 활성슬러지법은 여러 가지 변법이 개발되어 왔으며 각 방법은 특별한 운전이나 제거효율을 달성하기 위하여 발전되었다. 다음 중 활성슬러지법의 변법으로 볼 수 없는 것은?

① 다단 포기법　　　　　　② 접촉 안정법
③ 장기 포기법　　　　　　④ 오존 안정법

> **해설** 활성슬러지의 변법에는 장기 포기법, 순산소 활성슬러지법, 접촉 안정법, 단계식 포기법, 점감식 포기법, 산화구법, 심층식 포기법 등이 있다.

13 미생물과 조류의 생물화학적 작용을 이용하여 하수 및 폐수를 자연 정화시키는 공법으로, 라군(lagoon)이라고도 하며 시설비와 운영비가 적게 들기 때문에 소규모 마을의 오수 처리에 많이 이용되는 것은?

① 회전원판법　　　　　　② 부패조법
③ 산화지법　　　　　　　④ 살수여상법

14 상부에서는 부유물의 침전이 일어나고, 하부에서는 침전물의 혐기성 소화가 하나의 탱크에서 이루어지는 소규모 분뇨 처리시설은?(단, 상부와 하부는 분리되어 있으나, 개구가 있어 폐수로 채워진다)

① 원심분리탱크　　　　　② 저류탱크
③ 임호프탱크　　　　　　④ 활성슬러지조

정답 11.④　12.④　13.③　14.③

51 혐기성 소화

[1] 혐기성 미생물의 유기물 분해단계

① 1단계 소화에서는 유기산이 형성되는 단계로서 pH가 낮게 유지되므로 "유기산 형성과정" 또는 "산성 소화과정"이라고 한다.

② 제2단계에서는 1단계에서 생성된 유기산을 메탄균에 의해 CH_4 및 CO_2를 생성하는 단계로서 "가스화과정", "메탄발효과정", "알칼리소화과정"이라 한다.

③ glucose($C_6H_{12}O_6$)의 반응예로 전체반응은 다음과 같다.

$$C_6H_{12}O_6 \xrightarrow[\text{1단계}]{\text{유기산균}} \begin{vmatrix} 3CH_3COOH \\ 2CH_3CH_2OH + 2CO_2 \\ 2CH_3CH(OH)COOH \end{vmatrix} \xrightarrow[\text{2단계}]{\text{메탄균}} 3CH_4 + 3CO_2$$

$$\begin{array}{c} C_6H_{12}O_6 \rightarrow 3CO_2 + 3CH_4 \\ 180g \qquad\qquad\quad 3\times 16g \\ \qquad\qquad\qquad\qquad 3\times 22.4L \end{array}$$

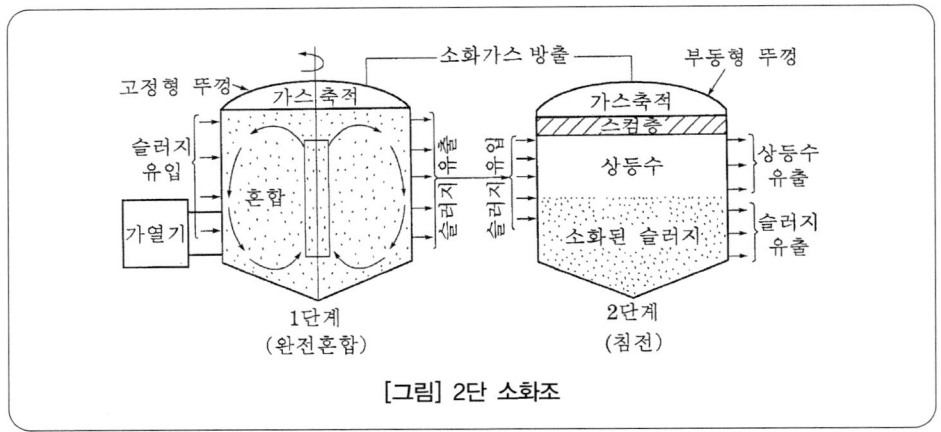

[그림] 2단 소화조

[2] 영향인자

① **영양소** : 혐기성분해는 유기물의 농도가 높아야 유리하다.

② **용존산소(DO)** : 혐기성 미생물은 결합산소를 이용한다.

③ **온도** : 메탄박테리아의 최적온도는 중온 35℃에서 고온 55℃정도 이다.

④ **pH** : 6~8정도의 pH 범위가 적당하며 1, 2단계 반응의 평형과 알칼리에 의한 완충능력이 중요하다. 일반적으로 생산된 기체의 30%가 CO_2일 때 1500mg/L 정도의 알칼리도가 완충용으로 필요하다.

⑤ **독성물질** : 독성물질이 유입되면 특히 메탄생성에 영향이 크다.

⑥ **소화율**(유기물 감소율) = $\dfrac{생슬러지\ VS - 소화슬러지\ VS}{생슬러지\ VS}$

Question

01 750g의 Glucose($C_6H_{12}O_6$)가 완전한 혐기성 분해를 할 경우 발생가능한 CH_4 가스량은? (단, 표준상태 기준)

① 187L   ② 225L   ③ 255L   ④ 280L

해설
$C_6H_{12}O_6 \rightarrow 3CH_4 + 3CO_2$
180g : 3×22.4L
750g : x
∴ x = 280L

02 166.6g의 $C_6H_{12}O_6$가 완전한 혐기성 분해를 한다고 가정할 때 발생 가능한 CH_4 가스용적으로 옳은 것은? (단, 표준상태 기준)

① 24.4L   ② 62.2L   ③ 186.7L   ④ 1339.3L

해설
$C_6H_{12}O_6 \rightarrow 3CH_4 + 3CO_2$
180g : 3×22.4L
166.6g : x
∴ x = 62.2L

03 혐기성 소화방법으로 쓰레기를 처분하려고 한다. 연료로 쓰일 수 있는 가스를 많이 얻으려면 다음 중 어떤 성분이 특히 많아야 유리한가?

① 질소   ② 탄소   ③ 산소   ④ 인

해설 연료로 쓰일 수 있는 가스성분은 메탄(CH_4)이므로 탄소 성분이 많아야 유리하다.

04 유기성 폐기물 매립장(혐기성)에서 가장 많이 발생되는 가스는?(단, 정상상태(Steady-State)이다)

① 일산화탄소   ② 이산화탄소   ③ 메탄   ④ 부탄

05 혐기성 소화조 운영 중 소화가스 발생량 저하 원인으로 가장 거리가 먼 것은?

① 유기물의 과부하   ② 소화조내 온도저하
③ 소화조내의 pH 상승(8.5 이상)   ④ 과다한 유기산 생성

정답 01.④ 02.② 03.② 04.③ 05.①

06 침출수를 혐기성 여상으로 처리하고자 한다. 유입유량이 1000m³/day, BOD가 500mg/L, 처리효율이 90% 라면, 이 때 혐기성 여상에서 발생되는 메탄가스의 양은? (단, 1.5m³ 가스/BOD kg, 가스 중 메탄 함량은 60% 이다.)

① 350m³/day
② 405m³/day
③ 510m³/day
④ 550m³/day

해설 메탄가스의 양 = 1000m³/d × 0.5kg/m³ × 0.9 × 1.5m³가스/BODkg × 0.6 = 405m³/d

07 혐기성 소화탱크에서 유기물 80%, 무기물 20%인 슬러지를 소화처리하여 소화슬러지의 유기물이 75%, 무기물이 25%가 되었다. 이때 소화율은?

① 25%
② 45%
③ 75%
④ 85%

해설
• 소화 전 비율 = $\dfrac{VS}{FS}\dfrac{80}{20} = 4$
• 소화 후 비율 = $\dfrac{VS}{FS}\dfrac{75}{25} = 3$

∴ 소화효율 = $\dfrac{4-3}{4} \times 100 = 25\%$

08 혐기성 소화탱크에서 유기물 75%, 무기물 25%인 슬러지를 소화 처리하여 소화슬러지의 유기물이 58%, 무기물이 42%가 되었다. 소화율은?

① 36%
② 42%
③ 49%
④ 54%

해설
• 소화 전 비율 = $\dfrac{VS_1}{FS_1}\dfrac{75}{25} = 3$
• 소화 후 비율 = $\dfrac{VS_2}{FS_2}\dfrac{58}{42} = 1.38$

∴ 소화율 = $\left(\dfrac{3-1.38}{3}\right) \times 100 = 54\%$

09 다음 중 유기물의 혐기성 소화 분해 시 발생되는 물질로 거리가 먼 것은?

① 산소
② 알코올
③ 유기산
④ 메탄

10 슬러지의 혐기성 소화처리에 관한 설명으로 적절하지 않은 것은?

① 슬러지의 무게와 부피를 감소시킨다.
② 이용가치가 있는 부산물을 얻을 수 있다.
③ 병원균을 죽이거나 통제할 수 있다.
④ 호기성 소화보다 빠른 시간에 처리할 수 있다.

정답 06.② 07.① 08.④ 09.① 10.④

52 고도처리

[1] 물리화학적 고도처리
① **질소제거** : 파괴점 염소주입법, 공기탈기법, 이온교환법, 막분리
② **인 제거** : 금속염, Lime 첨가(정석탈인법)

[2] 생물학적 고도처리
① **질소제거** : 4단계 Bardenpho
② **인 제거** : A/O 공정
③ **질소, 인 동시제거** : A_2/O, VIP, UCT, 5단계(수정)Bardenpho
④ 기타 살수여상법, 회전원판법, 혐기성유동상법, 산화구법, SBR, RBR 등은 호기성 환경과 혐기성 환경의 조성에 의하여 제거된다.

Question

01 다음 중 생물학적 고도처리방법으로 인을 제거할 수 있는 공법으로 가장 거리가 먼 것은?
① A/O 공법 ② Indore 공법
③ Phostrip 공법 ④ Bardenpho 공법

02 탈질(Denitrification)과정을 거쳐 질소 성분이 최종적으로 변환된 질소의 형태는?
① NO_2-N ② NO_3-N
③ NH_3-N ④ N_2

해설 질산화(Nitrification): $NH_3 \rightarrow NO_2^- \rightarrow NO_3^-$
탈질화(Denitrification): $NO_3^- \rightarrow NO_2^- \rightarrow N_2 \uparrow$

03 생물학적 처리공법으로 하수내의 질소를 처리할 때, 탈질이 주로 일어나는 공정은?
① 탈인조 ② 포기조
③ 무산소조 ④ 침전조

정답 01.② 02.④ 03.③

53 암모니아 공기탈기

① 수중의 암모니아는 비휘발성인 NH_4^+이온과 휘발성인 NH_3분자의 형태로 존재하는데 그 비율은 pH와 수온에 따라서 다르게 나타난다.
② 암모니아는 pH11.0 이상에서 대부분이 NH_3분자로 전환되는데, 일반적으로 수처리시설에서는 소석회를 첨가하여 pH를 조정한다.
③ 수온강하에 따른 암모니아의 탈기효율 저하 원인은 NH_4^+이온이 NH_3 분자의 형태로 전환이 되지 않았거나 확산율 감소로 기체의 포화용존농도가 높아짐으로써 탈기를 위한 추진력이 감소되기 때문이다.

Question

01 질소의 고도처리 방법 중 폐수의 pH를 11 이상으로 높여 기체상태의 암모니아로 전환시킨 다음 공기를 불어넣어 제거하는 방법은?

① 탈기
② 막분리법
③ 세포합성
④ 이온교환

정답 01.①

54. 화학적인 제거

① 화학적인 제거공정은 3가 금속이온이 3가 인산이온과 반응하여 난용성의 인산염을 생성하는 반응에 기초를 둔다.
$$M^{3+} + PO_4^{3-} \rightarrow MPO_4 \downarrow$$
$$Fe^{3+} + H_2PO_4^- \rightarrow FePO_4 \downarrow + 2H^+$$

② 정석 탈인법은 정인산 이온이 칼슘이온과 난용해성의 염인 하이드록시 아파타이트 ($Ca_{10}(OH)_2(PO_4)_6$)를 생성하는 반응에 기초를 둔다. 석회를 투입하여 인 제거를 성공적으로 이루기 위해서는 pH10 이상이 요구된다.
$$10Ca^{2+} + 6PO_4^{3-} + 2OH^- \rightarrow Ca_{10}(PO_4)_6(OH)_2$$
$$3Ca^{2+} + 2PO_4^{3-} \rightarrow Ca_3(PO_4)_2$$

55. A/O Process

① BOD와 인제거 공정으로 포기조 앞에 혐기조를 추가시킨 것이다.
② 호기성 상태에서 인을 과잉섭취하고 유기물을 분해한다.
③ 혐기성 상태에서 인을 배출하고 유기물을 섭취한다.
④ 폐슬러지 내 인의 함량이 3~6% 정도로 높아 비료가치가 있다.
⑤ 온도가 낮을 경우 높은 BOD/P비가 요구된다.

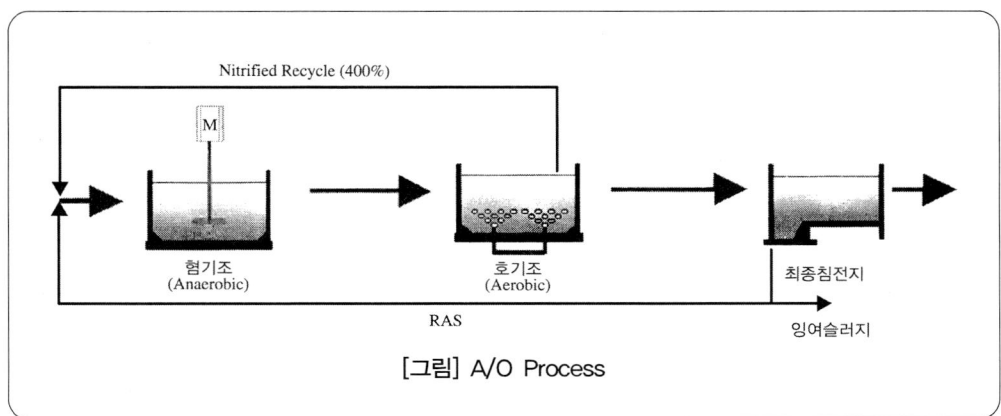

[그림] A/O Process

56 A₂/O Process

① BOD와 인, 질소 동시제거 공정이다.
② 호기조에서 인의 과잉섭취, 질산화반응을 한다.
③ 혐기조와 무산소조에서 인의 배출, 탈질, 유기물을 섭취한다.
④ 호기조의 질산성 질소는 혐기조에서의 인 방출을 방해하기 때문에 반드시 무산소조로 내부반송을 한다.

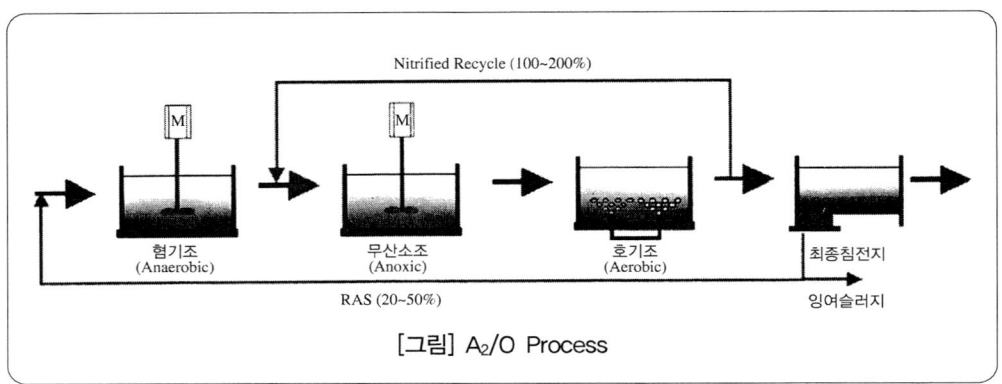

[그림] A₂/O Process

Question

01 혐기성조/호기성조의 과정을 거치면서 질소 제거는 고려되지 않지만 하·폐수 내의 유기물 산화와 생물학적으로 인(P)을 제거하는 공법으로 가장 적합한 것은?

① A/O 공법　　　　　　　　② A₂/O공법
③ S/L 공법　　　　　　　　④ 4단계 Bardenpho 공법

해설
- A/O(Anaerobic/Oxic) 공법 : 유기물과 인 제거에 이용된다.
- A₂/O : 인(P)과 질소(N) 제거에 이용된다.
- 4단계 Bardenpho : 질소(N) 제거에 이용된다.

02 질소제거를 위한 고도처리 방법으로 거리가 먼 것은?

① 탈기　　　　　　　　　　② A/O 공정
③ 염소주입　　　　　　　　④ 선택적 이온 교환

해설 A/O공정은 인(P) 제거를 위한 고도처리 공정이다.

정답 01.① 02.②

03 생물학적 원리를 이용한 하·폐수 고도처리공법 중 A/O 공법의 일반적인 공정의 순서로 가장 적합한 것은?

① 혐기조 → 호기조 → 침전지
② 무산소조 → 호기조 → 무산소조 → 재포기조 → 침전지
③ 호기조 → 무산소조 → 침전지
④ 혐기조 → 무산소조 → 호기조 → 무산소조 → 침전지

해설 A/O 공법은 혐기조→호기조로 구성된 생물학적 인(P)제거 공정이다.

04 다음 중 생물학적 원리를 이용하여 인(P)만을 효과적으로 제거하기 위한 고도처리 공법으로 가장 적합한 것은?

① A/O 공법
② A_2/O공법
③ 4단계 Bardenpho 공법
④ 5단계 Bardenpho 공법

해설 A/O 공법은 인의 제거에 효과적이며 A_2/O, 4단계 Bardenpho, 5단계 Bardenpho는 질소(N)와 인(P)제거에 적합하다.

05 생물학적 고도처리방법 중 활성슬러지공법의 포기조 앞에 혐기성조를 추가시킨 것으로 혐기성조, 호기성조로 구성되고, 질소 제거가 고려되지 않아 높은 효율의 N, P의 동시제거는 곤란한 공법은?

① A/O 공법
② A_2/O공법
③ VIP 공법
④ UCT 공법

정답 03.① 04.① 05.①

제 2 부
폐기물 처리

Craftsman Environmental

폐기물 처리

01 용어 정의 (폐기물관리법 제2조)

① **"폐기물"**이란 쓰레기, 연소재(燃燒滓), 오니(汚泥), 폐유(廢油), 폐산(廢酸), 폐알칼리 및 동물의 사체(死體) 등으로서 사람의 생활이나 사업활동에 필요하지 아니하게 된 물질을 말한다.

② **"생활폐기물"**이란 사업장폐기물 외의 폐기물을 말한다.

③ **"사업장폐기물"**이란 「대기환경보전법」, 「물환경보전법」 또는 「소음·진동관리법」에 따라 배출시설을 설치·운영하는 사업장이나 그 밖에 대통령령으로 정하는 사업장에서 발생하는 폐기물을 말한다.

④ **"지정폐기물"**이란 사업장폐기물 중 폐유·폐산 등 주변 환경을 오염시킬 수 있거나 의료폐기물(醫療廢棄物) 등 인체에 위해(危害)를 줄 수 있는 해로운 물질로서 대통령령으로 정하는 폐기물을 말한다.

⑤ **"의료폐기물"**이란 보건·의료기관, 동물병원, 시험·검사기관 등에서 배출되는 폐기물 중 인체에 감염 등 위해를 줄 우려가 있는 폐기물과 인체 조직 등 적출물(摘出物), 실험 동물의 사체 등 보건·환경보호상 특별한 관리가 필요하다고 인정되는 폐기물로서 대통령령으로 정하는 폐기물을 말한다.

⑥ **"의료폐기물 전용용기"**란 의료폐기물로 인한 감염 등의 위해 방지를 위하여 의료폐기물을 넣어 수집·운반 또는 보관에 사용하는 용기를 말한다.

⑦ **"처리"**란 폐기물의 수집, 운반, 보관, 재활용, 처분을 말한다.

⑧ **"처분"**이란 폐기물의 소각(燒却)·중화(中和)·파쇄(破碎)·고형화 처분과 매립하거나 해역(海域)으로 배출하는 등의 최종처분

⑨ **"재활용"**이란 다음 각 목의 어느 하나에 해당하는 활동
  - 폐기물을 재사용·재생이용하거나 재사용·재생 활동

- 폐기물로부터 「에너지법」 제2조제1호에 따른 에너지를 회수하거나 회수할 수 있는 상태로 만들거나 폐기물을 연료로 사용하는 활동으로서 환경부령으로 정하는 활동
⑩ "**폐기물처리시설**"이란 폐기물의 중간처분시설, 최종처분시설 및 재활용시설로서 대통령령으로 정하는 시설을 말한다.
⑪ "**폐기물감량화시설**"이란 생산 공정에서 발생하는 폐기물의 양을 줄이고, 사업장 내 재활용을 통하여 폐기물 배출을 최소화하는 시설로서 대통령령으로 정하는 시설을 말한다.

Question

01 지정폐기물의 정의 및 그 특징에 관한 설명 중 틀린 것은?

① 생활폐기물 중 환경부령으로 정하는 폐기물을 의미한다.
② 유독성 물질을 함유하고 있다.
③ 2차 혹은 3차 환경오염의 유발 가능성이 있다.
④ 일반적으로 고도의 처리기술이 요구된다.

해설 지정폐기물이란 사업장폐기물 중 폐유·폐산 등 주변 환경을 오염시킬 수 있거나 의료폐기물 등 인체에 위해(危害)를 줄 수 있는 해로운 물질로서 대통령령으로 정하는 폐기물을 말한다(폐기물관리법 제2조, 정의).

02 다음은 폐기물관리법상 용어의 정의이다. 괄호 안에 알맞은 것은?

> (　　)이란 보건·의료기관, 동물병원, 시험·검사기관 등에서 배출되는 폐기물 중 인체에 감염 등 위해를 줄 우려가 있는 폐기물과 인체 조직 등 적출물, 실험동물의 사체 등 보건·환경보호상 특별한 관리가 필요하다고 인정되는 폐기물로서 대통령령으로 정하는 폐기물을 말한다.

① 병원폐기물
② 의료폐기물
③ 적출폐기물
④ 기관폐기물

정답 01.② 02.②

02 지정폐기물의 종류 (폐기물관리법 시행령 별표1)

① 폐합성 수지(고체상태의 것은 제외한다)
② 폐합성 고무(고체상태의 것은 제외한다)
③ 오니류(수분함량이 95퍼센트 미만이거나 고형물함량이 5퍼센트 이상인 것으로 한정한다)
   - 폐수처리 오니(환경부령으로 정하는 물질을 함유한 것으로 환경부장관이 고시한 시설에서 발생되는 것으로 한정한다)
   - 공정 오니(환경부령으로 정하는 물질을 함유한 것으로 환경부장관이 고시한 시설에서 발생되는 것으로 한정한다)
   - 폐농약(농약의 제조·판매업소에서 발생되는 것으로 한정한다)
④ 폐산(액체상태의 폐기물로서 수소이온 농도지수가 2.0 이하인 것으로 한정한다)
⑤ 폐알칼리(액체상태의 폐기물로서 수소이온 농도지수가 12.5 이상인 것으로 한정하며, 수산화칼륨 및 수산화나트륨을 포함한다)

Question

01 폐기물관리법령상 지정폐기물 중 부식성 폐기물의 "폐산" 기준으로 옳은 것은?
① 액체상태의 폐기물로서 수소이온 농도지수가 2.0 이하인 것으로 한정한다.
② 액체상태의 폐기물로서 수소이온 농도지수가 3.0 이하인 것으로 한정한다.
③ 액체상태의 폐기물로서 수소이온 농도지수가 5.0 이하인 것으로 한정한다.
④ 액체상태의 폐기물로서 수소이온 농도지수가 5.5 이하인 것으로 한정한다.

02 도금, 피혁제조, 색소, 방부제, 약품제조업 등의 폐기물에서 주로 검출될 수 있는 성분은?
① PCB
② Cd
③ Cr
④ Hg

해설 크롬 화합물(Cr)은 피혁제조, 크롬도금, 약품제조업 등에서 발생한다.

정답 01.① 02.③

03 현행 폐기물관리법령상 지정폐기물 중 부식성 폐기물의 폐산(㉠)과 폐알칼리(㉡)의 판정기준은?(단, 액체상대의 폐기물이며, 기타 조건은 제외)

① ㉠ pH 2.0 이하　㉡ pH 12.5 이상
② ㉠ pH 2.0 이하　㉡ pH 12.0 이상
③ ㉠ pH 3.0 이하　㉡ pH 12.5 이상
④ ㉠ pH 3.0 이하　㉡ pH 12.0 이상

04 폐기물관리법령에서 지정폐기물의 종류 중 부식성 폐기물의 폐알칼리 기준으로 옳은 것은?

① 액체상태의 폐기물로서 수소이온농도지수가 2.0 이하인 것으로 한정한다.
② 액체사태의 폐기물로서 수소이온농도지수가 5.6 이하인 것으로 한정한다.
③ 액체상태의 폐기물로서 수소이온농도지수가 8.6 이상인 것으로 한정하며, 수산화칼륨 및 수산화나트륨을 포함한다.
④ 액체상태의 폐기물로서 수소이온농도지수가 12.5 이상인 것으로 한정하며, 수산화칼륨 및 수산화나트륨을 포함한다.

05 지정폐기물의 정의 및 그 특징에 관한 설명 중 틀린 것은?

① 생활폐기물 중 환경부령으로 정하는 폐기물을 의미한다.
② 유독성 물질을 함유하고 있다.
③ 2차 혹은 3차 환경오염의 유발 가능성이 있다.
④ 일반적으로 고도의 처리기술이 요구된다.

해설　지정폐기물이란 사업장폐기물 중 폐유·폐산 등 주변 환경을 오염시킬 수 있거나 의료폐기물 등 인체에 위해(危害)를 줄 수 있는 해로운 물질로서 대통령령으로 정하는 폐기물을 말한다(폐기물관리법 제2조, 정의).

06 다음 중 인체에 만성 중독증상으로 카네미유증을 발생시키는 유해물질은?

① PCB　　② Mn
③ As　　　④ Cd

정답 03.①　04.④　05.①　06.①

03 폐기물공정시험기준

[1] 용어 정의

① 시험조작 중 "**즉시**"란 30초 이내에 표시된 조작을 하는 것을 뜻한다.
② "**감압 또는 진공**"이라 함은 따로 규정이 없는 한 15mmHg 이하를 뜻한다.
③ "**이상**"과 "**초과**", "**이하**", "**미만**"이라고 기재하였을 때는 "**이상**"과 "**이하**"는 기산점 또는 기준점인 숫자를 포함하며, "**초과**"와 "**미만**"의 기산점 또는 기준점인 숫자를 포함하지 않는 것을 뜻한다. 또 "a~b"라 표시한 것은 a이상 b이하임을 뜻한다.
④ "**방울수**"라 함은 20℃에서 정제수 20방울을 적하할 때, 그 부피가 약 1mL 되는 것을 뜻한다.
⑤ "**항량으로 될 때까지 건조한다**"라 함은 같은 조건에서 1시간 더 건조할 때 전후 무게의 차가 g당 0.3mg 이하일 때를 말한다.
⑥ "**정밀히 단다**"라 함은 규정된 양의 시료를 취하여 화학저울 또는 미량저울로 칭량함을 말한다.
⑦ 무게를 "**정확히 단다**"라 함은 규정된 수치의 무게를 0.1mg까지 다는 것을 말한다.

Question

01 대기오염공정시험기준에서 용어에 관한 설명으로 틀린 것은?

① "정확히 단다"라 함은 규정한 량의 검체를 취하여 분석용 저울로 0.1mg까지 다는 것을 뜻한다.
② 시험조작 중 "즉시"란 1분 이내에 표시된 조작을 하는 것을 뜻한다.
③ "항량이 될 때까지 건조한다 또는 강열한다"라 함은 따로 규정이 없는 한 보통의 건조방법으로 1시간 더 건조 또는 강열할 때 전후 무게의 차가 매 g당 0.3mg 이하일 때를 뜻한다.
④ "감압 또는 진공"이라 함은 따로 규정이 없는 한 15mmHg 이하를 뜻한다.

해설 "즉시"란 30초 이내에 표시된 조작을 하는 것을 뜻한다.

정답 01.②

02 감압 또는 진공이라 함은 따로 규정이 없는 한 얼마이하를 의미하는가?

① 15mmHg 이하
② 20mmHg 이하
③ 30mmHg 이하
④ 76mmHg 이하

03 폐기물공정시험기준(방법)상 용어의 정의 중 "항량으로 될 때까지 건조한다."의 의미로 가장 적합한 것은?

① 같은 조건에서 1시간 더 건조할 때 전후 무게의 차가 g당 0.3mg 이하일 때를 말한다.
② 같은 조건에서 1시간 더 건조할 때 전후 무게의 차가 g당 0.5mg 이하일 때를 말한다.
③ 같은 조건에서 1시간 더 건조할 때 전후 무게의 차가 g당 1mg 이하일 때를 말한다.
④ 같은 조건에서 1시간 더 건조할 때 전후 무게의 차가 g당 5mg 이하일 때를 말한다.

04 폐기물공정시험기준(방법)에서 방울수라 함은 20℃에서 정제수 몇 방울을 적하할 때 그 부피가 약 1mL가 되는 것을 의미하는가?

① 5
② 10
③ 20
④ 50

05 다음은 수질오염공정시험기준상 방울수에 대한 설명이다. 괄호 안에 알맞은 것은?

> 방울수라 함은 20℃에서 정제수 (㉠)을 적하할 때, 그 부피가 약 (㉡)되는 것을 뜻한다.

① ㉠ 10방울, ㉡ 1mL
② ㉠ 20방울, ㉡ 1mL
③ ㉠ 10방울, ㉡ 0.1mL
④ ㉠ 20방울, ㉡ 0.1mL

06 다음 괄호 안에 들어갈 말로 알맞은 것은?

> "정확히 단다"라 함은 규정한 량의 검체를 취하여 분석용 저울로 ( )까지 다는 것을 뜻한다.

① 0.1g
② 0.01g
③ 0.001g
④ 0.0001g

정답 02.① 03.① 04.③ 05.② 06.④

[2] 성상분석을 위한 시료축소방법
① 구획법
② 교호삽법
③ 원추 4분법

Question

01 폐기물을 분석하기 위한 시료의 축소화 방법으로만 옳게 나열된 것은?

① 구획법, 교호삽법, 원추4분법
② 구획법, 교호삽법, 직접계근법
③ 교호삽법, 물질수지법, 원추4분법
④ 구획법, 교호삽법, 적재차량계수법

02 폐기물 분석시료를 얻기 위한 시료의 축소방법 중 다음에 해당하는 것은?

> ㉠ 대시료를 네모꼴로 얇게 균일한 두께로 편다.
> ㉡ 이것을 가로 4등분, 세로 5등분하여 20개의 덩어리로 나눈다.
> ㉢ 20개의 각 부분에서 균등량씩 취한 다음, 혼합하여 하나의 시료로 한다.

① 균일법   ② 구획법
③ 교호삽법   ④ 원추사분법

03 폐기물 오염을 측정하기 위한 시료의 축소방법으로 거리가 먼 것은?

① 구획법   ② 교호삽법
③ 사등분법   ④ 원추사분법

정답 01.① 02.② 03.③

[3] 강열감량 및 유기물함량 시험법(중량법)
① 백금제, 석영제 또는 사기제 도가니를 미리 600±25℃에서 30분 강열하고, 황산데시케이터 안에서 방냉한다.
② 시료에 질산암모늄(25%)을 넣고 가열하여 탄화시킨다.
③ 다시 600±25℃의 전기로 안에서 3시간 강열한 다음 황산데시케이터에서 식힌 후 무게를 단다.

Question

01 다음은 폐기물의 강열감량 및 유기물함량 분석방법(기준)에 관한 설명이다. 괄호 안에 알맞은 것은?

> 백금제, 석영제 또는 사기제 도가니를 미리 (㉠)에서 (㉡)강열하고, 황산데시케이터 안에서 방냉한 다음, 그 무게를 정확히 달고 여기에 시료 적당량을 취하여 도가니와 시료의 무게를 정확히 단다. 여기에 (㉢)을 넣어 시료를 적시고, 천천히 가열하여 탄화시킨다.

① ㉠ 600±25℃, ㉡ 30분간, ㉢ 10% 황산은용액
② ㉠ 900±25℃, ㉡ 1시간,   ㉢ 10% 황산은용액
③ ㉠ 600±25℃, ㉡ 30분간, ㉢ 25% 질산암모늄용액
④ ㉠ 900±25℃, ㉡ 1시간,   ㉢ 25% 질산암모늄용액

02 다음 중 폐기물공정시험기준(방법)상 폐기물의 강열감량 및 유기물 함량을 측정하고자 할 때 사용되는 기구로만 옳게 묶여진 것은?

> ㉠ 도가니 ㉡ 항온수조 ㉢ 전기로 ㉣ pH 미터 ㉤ 전자저울 ㉥ 흡광광도계

① ㉠, ㉡, ㉥
② ㉠, ㉣, ㉥
③ ㉡, ㉣, ㉤
④ ㉠, ㉢, ㉤

03 폐기물의 강열감량 및 유기물함량 시험조건에 관한 설명으로 틀린 것은?
① 백금제, 석영제 또는 사기제 도가니 등을 사용한다.
② 강열온도는 600±25℃로 한다.
③ 시료는 전기로 안에서 1시간 강열한다.
④ 시료에 25% 질산암모늄용액을 넣어 적신다.

정답 01.③ 02.④ 03.③

[4] 도시폐기물의 개략분석시 구성성분

폐기물의 개략분석(Proximate Analysis) 구성성분에는 수분, 휘발성 고형물, 고정탄소, 회분이 있다.

Question

01 도시 폐기물의 개략분석(Proximate Analysis)시 4가지 구성성분에 해당하지 않는 것은?
① 다이옥신(Dioxin)
② 휘발성 고형물(Volatile Solids)
③ 고정탄소(Fixed Carbon)
④ 회분(Ash)

02 도시폐기물을 개략분석(proximate analysis)시 구성되는 4가지 성분으로 거리가 먼 것은?
① 수분
② 질소분
③ 휘발성고형물
④ 고정탄소

해설 도시폐기물의 개략분석(Proximate Analysis)시 구성되는 4가지 성분으로 수분, 휘발분, 고정탄소, 불연성 물질이 있다.

03 도시폐기물을 개략분석(proximate analysis)시 구성되는 4가지 성분으로 거리가 먼 것은?
① 수분
② 질소분
③ 휘발성고형물
④ 고정탄소

정답 01.① 02.② 03.②

[5] 용출시험방법

시료 조제방법에 따라 조제한 시료 100g 이상을 정확히 달아 정제수에 염산을 넣어 pH를 5.8~6.3으로 한 용매(mL)를 시료 : 용매=1W : 10V의 비로 2000mL 삼각플라스크에 넣어 혼합하여 용출시험을 한다.

01 다음은 폐기물공정시험기준(방법)상 고상 또는 반고상 폐기물에 대해 지정폐기물의 매립방법을 결정하기 위한 용출시험방법이다. 괄호 안에 적합한 것은?

> 시료 조제방법에 따라 조제한 시료 100g 이상을 정확히 달아 정제수에 염산을 넣어 pH를 5.8~6.3으로 한 용매(mL)를 시료 : 용매=(   )(W : V)의 비로 2000mL 삼각플라스크에 넣어 혼합한다.

① 1 : 1
② 1 : 5
③ 1 : 10
④ 1 : 50

정답 01.③

04 폐기물 정책동향

[1] 폐기물 관리정책
① 발생원의 억제(감량화)
② 자원화(재활용)
③ 안정화
④ 최종처분

Question

01 다음 폐기물의 감량화 방안 중 폐기물이 발생원에서 발생되지 않도록 사전에 조치하는 발생원 대책으로 거리가 먼 것은?
① 적정 저장량 관리
② 과대포장 사용안하기
③ 철저한 분리수거 실시
④ 폐기물로부터 회수에너지 이용

02 폐기물 처리기술의 3대 기본원칙이 아닌 것은?
① 감량화
② 안정화
③ 파쇄화
④ 무해화

해설 폐기물 처리의 3대 기본원칙은 감량화, 안정화, 무해화에 있다.

03 폐기물의 재활용과 감량화를 도모하기 위해 실시할 수 있는 제도로 가장 거리가 먼 것은?
① 예치금 제도
② 환경영향평가
③ 부담금 제도
④ 쓰레기 종량제

04 다음은 폐기물의 매립공법에 관한 설명이다. 가장 적합한 것은?

> 쓰레기를 매립하기 전에 이의 감량화를 목적으로 먼저 쓰레기를 일정한 더미형태로 압축하여 부피를 감소시킨 후 포장을 실시하여 매립하는 방법으로, 쓰레기 발생량 증가와 매립지 확보 및 사용년한 문제에 있어서 운반이 쉽고 안정성이 유리하다는 것과 지가(地價)가 비쌀 경우 유효한 방법이다.

① 압축매립공법
② 도랑형공법
③ 셀공법
④ 순차투입공법

정답 01.④ 02.③ 03.② 04.①

05 다음 중 폐기물 처리를 위해 가장 우선적으로 추진해야 하는 방향은?

① 퇴비화   ② 감량
③ 위생매립   ④ 소각열회수

해설 폐기물 처리의 목적: 감량화 → 재이용 → 에너지화 → 안전화 → 자원화 → 처분

정답 05.②

[2] 폐기물 재활용 및 감량화 제도

① **예치금 제도**: 제품 생산자가 일정 비용을 예치하고 폐기물을 회수 후 반환해 주는 제도이다.
② **부담금 제도**: 폐기물 배출자가 처리비용을 부담하는 제도이다.
③ **쓰레기 종량제**: 폐기물 배출자가 배출량에 따라 처리비용을 부담하는 제도이다.

Question

01 폐기물의 재활용과 감량화를 도모하기 위해 실시할 수 있는 제도로 가장 거리가 먼 것은?

① 예치금 제도   ② 환경영향평가
③ 부담금 제도   ④ 쓰레기 종량제

02 폐기물부담금제도의 효과와 가장 거리가 먼 것은?

① 소비의 증대   ② 폐기물 발생량 억제
③ 자원의 낭비 방지   ④ 자원 재활용의 촉진

03 다음 폐기물의 감량화 방안 중 폐기물이 발생원에서 발생되지 않도록 사전에 조치하는 발생원 대책으로 거리가 먼 것은?

① 적정 저장량 관리   ② 과대포장 사용안하기
③ 철저한 분리수거 실시   ④ 폐기물로부터 회수에너지 이용

04 폐기물부담금제도의 효과와 가장 거리가 먼 것은?

① 소비의 증대   ② 폐기물 발생량 억제
③ 자원의 낭비 방지   ④ 자원 재활용의 촉진

정답 01.② 02.① 03.④ 04.①

[3] 전 과정평가(LCA, life cycle assessment)

① 원료의 구매에서 제품의 생산, 유통, 사용, 처분까지 전 과정에 걸쳐 환경에 미치는 영향을 평가하는 데 있다.
② 요람에서 무덤까지 폐기물을 관리한다.
③ 자원의 고갈과 지구환경문제를 근본적으로 해결하기 위한 방안의 모색에 있다.
④ 전 과정평가의 절차
  ❶ 목적 및 범위설정
  ❷ 단위공정별 목록분석
  ❸ 환경영향평가 : 분류화 → 특성화 → 정규화 → 가중치 부여
  ❹ 개선평가 및 해석
⑤ 전 과정평가의 목적
  • 제품 및 제조방법의 변경, 개량에 따른 환경부하 평가
  • 환경부하의 저감 측면에서 제품의 제조방법 도출
  • 환경목표치에 대한 달성도 평가
  • 제품간의 환경부하 비교평가

Question

01 원료의 구매에서 제품의 생산, 유통, 사용, 처분까지 전 과정에 걸쳐 환경에 미치는 영향을 평가하는 과정을 의미하는 것은?

① LCA   ② ESSD   ③ ISO14000   ④ ISO9000

02 전 과정평가(LCA, life cycle assessment)의 목적과 거리가 먼 것은?

① 폐기물의 처리기술 평가
② 환경부하의 저감 측면에서 제품의 제조방법 도출
③ 환경목표치에 대한 달성도 평가
④ 제품간의 환경부하 비교평가

03 전 과정평가의 평가는 4부분으로 구성되어진다. 속하지 않는 것은?

① 목적 및 범위설정   ② 단위공정별 목록분석
③ 환경영향평가   ④ 지속보전평가

정답 01.① 02.① 03.④

[4] 국제협약

① **스톡홀름협약**
  잔류성 유기오염물질(POPs)의 국제적 규제를 위한 협약이다.

② **바젤 협약(Basel Convention)**
  스위스 바젤(Basel)에서 채택된 협약으로, 유해 폐기물의 국가 간 이동 및 교역을 규제하는 협약이다.

③ **몬트리올 의정서**
  오존층 파괴물질의 사용을 규제하는 협약이다.

④ **리우선언**
  환경적으로 지속가능한개발에 관한 유엔 선언이다.

⑤ **교토 의정서**
  지구온난화, 사막화, 해수면 상승 등의 방지를 위한 기후변화 협약이다.

---

01 다음 국제적협약 중 잔류성유기오염물질(POPs)을 국제적으로 규제하기 위해 채택된 협약은?

① 스톡홀름협약 ② 런던협약
③ 바젤협약 ④ 로테르담협약

02 다음 중 유해 폐기물의 국제적 이동의 통제와 규제를 주요 골자로 하는 국제협약(의정서)은?

① 교토의정서 ② 바젤 협약
③ 비엔나 협약 ④ 몬트리올 의정서

정답 01.① 02.②

[5] 님비현상과 핌피현상

① **님비현상(NIMBY, not in my back yard)**
  핵시설이나 쓰레기 매립장 등의 혐오시설을 내 지역에 설치하지 말라는 반대운동이다.

② **핌피현상(PIMFY, please in my front yard)**
  핵시설이나 쓰레기 매립장 등의 혐오시설을 내 지역에 유치하여 수익을 얻겠다는 찬성운동이다.

05 쓰레기 수거노선 설정 시 유의사항

① 출발점은 차고지와 가까운 지점에서 시작한다.
② 가능한 한 간선도로 부근에서 시작하고 끝나도록 한다.
③ 언덕길은 내려가면서 수거한다.
④ 발생량이 많은 곳은 가장 먼저 수거한다.
⑤ 가능한 한 시계방향으로 수거노선을 정한다.
⑥ 반복운행, U자형 운행은 피하여 수거한다.

Question

01 쓰레기 수거노선을 설정할 때의 유의사항으로 가장 거리가 먼 것은?

① 가능한 한 간선도로 부근에서 시작하고 끝나도록 한다.
② 언덕길은 내려가면서 수거한다.
③ 발생량이 많은 곳은 하루 중 가장 먼저 수거한다.
④ 가능한 한 시계 반대방향으로 수거노선을 정한다.

02 도시에서 생활쓰레기를 수거할 때 고려할 사항으로 가장 거리가 먼 것은?

① 처음 수거지역은 차고지와 가깝게 설정한다.
② U자형 회전을 피하여 수거한다.
③ 교통이 혼잡한 지역은 출·퇴근시간을 피하여 수거한다.
④ 쓰레기가 적게 발생하는 지점은 하루 중 가장 먼저 수거하도록 한다.

03 쓰레기 수거노선을 설정하는데 유의하여야 할 사항으로 옳지 않은 것은?

① U자형 회전을 피해 수거한다.
② 될 수 있는 한 한번 간 길은 다시 가지 않는다.
③ 가능한 한 시계반대방향으로 수거노선을 정한다.
④ 출발점은 차고지와 가깝게 하고 수거된 마지막 컨테이너는 처분장과 가깝도록 배치한다.

정답 01.④ 02.④ 03.③

06 폐기물 적환장

[1] 설치이유
① 폐기물 처분장소가 수집장소로부터 멀리 떨어져 있을 때
② 작은 용량의 수집차량을 사용할 때
③ 작은 규모의 주택들이 밀집되어 있을 때
④ 상업지역에서 폐기물 수집에 소형 수거용기를 많이 사용 할 때

[2] 형식
① **저장 투하방식** : 저장 후 상차하는 방식이다.
② **직접 투하방식** : 소형차에서 대형차로 직접 상차하는 방식이다.
③ **직접 저장투하 결합방식** : 저장 투하방식과 직접 투하방식을 병행한다.

Question

01 다음 중 폐기물의 적환장이 필요한 경우와 거리가 먼 것은?
① 폐기물 처분장소가 수립장소로부터 16km 이상 멀리 떨어져 있을 때
② 작은 용량의 수집차량($15m^3$ 이하)을 사용할 때
③ 작은 규모의 주택들이 밀집되어 있을 때
④ 상업지역에서 폐기물 수집에 대형 수거용기를 많이 사용 할 때

02 다음 중 적환장의 위치로 적당하지 않은 곳은?
① 수거지역의 무게중심에서 가능한 가까운 곳
② 주요간선 도로에 멀리 떨어진 곳
③ 작업에 의한 환경피해가 최소인 곳
④ 적환장 설치 및 작업이 가장 경제적인 곳

03 폐기물의 발생원에서 처리장까지의 거리가 먼 경우 중간지점에 설치하여 운반비용을 절감시키는 역할을 하는 것은?
① 적환장 ② 소화조 ③ 살포장 ④ 매립지

정답 01.④ 02.② 03.①

04 폐기물 수집을 위한 적환장의 설치 이유로 가장 거리가 먼 것은?

① 작은 용량의 수집차량을 이용할 때
② 불법투기가 발생할 때
③ 상업지역의 수거에 대형용기를 사용할 때
④ 처분지가 수집장소로부터 비교적 멀리 떨어져 있을 때

05 다음 중 적환장을 설치할 필요성이 가장 낮은 경우는?

① 공기수송 방식을 사용하는 경우
② 폐기물 수집에 대형 컨테이너를 많이 사용하는 경우
③ 처분장이 원거리에 있어 도중에 불법 투기의 가능성이 있는 경우
④ 처분장이 멀리 떨어져 있어 소형 차량에 의한 수송이 비경제적일 경우

06 다음 중 적환장이 위치로 적당하지 않은 곳은?

① 쉽게 간선도로에 연결될 수 있고 2차 보조 수송수단에의 연결이 쉬운 곳
② 수거해야 할 쓰레기 발생지역의 무게중심으로부터 먼 곳
③ 공중의 반대가 적고 환경적 영향이 최소인 곳
④ 건설과 운용이 가장 경제적인 곳

07 다음 중 적환장이 필요한 경우와 거리가 먼 것은?

① 수집 장소와 처분 장소가 비교적 먼 경우
② 작은 용량의 수집 차량을 사용할 경우
③ 작은 규모의 주택들이 밀집되어 있는 경우
④ 상업지역에서 폐기물 수거에 대형 용기를 주로 사용하는 경우

08 소형차량으로 수거한 쓰레기를 대형차량으로 옮겨 운반하기 위해 마련하는 적환장의 위치로 적합하지 않은 곳은?

① 주요 간선도로에 인접한 곳
② 수송 측면에서 가장 경제적인 곳
③ 공중위생 및 환경피해가 최소인 곳
④ 가능한 한 수거지역에서 멀리 떨어진 곳

정답 04.③ 05.② 06.② 07.④ 08.④

07 관거(Pipe-line) 수거방법

[1] 장점
① 파이프 내 진공압력에 의한 수송으로 악취, 위생문제, 교통문제 등이 없다.
② 도시 미관을 해치지 않는다.
③ 수송 시스템의 자동화가 가능하다.
④ 폐기물 발생빈도가 높은 곳이 경제적이다.

[2] 단점
① 설치비가 고가이다.
② 가설 후에 경로변경이 곤란하다.
③ 장거리 수송이 곤란하다.
④ 큰 폐기물은 파쇄, 압축 등의 전처리를 해야 한다.
⑤ 잘못 투입된 물건의 회수가 곤란하다.
⑥ 폐기물 발생빈도가 낮은 경우 비경제적이다.

Question

01 관거(Pipe-line)를 이용한 폐기물 수거방법에 관한 설명으로 가장 거리가 먼 것은?

① 폐기물 발생빈도가 높은 곳이 경제적이다.
② 가설 후에 경로변경이 곤란하다.
③ 25km 이상의 장거리 수송에 현실성이 있다.
④ 큰 폐기물은 파쇄, 압축 등의 전처리를 해야 한다.

02 관거(Pipeline)수거에 관한 설명으로 틀린 것은?

① 자동화, 무공해화가 가능하다.
② 가설 후에 경로 변경이 곤란하고 설비가 높다.
③ 잘못 투입된 물건의 회수가 용이하다.
④ 큰 쓰레기는 파쇄, 압축 등의 전처리를 해야 한다.

정답 01.③ 02.③

08 폐기물 수거시스템

① alley : 골목수거 형태
② curb : 정해진 수거일에 curb에 내 놓으면 수거차량이 수거해 간다.
③ set out : 수거인부가 직접 각 가정을 방문하여 수거하고, 빈 용기를 원위치 시킨다.
④ set out-set back : 수거인부가 직접 각 가정을 방문하여 수거하고, 빈 용기는 주인이 원위치 시킨다.
⑤ back yard carry : 수거인부가 직접 각 가정을 방문하여 수거한다.
⑥ chute : 아파트나 빌딩에서 저장소에 낙하시킨 폐기물을 수거해 간다.

09 폐기물의 발생 특성

① 기후에 따라 쓰레기 발생량과 종류가 다르게 된다.
② 수거빈도가 잦으면 쓰레기 발생량이 증가하는 경향이 있다.
③ 쓰레기통의 크기가 클수록 쓰레기 발생량이 증가하는 경향이 있다.
④ 재활용품의 회수 재이용률이 높을수록 쓰레기 발생량은 감소한다.
⑤ 대도시는 중소도시보다 많이 발생한다.
⑥ 생활수준이 높을수록 발생량이 증가한다.
⑦ 관련법규의 강화로 발생량은 감소한다.
⑧ 분쇄기의 사용으로 음식물 쓰레기는 제한적으로 감소한다.
⑨ 발생지역에 따라 성상이 달라진다.
⑩ 식생활 문화(찌개, 국물문화 등) 등에 따라 발생량에 영향을 미친다.
⑪ 발생량은 계절과 생활양식에 따른 영향이 크다.
⑫ 폐기물 관리비용의 대부분은 수거, 운반비용 이다.
⑬ 도시폐기물의 대부분은 매립에 의존하고 있다.
⑭ 종량제 실시 이후 재활용율이 증가하였다.

01 쓰레기 발생량과 성상에 영향을 미치는 요인에 관한 설명으로 가장 거리가 먼 것은?

① 수집빈도가 높을수록, 그리고 쓰레기통이 클수록 발생량이 감소하는 경향이 있다.
② 일반적으로 도시의 규모가 커질수록 쓰레기 발생량이 증가한다.
③ 쓰레기 관련 법규는 쓰레기 발생량에 매우 중요한 영향을 미친다.
④ 대체로 생활수준이 증가하면 쓰레기 발생량도 증가하며 다양화 된다.

02 쓰레기 발생량에 영향을 미치는 요인에 대한 설명 중 가장 적합한 것은?

① 기후에 따라 쓰레기 발생량과 종류가 다르게 된다.
② 수거빈도가 잦으면 쓰레기 발생량이 감소하는 경향이 있다.
③ 쓰레기통의 크기가 클수록 쓰레기 발생량이 감소하는 경향이 있다.
④ 재활용품의 회수 재이용률이 높을수록 쓰레기 발생량은 증가한다.

정답 01.① 02.①

10 폐기물 발생량의 조사방법

① **적재차량 계수분석법**
   특정 지역에서 일정기간동안 수거, 운반되는 차량의 대수를 조사하여 중량으로 산정한다.

② **직접계근법**
   차량의 무게를 직접 잰 후, 발생량을 산정하는 방법이다.

③ **물질수지법**
   원료물질의 유입과 생산물질의 유출관계를 근거로 발생량을 산정하는 방법이다.

④ **원자재 사용량으로 추정하는 방법**
   국가적 차원에서 대상지역의 원자재 수요에 대한 충분한 자료를 바탕으로 추정한다.

⑤ **통계조사법**
   표본을 선정하여 일정기간 동안 폐기물의 발생량과 조성을 조사하는 방법이다.

01 쓰레기의 발생량을 산정하는 방법 중 일정기간 동안 특정지역의 쓰레기 수거차량의 댓수를 조사하여 이 값에 밀도를 곱하여 중량으로 환산하는 방법은?

① 물질수지법　　　　　　　　　② 직접 계근법
③ 적재차량 계수분석법　　　　　④ 적환법

02 다음 중 쓰레기 발생량 산정방법으로 가장 거리가 먼 것은?

① 적재차량 계수분석법　　　　　② 직접 계근법
③ 물질 수지법　　　　　　　　　④ 직접 경향분석법

03 쓰레기의 발생량을 산정하는 방법 중 비교적 정확하게 파악할 수 있는 장점이 있으나 작업량이 많고 번거로운 단점이 있는 것은?

① 직접계근법　　　　　　　　　② 물질수지법
③ 중량환산법　　　　　　　　　④ 적재차량 계수분석법

04 주로 산업폐기물의 발생량을 추산할 때 이용하는 방법으로 우선 조사하고자 하는 계(system)의 경계를 정확하게 설정한 다음 투입되는 원료와 제품의 흐름을 근거로 폐기물의 발생량을 추정하는 방법으로서 비용이 많이 들며 상세한 데이터가 있을 때 사용하는 방법은?

① 계수분석법　　　　　　　　　② 직접계근법
③ 흐름분석법　　　　　　　　　④ 물질수지법

정답 01.③　02.④　03.①　04.④

11 폐기물의 상 구분 및 발생량

[1] 폐기물의 상 구분
① **액상 폐기물** : 고형물 함량이 5% 미만인 것
② **반고상 폐기물** : 고형물 함량이 5% 이상 15% 미만인 것
③ **고상 폐기물** : 고형물 함량이 15% 이상인 것

Question

01 "반고상폐기물"의 고형물 함량 범위로 알맞은 것은?
① 3%이상 5%미만
② 5%미만
③ 5%이상 15%미만
④ 15% 이상

02 다음 중 "고상폐기물"을 정의할 때 고형물의 함량기준은?
① 3% 이상
② 5% 이상
③ 10% 이상
④ 15% 이상

정답 01.③ 02.④

[2] 폐기물의 발생량
① **성인 1인당 1일 분뇨발생량** : 0.9~1.1L/인·일

② 1인 1일 쓰레기발생량 = $\dfrac{\text{발생량}}{\text{인구수} \times \text{기간}}$

③ 운반차량 = $\dfrac{\text{쓰레기 발생량}}{\text{적재용량}}$

④ 체적감소율 = $\left(1 - \dfrac{1}{\text{압축비}}\right) \times 100$

⑤ Man · Hour/Ton : 1ton의 쓰레기를 1명의 인부가 처리하는데 걸리는 시간이다.
$MHT = \dfrac{\text{작업인부}(M) \times \text{작업시간}(H)}{\text{쓰레기 수거량}(T)}$

⑥ 폐기물 발생량 = $\dfrac{\text{1인당 폐기물 발생량} \times \text{인구수}}{\text{폐기물 밀도}}$

Question

01 다음 중 분뇨수거 및 처분계획을 세울 때 계획하는 우리나라 성인 1인당 1일 분뇨발생량의 평균범위로 가장 적합한 것은?

① 0.2~0.5L
② 0.9~1.1L
③ 2.3~2.5L
④ 3.0~3.5L

02 쓰레기 수거대상인구가 550000명이고 쓰레기 수거실적이 220000톤/년 이라면 1인 1일 쓰레기 발생량(kg)은?(단, 1년 365일로 계산)

① 1.1kg
② 1.8kg
③ 2.1kg
④ 2.5kg

해설 $\dfrac{kg}{인 \cdot 일} = \dfrac{220000\,ton}{년} \Big| \dfrac{1}{550000인} \Big| \dfrac{년}{365일} \Big| \dfrac{1000kg}{ton} = 1.09 kg/인 \cdot 일$

03 500000명이 거주하는 도시에서 1주일 동안 8720m³의 쓰레기를 수거하였다. 이 쓰레기의 밀도가 0.45ton/m³이라면 1인 1일 쓰레기 발생량은?

① 1.12kg/인·일
② 1.21kg/인·일
③ 1.25kg/인·일
④ 1.31kg/인·일

해설 전체 발생량 $kg = \dfrac{8720m^3}{} \Big| \dfrac{0.45\,ton}{m^3} \Big| \dfrac{10^3 kg}{ton} = 3924000 kg$

$\dfrac{kg}{인 \cdot 일} = \dfrac{발생량}{인구수 \times 기간} = \dfrac{3924000 kg}{500000인 \times 7일} = 1.12 kg/인 \cdot 일$

04 인구 500000명인 A도시의 폐기물 발생량 중 가연성은 20%, 불연성은 80%이었다. 1인당 평균 폐기물 발생량이 2.0kg/일이고, 폐기물 운반차량의 적재유효용량이 4.5m³일 때, 이 중 가연성 폐기물 운반에 필요한 한 달 동안의 차량 운행회수는?(단, 가연성 폐기물의 밀도 3000kg/m³, 한 달 30일 기준, 차량은 1대기준)

① 223회
② 346회
③ 415회
④ 445회

해설 차량운행횟수(회) $= \dfrac{500000인}{} \Big| \dfrac{0.2}{} \Big| \dfrac{2kg}{day} \Big| \dfrac{30day}{} \Big| \dfrac{1대}{4.5m^3} \Big| \dfrac{m^3}{3000kg} = 445회$

정답 01.② 02.① 03.① 04.④

05 쓰레기의 양이 4000m³이며, 밀도는 1.2t/m³이다. 적재용량이 8t인 차량으로 이 쓰레기를 운반한다면 몇 대의 차량이 필요한가?

① 120대　　　　　　　　② 400대
③ 500대　　　　　　　　④ 600대

해설 차량(대) $= \dfrac{4000m^3}{} | \dfrac{1.2t\,on}{m^3} | \dfrac{대}{8t\,on} = 600$대

06 인구 30만명인 도시에서 1인당 쓰레기 발생량이 1.2kg/일 이라고 한다. 적제용량이 15m³인 트럭으로 이 쓰레기를 매일 수거하려고 할 때 필요한 트럭의 수는? (단, 쓰레기 평균밀도는 550kg/m³)

① 31　　　　　　　　② 36
③ 39　　　　　　　　④ 44

해설 차량(대) $= \dfrac{300000인}{} | \dfrac{1.2kg}{day \cdot 인} | \dfrac{대}{15m^3} | \dfrac{m^3}{550kg} = 44$대$/day$

07 처음 부피가 1000m³인 폐기물을 압축하여 500m³인 상태로 부피를 감소시켰다면 체적감소율은?

① 2%　　　　　　　　② 10%
③ 50%　　　　　　　　④ 100%

해설 체적감소율 $= \left(1 - \dfrac{V_2}{V_1}\right) \times 100$

∴ 체적감소율 $= \left(1 - \dfrac{500m^3}{1000m^3}\right) \times 100 = 50\%$

08 압축비 1.67로 쓰레기를 압축하였다면 압축 전과 압축 후의 체적 감소율은 몇 %인가? (단, 압축비는 V_i / V_f이다.)

① 약 20%　　　　　　　　② 약 40%
③ 약 60%　　　　　　　　④ 약 80%

해설 체적감소율 $= \left(1 - \dfrac{1}{압축비}\right) \times 100$

∴ 체적감소율 $= \left(1 - \dfrac{1}{1.67}\right) \times 100 = 40\%$

정답 05.④　06.④　07.③　08.②

제2부 폐기물 처리

09 다음 중 MHT에 관한 설명으로 옳지 않은 것은?

① man · hour/ton을 뜻한다.
② 폐기물의 수거효율을 평가하는 단위로 쓰인다.
③ MHT가 클수록 수거효율이 좋다.
④ 수거작업간의 노동력을 비교하기 위한 것이다.

10 A도시에 인구 50000명이 거주하고 있으며, 1인당 쓰레기 발생량이 평균 0.9kg/인.일 이다. 이 쓰레기를 25명이 수거한다면 수거효율(MHT)은 얼마인가?(단, 1일 작업시간은 8시간, 1년 작업일수는 310일이다.)

① 2.52 ② 3.14
③ 3.77 ④ 4.44

해설) 1일 발생량 $= \dfrac{50000인}{} \Big| \dfrac{0.9kg}{인 \cdot 일} \Big| \dfrac{10^{-3}t}{kg} = 45t/일$

$MHT = \dfrac{작업인부 \times 작업시간}{1일 발생량} = \dfrac{25명 \times 8시간}{45톤/일} = 4.44$

11 A도시에서 1년간 쓰레기 수거량은 3400000톤이다. 이 쓰레기를 5500명이 하루 8시간씩 수거하였다면 수거능력(MHT)은?(단, 1년간 작업일수는 310일이다.)

① 4.01man.hr/ton ② 3.37man.hr/ton
③ 2.72man.hr/ton ④ 2.15man.hr/ton

해설) $MHT = \dfrac{5500인}{} \Big| \dfrac{8시간}{일} \Big| \dfrac{310일}{년} \Big| \dfrac{년}{3400000톤} = 4.01 MH/T$

12 인구 180000명 도시에서 1일 1인당 2.5kg의 원단위로 폐기물이 발생된 경우 그 발생량은?(단, 폐기물 밀도는 500kg/m³이다)

① 180m³/d ② 360m³/d
③ 720m³/d ④ 900m³/d

해설) 발생량 $\dfrac{m^3}{day} = \dfrac{180000인}{} \Big| \dfrac{2.5kg}{인 \cdot 일} \Big| \dfrac{m^3}{500kg} = 900m^3/일$

정답 09.③ 10.④ 11.① 12.④

[3] 폐기물의 입경

① **균등계수**(U, uniformity coefficient)란 모래 10%를 통과시킨 체눈의 크기와 모래 60%를 통과시킨 체눈크기의 비로써 정의한다.

$$U = \frac{P_{60}}{P_{10}}$$

여기서, U : 균등계수($\geqq 1$)
P_{10} : 모래 10%를 통과시킨 체눈의 크기(유효경)
P_{60} : 모래 60%를 통과시킨 체눈의 크기

② 균등계수가 작다는 것은 P_{10}과 P_{60}의 입경차이가 크지 않다는 의미이다.
③ 균등계수가 크다는 것은 큰 입자의 혼합차가 크며, 모래의 공극률이 작아져서 여과저항이 증대한다.
④ 균등계수가 1에 가까울수록 입도분포가 양호하다.

12 폐기물의 선별

① **자석 선별** : 자력을 이용하여 폐기물 내 철분과 비철분을 선별하기 위한 방법이다.
② **공기 선별** : 폐기물의 밀도 차를 이용하여 가벼운 물질과 무거운 물질을 선별하는 방법이다.
③ **스크린 선별** : 폐기물을 크기에 따라 선별하는 방법으로 형식은 진동식과 회전식으로 구분할 수 있다. 회전식 스크린에는 트롬멜 스크린이 있으며 일반적으로 도시폐기물 선별에 많이 사용된다.
④ **손 선별** : 수작업으로 종이류, 플라스틱, 금속류, 유리류 등으로 선별하는 방법이다.
⑤ **부상 선별** : 물 속에서 폐기물의 밀도 차를 이용하여 물에 뜨는 물질을 선별하는 방법이다.
⑥ **관성력 선별** : 폐기물의 중력과 관성력을 이용하여 가벼운 물질과 무거운 물질을 선별하는 방법이다.
⑦ **광학 선별** : 폐기물을 색도별로 선별하는 방법이다(예, 유리).
⑧ **스토너(stoner)선별** : 폐기물에 진동을 가해 밀도 차로 가벼운 물질과 무거운 물질을 선별하는 방법이다.

⑨ **지그(jig)선별** : 물 속에 맥동을 가해 밀도 차로 가벼운 물질과 무거운 물질을 선별하는 방법이다.
⑩ **증기탈기법** : 폐기물의 휘발성분을 기화시킨 후 선별하는 방법이다.

Question

01 스크린 선별에 관한 설명으로 거리가 먼 것은?
① 스크린 선별은 주로 큰 폐기물로부터 후속 처리장치를 보호하거나 재료를 회수하기 위해 많이 사용한다.
② 트롬멜 스크린은 진동 스크린의 형식에 해당한다.
③ 스크린의 형식은 진동식과 회전식으로 구분할 수 있다.
④ 회전 스크린은 일반적으로 도시폐기물 선별에 많이 사용하는 스크린이다.

02 다음 중 폐기물의 기계적(물리적) 선별방법으로 가장 거리가 먼 것은?
① 체선별
② 공기선별
③ 용제선별
④ 관성선별

03 파쇄 또는 파쇄하지 않은 폐기물로부터 철분을 회수하기 위해 가장 많이 사용되는 폐기물 선별방법은?
① 공기선별
② 스크린선별
③ 자석선별
④ 손선별

04 폐기물을 가벼운 것과 무거운 것으로 분리하기 위하여 중력이나 탄도학을 이용한 선별 방법은?
① 손 선별
② 스크린 선별
③ 자석 선별
④ 관성 선별

해설 관성선별은 가벼운 것과 무거운 것을 분리하기 위하여 중력이나 탄도학을 이용한 탄도식 분리기와 경사 콘베이어 분리기가 있다.

정답 01.② 02.③ 03.③ 04.④

05 폐기물의 선별방법으로 가장 거리가 먼 것은?

① 흡착선별
② 공기선별
③ 자석선별
④ 스크린선별

06 RDF에 대한 설명으로 틀린 것은?

① RDF는 Refuse Derived Fuel의 약자이다.
② 폐기물 중의 가연성 성분만을 선별하여 함수율, 불순물, 입경 등을 조절하여 연료화 시킨 것이다.
③ 부패하기 쉬운 유기물질로 구성되어 있기 때문에 수분 함량이 증가하면 부패한다.
④ 시설비 및 동력비가 저렴하며, 운전이 용이하다.

> 해설 RDF(Refuse Derived Fuel)는 가연성 생활 폐기물을 이용해 고체연료를 만드는 것으로 시설비, 동력비가 많이 들고 운전이 어렵다.

07 폐기물 선별에 관한 다음 설명 중 옳지 않은 것은?

① 영구자석을 이용한 선별방법은 별다른 동력이 소요되지 않으나 주입되는 폐기물의 양이 적어야 한다.
② 스크린 선별방법은 주로 큰 폐기물로부터 후속처리 장치를 보호하거나 재료회수를 위해 많이 사용된다.
③ 스크린 선별방식 중 골재분리에는 회전식이, 도시폐기물선별에는 진동식이 일반적으로 많이 사용된다.
④ 관성 선별방법은 중력이나 탄도학을 이용한 방법이다.

> 해설 폐기물을 크기에 따라 선별하는 방법으로 형식은 진동식과 회전식으로 구분할 수 있다. 회전식 스크린에는 트롬멜 스크린이 있으며 일반적으로 도시폐기물 선별에 많이 사용된다.

정답 05.① 06.④ 07.③

13 폐기물의 압축

① 압축비 $C_R = \dfrac{V_1}{V_2} = \dfrac{\rho_2}{\rho_1}$

여기서, V_1, ρ_1 : 압축 전 부피, 밀도
V_2, ρ_2 : 압축 후 부피, 밀도

② 부피감소율 $V_R = \dfrac{V_1 - V_2}{V_1} \times 100 = (1 - \dfrac{1}{C_R}) \times 100$

Question

01 처음 부피가 1000m³인 폐기물을 압축하여 500m³인 상태로 부피를 감소시켰다면 체적감소율은?

① 2% ② 10%
③ 50% ④ 100%

해설 체적감소율 $= \left(1 - \dfrac{V_2}{V_1}\right) \times 100$

∴ 체적감소율 $= \left(1 - \dfrac{500m^3}{1000m^3}\right) \times 100 = 50\%$

02 압축비 1.67로 쓰레기를 압축하였다면 압축 전과 압축 후의 체적 감소율은 몇 %인가? (단, 압축비는 V_i/V_f 이다.)

① 약 20% ② 약 40%
③ 약 60% ④ 약 80%

해설 체적감소율 $= \left(1 - \dfrac{1}{압축비}\right) \times 100$

∴ 체적감소율 $= \left(1 - \dfrac{1}{1.67}\right) \times 100 = 40\%$

정답 01.③ 02.②

03 밀도가 1.2g/cm³인 폐기물 10kg에 고형화 재료 5kg을 첨가하여 고형화 시킨 결과 밀도가 2.5g/cm³로 증가하였다. 이때의 부피변화율은?

① 0.5
② 0.72
③ 1.5
④ 2.45

해설
$$V_1(L) = \frac{10kg}{1.2g} \Big| \frac{cm^3}{kg} \Big| \frac{10^3 g}{kg} \Big| \frac{m^3}{10^6 cm^3} = 0.0083 m^3 ≒ 8.3L$$

$$V_2(L) = \frac{10+5kg}{2.5g} \Big| \frac{cm^3}{kg} \Big| \frac{10^3 g}{kg} \Big| \frac{m^3}{10^6 cm^3} = 0.006 m^3 ≒ 6L$$

$$\therefore 부피변화율 = \frac{V_2}{V_1} = \frac{6L}{8.3L} = 0.72$$

04 압축비 1.67로 쓰레기를 압축하였다면 압축 전과 압축 후의 체적 감소율은 몇 %인가?

① 30
② 40
③ 50
④ 60

해설 체적감소율 $= \left(1 - \frac{1}{압축비}\right) \times 100 = \left(1 - \frac{1}{1.67}\right) \times 100 = 40\%$

05 폐기물을 압축시켰을 때 부피감소율이 75%이었다면 압축비는?

① 3
② 4
③ 5
④ 6

해설 압축비 $= \frac{압축\ 전\ 부피(V_1)}{압축\ 후\ 부피(V_2)} = \frac{100}{100-75} = 4$

06 밀도가 450kg/m³인 생활 폐기물을 매립하기 위해 850kg/m³으로 압축하였다면 압축비는?

① 1.5
② 1.9
③ 2.0
④ 2.5

해설 압축 전 부피 $V_1 = \frac{\rho_2}{\rho_1} = \frac{850 kg/m^3}{450 kg/m^3} = 1.9$

정답 03.② 04.② 05.② 06.②

14 폐기물의 파쇄

[1] 파쇄 원리
전단력, 충격력, 압축력에 의하여 파쇄 된다.

[2] 파쇄 목적
① 겉보기 밀도 증가 ② 고체의 치밀한 혼합
③ 부식효과 증대   ④ 비표면적의 증가
⑤ 부피감소   ⑥ 입경의 고른 분포
⑦ 특정성분의 분리

[3] 파쇄기의 종류
전단력 파쇄기, 충격력 파쇄기, 압축력 파쇄기, 냉각 파쇄기 등이 있다.

[4] 파쇄의 문제점
소음진동, 먼지발생, 폭발 등의 문제점을 야기한다.

Question

01 폐기물을 분쇄하여 세립화 및 균일화하는 것을 파쇄라 한다. 파쇄의 장점으로 가장 거리가 먼 것은?

① 조성을 균일하게 하여 정상 연소시 연소효율을 향상시킨다.
② 폐기물 입자의 표면적이 증가되어 미생물 작용이 촉진 되어 매립 시 조기안정화를 꾀할 수 있다.
③ 부피가 커져 운반비는 증가하나 고밀도 매립을 할 수 있으며, 토양으로의 산화 및 환원 작용이 빨라진다.
④ 조대 쓰레기에 의한 소각로의 손상을 방지할 수 있다.

02 다음 중 작용하는 힘에 따른 폐기물의 파쇄 장치의 분류로 가장 거리가 먼 것은?

① 전단식 파쇄기   ② 충격식 파쇄기
③ 압축식 파쇄기   ④ 공기식 파쇄기

정답 01.③ 02.④

03 다음은 파쇄기의 특성에 관한 설명이다. 괄호 안에 가장 적합한 것은?

> ( )는 기계의 압착력을 이용하여 파쇄하는 장치로써 나무나 플라스틱류, 콘크리트덩이, 건축폐기물의 파쇄에 이용되며, Rotary Mill식, Impact crusher 등이 있다. 이 파쇄기는 마모가 적고, 비용이 적게 소요되는 장점이 있으나 금속, 고무, 연질플라스틱류의 파쇄는 어렵다.

① 전단파쇄기 ② 압축파쇄기 ③ 충격파쇄기 ④ 컨베이어파쇄기

04 쓰레기를 파쇄 처리하는 이유와 가장 거리가 먼 것은?

① 겉보기 밀도의 감소
② 입자크기의 균일화
③ 부등침하의 가능한 억제
④ 비표면적의 증가

05 폐기물 파쇄에 관한 다음 설명 중 가장 거리가 먼 것은?

① 전단식 파쇄기는 고정칼이나 왕복칼 또는 회전칼을 이용하여 폐기물을 절단한다.
② 충격식 파쇄기는 대량 처리가 가능하다.
③ 충격식 파쇄기는 연성이 있는 물질에는 부적합한 편이다.
④ 전단식 파쇄기는 유리나 목질류 등을 파쇄하는데 이용되며, 해머밀은 대표적인 전단식 파쇄기에 해당한다.

06 폐기물을 파쇄처리할 때, 발생하는 문제점으로 가장 거리가 먼 것은?

① 먼지 발생 ② 소음 및 진동 발생 ③ 폭발 발생 ④ 침출수 발생

07 고형폐기물의 파쇄처리 목적으로 거리가 먼 것은?

① 특정 성분의 분리 ② 겉보기 밀도의 증가 ③ 비표면적의 증가 ④ 부식효과 방지

08 다음 중 폐기물의 중간처리가 아닌 것은?

① 압축 ② 파쇄 ③ 선별 ④ 매립

09 폐기물 파쇄 전후의 입자크기와 입자크기분포를 이해하는 것은 폐기물 특성을 파악하는데 매우 중요하다. 대표적으로 사용하는 특성입경은 입자의 무게기준으로 몇 %가 통과할 수 있는 체 눈의 크기를 말하는가?

① 36.8% ② 50% ③ 63.2% ④ 80.7%

정답 03.② 04.① 05.④ 06.④ 07.④ 08.④ 09.③

10 다음 중 고정날과 가동날의 교차에 의해 폐기물을 파쇄하는 것으로 파쇄속도가 느린 편이며, 주로 목재류, 플라스틱 및 종이류 파쇄에 많이 사용되고, 왕복식, 회전식 등이 해당하는 파쇄기의 종류는?

① 냉온파쇄기　　　　　　　　② 전단파쇄기
③ 충격파쇄기　　　　　　　　④ 압축파쇄기

11 폐기물의 파쇄 작업 시 발생하는 점과 가장 거리가 먼 것은?

① 먼지 발생　　　　　　　　② 폐수 발생
③ 폭발 발생　　　　　　　　④ 소음·진동 발생

12 폐기물을 파쇄하는 이유로 옳지 않은 것은?

① 겉보기 밀도의 증가　　　　② 고체의 치밀한 혼합
③ 부식효과 방지　　　　　　 ④ 비표면적의 증가

13 파쇄 또는 파쇄하지 않은 폐기물로부터 철분을 회수하기 위해 가장 많이 사용되는 폐기물 선별방법은?

① 공기선별　　② 스크린선별　　③ 자석선별　　④ 손선별

14 폐기물 파쇄기에 관한 다음 설명 중 틀린 것은?

① 전단파쇄기는 대개 고정칼, 회전칼과의 교합에 의하여 폐기물을 전단한다.
② 전단파쇄기는 충격파쇄기에 비하여 파쇄속도는 느리나, 이물질의 혼입에 대하여는 강하다.
③ 전단파쇄기는 파쇄물의 크기를 고르게 할 수 있다.
④ 전단파쇄기는 주로 목재류, 플라스틱류 및 종이류를 파쇄하는데 이용된다.

> **해설** 전단파쇄기는 충격파쇄기에 비하여 처리속도가 느리고, 이물질의 혼입에 대하여 약하다.

15 쓰레기를 압축하는 목적으로 가장 거리가 먼 것은?

① 저장이 쉽도록 한다.
② 운반비를 줄일 수 있다.
③ 부피를 감소시켜 운반이 쉽도록 한다.
④ 재활용 물질을 분리·선별하기 쉽도록 한다.

정답 10.② 11.② 12.③ 13.③ 14.② 15.④

15 퇴비화

[1] 퇴비화의 조건
① **온도** : 중온균 30~40°C, 고온균 50~60°C
② **수분** : 50~60%
③ **C/N비** : 30~50
④ **pH** : 5.5~8 정도
⑤ **퇴비화 생성물**

$$유기물 + O_2 \rightarrow H_2O + CO_2 + NH_3 + SO_4^{2-} \rightarrow 대사물질 + energy$$

⑥ 퇴비화 과정 중 $pH\,5.5$ 이하로 되면 $CaCO_3$를 첨가한다.

$$CaCO_3 \rightarrow Ca^{++} + CO_3^{--}$$
$$CO_3^{--} + H^+ \rightarrow HCO_3^-$$

[2] 장점
① 폐기물의 재활용
② 퇴비화 과정 중 에너지 소모가 적다.
③ 초기투자비가 낮다.
④ 토양의 완충작용을 증가시킨다.
⑤ 토양의 구조를 양호하게 한다.
⑥ 가용성 무기질소의 용출량을 감소시킨다.
⑦ 용수량을 증가시킨다.
⑧ 요구 기술수준이 높지 않다.

[3] 단점
① 비료의 가치가 낮다.
② 부피 감소율(50% 이하)이 낮다.
③ 퇴비제품의 표준화가 어렵다.
④ 부지소요면적이 크다.
⑤ 악취발생 가능성이 있다.
⑥ 부식질(humus)의 C/N비는 10~20 정도로 낮다.

01 퇴비화에 관련된 부식질(humus)의 특징과 거리가 먼 것은?

① 병원균이 사멸되어 거의 없다.
② 뛰어난 토양개량제이다.
③ C/N비가 50~60 정도로 높다.
④ 물 보유력과 양이온 교환능력이 좋다.

02 다음 중 폐기물의 퇴비화 공정에서 유지시켜 주어야 할 최적 조건으로 가장 적합한 것은?

① 온도 : 20±2℃
② 수분 : 5~10%
③ C/N 비율 : 100~150
④ PH : 6~8

03 퇴비화의 단점으로 거리가 먼 것은?

① 생산된 퇴비는 비료가치가 낮다.
② 생산품인 퇴비는 토양의 이화학 성질을 개선시키는 토양 개선제로 사용할 수 없다.
③ 다양한 재료를 이용하므로 퇴비 제품의 품질표준화가 어렵다.
④ 퇴비가 완성되어도 부피가 크게 감소되지는 않는다(50% 이하).

04 퇴비화의 장점으로 가장 거리가 먼 것은?

① 폐기물의 재활용
② 높은 비료가치
③ 과정 중 낮은 Energy 소모
④ 낮은 초기시설 투자비

05 폐기물의 퇴비화 공정에서 발생된 생성물로 가장 거리가 먼 것은?

① NO_3^-
② CO_2
③ O_3
④ H_2O

해설 유기물 $+ O_2 \rightarrow H_2O + CO_2 + NH_3 + SO_4^{2-} \rightarrow$ 대사물질 $+ energy$

정답 01.③ 02.④ 03.② 04.② 05.③

06 폐기물의 퇴비화에 대한 설명으로 옳지 않은 것은?

① 퇴비화의 주요 목적은 폐기물 중에 함유된 분해 가능한 유기물질을 생물학적으로 안정시키고 비료 및 토양개량제로 사용할 수 있게 하는 것이다.
② 퇴비화 공정은 유기성 폐기물의 호기성 산화분해가 주과정으로 여러 종류의 중온 및 고온성 미생물이 관여한다.
③ 퇴비화가 완성되면 악취가 없는 안정한 유기물로 병원균이 거의 없으며, 토양 중의 여러 가지 양이온을 흡착할 수 있는 능력이 증가한다.
④ 퇴비화 과정은 호기성 분해가 일어나므로 공기를 공급하며 일반적으로 3~4시간 이내에 완성된다.

해설 퇴비화는 3~4주 정도의 호기성 단계가 요구된다.

07 퇴비화 공정에 관한 설명으로 가장 적합한 것은?

① 크기를 고르게 할 필요 없이 발생된 그대로의 상태로 숙성시킨다.
② 미생물을 사멸시키기 위해 최적온도는 90℃ 정도로 유지한다.
③ 충분히 물을 뿌려 수분을 100%에 가깝게 유지한다.
④ 소비된 산소의 보충을 위해 규칙적으로 교반한다.

08 다음 중 유기성 폐기물의 퇴비화 특성으로 가장 거리가 먼 것은?

① 생산된 퇴비는 비료가치가 높으며, 퇴비완성 시 부피감소율이 70% 이상으로 큰 편이다.
② 초기 시설투자비가 낮고, 운영 시 소요에너지도 낮은 편이다.
③ 다른 폐기물 처리기술에 비해 고도의 기술수준이 요구되지 않는다.
④ 퇴비제품의 품질표준화가 어렵고, 부지가 많이 필요한 편이다.

해설 생산된 퇴비는 비료가치가 낮으며, 퇴비완성 시 부피감소율이 50% 이하로 크지 않다.

09 다음 중 퇴비화 공정에 있어서 분해가 가장 더딘 물질은?

① 아미노산
② 리그닌
③ 탄수화물
④ 글루코오스

해설 퇴비화에서 셀룰로오스, 리그닌 등은 분해가 잘되지 않아 많은 시간이 걸린다.

정답 06.④ 07.④ 08.① 09.②

16 자원화

[1] 에너지의 회수방법
① **혐기성 소화**: 메탄회수
② **고형 연료화**: RDF(refuse derived fuel)고형연료로 이용
③ **가스화**: 메탄발효
④ **소각열 회수**: 폐기물의 연소로 열 회수
⑤ **열분해**: 고온, 고압, 무산소 상태에서 액체연료의 생산

Question

01 폐기물처리에서 에너지 회수방법으로 거리가 먼 것은?
① 슬러지 개량　　　　　② 혐기성 소화
③ 소각열 회수　　　　　④ RDF 제조

02 폐기물처리 시 에너지를 회수 또는 재활용할 수 있는 처리법으로 가장 거리가 먼 것은?
① 표준활성처리　　　　② 열분해
③ 발효　　　　　　　　④ RDF

정답 01.①　02.①

[2] 에너지 회수설비
① **설비 단위공정**
　　과열기 → 재열기 → 절탄기 → 공기 예열기
② **과열기** : 과열에 의한 증기를 생산하는 공정
③ **재열기** : 과열에 의한 증기를 재가열하는 공정
④ **절탄기** : 연소가스의 잉여 열을 이용하여 보일러의 유입수를 예열하는 공정
⑤ **공기 예열기** : 연소가스의 잉여 열을 이용하여 보일러의 유입공기를 예열하는 공정

01 연도로 배출되는 배기가스 중의 폐열을 이용하여 보일러의 급수를 예열함으로써 열효율 증가에 기여하는 설비는?

① 공기예열기
② 절탄기
③ 재열기
④ 과열기

02 연소가스의 잉여열을 이용하여 보일러에 주입되는 물을 예열함으로써 보일러드럼에 발생되는 열응력을 감소시켜 보일러의 효율을 높이는 장치는?

① 과열기(Super Heater)
② 재열기(Reheater)
③ 절탄기(Economizer)
④ 공기예열기(Air Preheater)

정답 01.② 02.③

[3] 혐기성소화

① 가수분해 단계 → 산 생성 단계 → 메탄생성 단계
② 폐기물에 탄소가 많아야 연료용 CH_4가스의 획득이 용이하다.
③ 슬러지 발생량이 적다.
④ 산소공급, 동력비가 작게 든다.
⑤ 슬러지의 탈수성이 양호하다.
⑥ 병원균의 사멸로 안정화 된다.
⑦ 고농도의 폐수에 적합하다.
⑧ 처리효율이 낮다.
⑨ 온도저하, 영양분 결핍, 유기물의 저부하, 유기산의 과다생성, pH의 상승 또는 저하 등은 소화효율을 저하시킨다.
⑩ 유기물의 혐기성 소화 분해 시 발생되는 물질로는 알코올, 유기산, 메탄, 탄산가스, 물 등이 있다.

Question

01 혐기성 소화조 운영 중 소화가스 발생량 저하 원인으로 가장 거리가 먼 것은?

① 유기물의 과부하
② 소화조내 온도저하
③ 소화조내의 pH 상승(8.5 이상)
④ 과다한 유기산 생성

02 다음 중 유기물의 혐기성 소화 분해 시 발생되는 물질로 거리가 먼 것은?

① 산소 ② 알코올 ③ 유기산 ④ 메탄

03 유기성 폐기물 매립장(혐기성)에서 가장 많이 발생되는 가스는?(단, 정상상태(Steady-State)이다.)

① 일산화탄소
② 이산화질소
③ 메탄
④ 부탄

04 하수처리장에서 발생하는 슬러지를 혐기성으로 소화처리 하는 목적으로 가장 거리가 먼 것은?

① 병원균의 사멸
② 독성 중금속 및 무기물의 제거
③ 무게와 부피감소
④ 메탄과 같은 부산물 회수

05 슬러지의 안정화 방법으로 볼 수 없는 것은?

① 혐기성 소화
② 살수여상법
③ 호기성 소화
④ 퇴비화

06 매립지에서 매립 후 경과기간에 따라 매립가스(Landfill gas)의 생성과정을 4단계로 구분할 때, 각 단계에 관한 설명으로 가장 거리가 먼 것은?

① 제1단계에서는 친산소성 단계로서 폐기물 내에 수분이 많은 경우에는 반응이 가속화 되어 용존산소가 쉽게 고갈되어 2단계 반응에 빨리 도달한다.
② 제2단계에서는 산소가 고갈되어 혐기성 조건이 형성되며 질소가스가 발생하기 시작하며, 아울러 메탄가스도 생성되기 시작하는 단계이다.
③ 제3단계에서는 매립지 내부의 온도가 상승하여 약 55℃ 정도까지 올라간다.
④ 4단계에서는 매립가스 내 메탄과 이산화탄소의 함량이 거의 일정하게 유지된다.

정답 01.① 02.① 03.③ 04.② 05.② 06.②

07 생활 쓰레기를 매립하였을 경우, 다음 중 매립초기(2단계)에 가스구성비(부피 %)가 가장 큰 것은?(단, 2단계는 혐기성단계이나 메탄이 형성되지 않은 단계이다)

① CO_2
② C_3H_8
③ H_2S
④ O_3

08 다음 그림은 폐기물을 매립한 후 발생하는 생성가스의 농도변화를 단계적으로 나타낸 것이다. 유기물이 효소에 의해 발효되는 "혐기성 비메탄" 단계는?

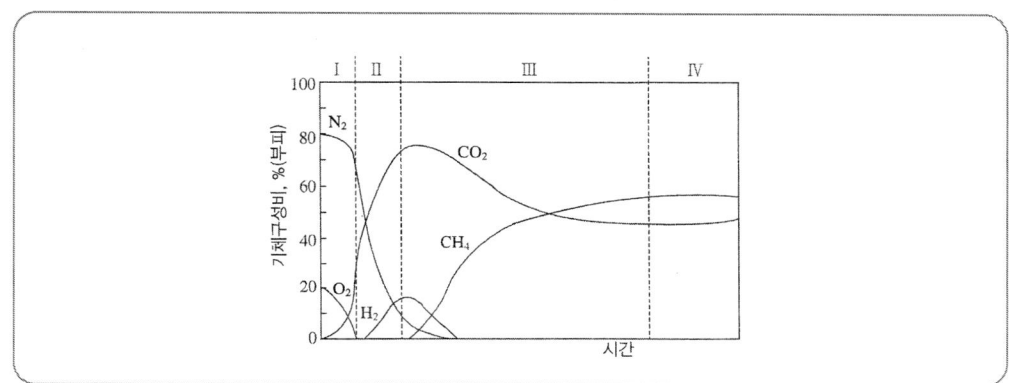

① Ⅰ단계
② Ⅱ단계
③ Ⅲ단계
④ Ⅳ단계

- 제1단계에서는 친산소성 단계로서 폐기물 내에 수분이 많은 경우에는 반응이 가속화 되어 용존산소가 쉽게 고갈된다.
- 제2단계에서는 유기물이 효소에 의해 발효되는 혐기성 비메탄 단계로써, 이산화탄소 가스가 많이 발생한다.
- 제3단계에서는 매립지 내부의 온도가 상승하여 약 55℃ 정도까지 올라가, 이산화탄소 가스가 발생하며 pH는 저하한다.
- 4단계에서는 매립가스 내 메탄과 이산화탄소의 함량이 거의 일정하게 유지된다.

09 혐기성 소화탱크에서 유기물 80%, 무기물 20%인 슬러지를 소화처리하여 소화슬러지의 유기물이 75%, 무기물이 25%가 되었다. 이때 소화율은?

① 25%
② 45%
③ 75%
④ 85%

- 소화 전 비율 = $\dfrac{VS\ 80}{FS\ 20} = 4$
- 소화 후 비율 = $\dfrac{VS\ 75}{FS\ 25} = 3$
∴ 소화효율 = $\left(\dfrac{4-3}{4}\right) \times 100 = 25\%$

정답 07.① 08.② 09.①

10 혐기성 소화방법으로 쓰레기를 처분하려고 한다. 연료로 쓰일 수 있는 가스를 많이 얻으려면 다음 중 어떤 성분이 특히 많아야 유리한가?

① 질소 ② 탄소 ③ 산소 ④ 인

11 침출수를 혐기성 여상으로 처리하고자 한다. 유입유량이 1000m³/day, BOD가 500mg/L, 처리효율이 90% 라면, 이 때 혐기성 여상에서 발생되는 메탄가스의 양은? (단, 1.5m³ 가스/BOD kg, 가스 중 메탄 함량은 60% 이다.)

① 350m³/day ② 405m³/day
③ 510m³/day ④ 550m³/day

해설 $\dfrac{m^3}{day} = \dfrac{1000m^3}{day} \Big| \dfrac{500mg}{L} \Big| \dfrac{0.9}{} \Big| \dfrac{1.5m^3}{kg} \Big| \dfrac{0.6}{} \Big| \dfrac{10^{-6}kg}{mg} \Big| \dfrac{10^3 L}{m^3} = 405m^3/day$

12 166.6g의 $C_6H_{12}O_6$가 완전한 혐기성 분해를 한다고 가정할 때 발생 가능한 CH_4 가스용적으로 옳은 것은? (단, 표준상태 기준)

① 24.4L ② 62.2L
③ 186.7L ④ 1339.3L

해설 $C_6H_{12}O_6 \rightarrow 3CH_4 + 3CO_3$
180g : 3×22.4L
166.6g : x   ∴ x = 62.2L

13 슬러지의 혐기성 소화처리에 관한 설명으로 적절하지 않은 것은?

① 슬러지의 무게와 부피를 감소시킨다.
② 이용가치가 있는 부산물을 얻을 수 있다.
③ 병원균을 죽이거나 통제할 수 있다.
④ 호기성 소화보다 빠른 시간에 처리할 수 있다.

14 호기성 소화법과 비교 시 혐기성 소화법의 단점이 아닌 것은?

① 슬러지 생성량이 많고 탈수가 불량하다.
② 미생물의 성장속도가 느리다.
③ 암모니아와 H_2S에 의한 악취 발생의 문제가 크다.
④ 운전조건의 변화에 따른 적응시간이 길다.

해설 슬러지 생성량이 적고, 탈수가 용이하다.

정답 10.② 11.② 12.② 13.④ 14.①

15 폐수처리에 이용되는 미생물의 구분 중 다음 괄호 안에 가장 적합한 것은?

> 미생물은 산소의 섭취 유무에 따라 분류하기도 하는데, (　　) 미생물은 용존산소가 아닌 SO_4^{2-}, NO_3^- 등과 같은 산화물을 용존산소로 섭취하기 때문에 그 결과 황화수소, 암모니아, 질소 등을 발생시킨다.

① 자산성　　　　　　　② 호기성
③ 혐기성　　　　　　　④ 통기성

16 혐기성 소화조의 완충능력(Buffer Capacity)을 표현하는 것으로 가장 적합한 것은?
① 탁 도　　　　　　　② 경 도
③ 알칼리도　　　　　　④ 응집도

17 용존산소와 관련하여 폐수처리 시 이용되는 미생물의 구분 중 다음 괄호 안에 가장 적합한 것은?

> 미생물은 산소섭취 유무에 따라 분류하기도 하는데, (　　) 미생물은 용존산소가 아닌 SO_4^{2-}, NO_3^- 등과 같은 산화물을 용존산소로 섭취하기 때문에 그 결과 황화수소, 질소가스 등을 발생시킨다.

① 질산성　　　　　　　② 호기성
③ 혐기성　　　　　　　④ 통기성

정답　15.③　16.③　17.③

[4] RDF(refuse derived fuel)

① 가연성 물질을 선별하여 고열량의 고형물질 연료로 만든 것을 RDF라 한다.
② 폐기물의 함수율이 낮아야 한다.
③ 가연성 물질의 발열량이 높아야 한다.
④ 연소 시 대기오염이 적어야 한다.
⑤ 균일한 성분배합률로 구성되어야 한다.

Question

01 쓰레기 전환연료(RDF)의 구비조건으로 거리가 먼 것은?
① 칼로리가 높을 것
② 함수율이 높을 것
③ 재의 양이 적을 것
④ 조성이 균일할 것

02 RDF에 대한 설명으로 틀린 것은?
① RDF는 Refuse Derived Fuel의 약자이다.
② 폐기물 중의 가연성 성분만을 선별하여 함수율, 불순물, 입경 등을 조절하여 연료화 시킨 것이다.
③ 부패하기 쉬운 유기물질로 구성되어 있기 때문에 수분 함량이 증가하면 부패한다.
④ 시설비 및 동력비가 저렴하며, 운전이 용이하다.

해설 RDF(Refuse Derived Fuel)는 가연성 생활 폐기물을 이용해 고체연료를 만드는 것으로 시설비, 동력비가 많이 들고 운전이 어렵다.

03 폐기물처리 시 에너지를 회수 또는 재활용할 수 있는 처리법으로 가장 거리가 먼 것은?
① 표준활성처리
② 열분해
③ 발효
④ RDF

정답 01.② 02.④ 03.①

[5] LFG(land fill gas, 매립지 가스)

① 제1단계에서는 친산소성 단계로서 폐기물 내에 수분이 많은 경우에는 반응이 가속화 되어 용존산소가 쉽게 고갈된다.
② 제2단계에서는 유기물이 효소에 의해 발효되는 혐기성 비메탄 단계로써, 이산화탄소 가스가 많이 발생한다.
③ 제3단계에서는 매립지 내부의 온도가 상승하여 약 55°C 정도까지 올라가, 이산화탄소 가스가 발생하며 pH는 저하한다.
④ 4단계에서는 매립가스 내 메탄과 이산화탄소의 함량이 거의 일정하게 유지된다.

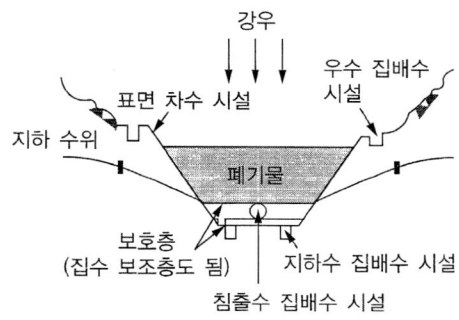

Question

01 매립지에서 매립 후 경과기간에 따라 매립가스(Landfill gas)의 생성과정을 4단계로 구분할 때, 각 단계에 관한 설명으로 가장 거리가 먼 것은?

① 제1단계에서는 친산소성 단계로서 폐기물 내에 수분이 많은 경우에는 반응이 가속화 되어 용존산소가 쉽게 고갈되어 2단계 반응에 빨리 도달한다.
② 제2단계에서는 산소가 고갈되어 혐기성 조건이 형성되며 질소가스가 발생하기 시작하며, 아울러 메탄가스도 생성되기 시작하는 단계이다.
③ 제3단계에서는 매립지 내부의 온도가 상승하여 약 55°C 정도까지 올라간다.
④ 4단계에서는 매립가스내 메탄과 이산화탄소의 함량이 거의 일정하게 유지된다.

정답 01.②

02 유기성 폐기물 매립장(혐기성)에서 가장 많이 발생되는 가스는?(단, 정상상태(Steady-State)이다.)

① 일산화탄소 ② 이산화질소
③ 메탄 ④ 부탄

03 생활 쓰레기를 매립하였을 경우, 다음 중 매립초기(2단계)에 가스구성비(부피 %)가 가장 큰 것은?(단, 2단계는 혐기성단계이나 메탄이 형성되지 않은 단계이다)

① CO_2 ② C_3H_8
③ H_2S ④ O_3

04 다음 그림은 폐기물을 매립한 후 발생하는 생성가스의 농도변화를 단계적으로 나타낸 것이다. 유기물이 효소에 의해 발효되는 "혐기성 비메탄" 단계는?

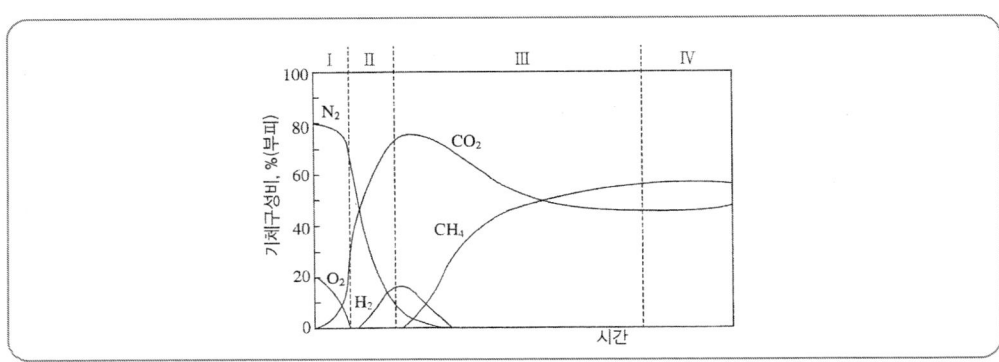

① Ⅰ단계 ② Ⅱ단계
③ Ⅲ단계 ④ Ⅳ단계

05 다음 중 유기물의 혐기성 소화 분해 시 발생되는 물질로 거리가 먼 것은?

① 산소 ② 알코올
③ 유기산 ④ 메탄

정답 02.③ 03.① 04.② 05.①

[6] 열분해

① 고온(500~900℃ 정도), 고압, 무산소 상태에서 유기물질을 기체 가스(Gas), 액체 오일(Oil)의 연료를 생산하는 공정으로 습식 산화 또는 짐머만(Zimmerman)공법이라고도 한다.
② 무산소 분위기 중에서 고온으로 가열한다.
③ 액체 및 기체상태의 연료를 생산하는 공정이다.
④ NO_x 발생량이 적다.
⑤ 열분해 생성물의 질과 양의 안정적 확보가 어렵다.

Question

01 소각에 비하여 열분해 공정의 특징이라고 볼 수 없는 것은?

① 무산소 분위기 중에서 고온으로 가열한다.
② 액체 및 기체상태의 연료를 생산하는 공정이다.
③ NO_x 발생량이 적다.
④ 열분해 생성물의 질과 양의 안정적 확보가 용이하다.

02 짐머만(Zimmerman)공법이라고도 불리며 액상 슬러지에 열과 압력을 작용시켜 용존산소에 의하여 화학적으로 슬러지내의 유기물을 산화시키는 방법은?

① 혐기성 소화　　　　　　　　② 호기성 소화
④ 습식 산화　　　　　　　　　④ 화학적 안정화

03 습식산화법의 일종으로 슬러지에 통상 200~270℃ 정도의 온도와 70atm 정도의 압력을 가하여 산소에 의해 유기물을 화학적으로 산화시키는 공법은?

① 짐머만(Zimmerman) 공법
② 유동산화(Fluidized oxidation) 공법
③ 내산화(Inter oxidation) 공법
④ 포졸란(Pozzolan) 공법

정답 01.④　02.④　03.①

17 소각

[1] 연소실

① 소각로 연소실 내 연소가스와 폐기물의 흐름형식에 따라 다음과 같이 분류한다.
- 교류식: 발열량이 중간정도의 폐기물에 적합하다.
- 병류식: 연소가스와 폐기물의 흐름방향이 같다(발열량이 높은 폐기물에 적합).
- 향류식: 연소가스와 폐기물의 흐름방향이 반대이다.

② 화상부하율 $G(kg/m^2 \cdot hr) \times t(hr/day) = \dfrac{\text{소각할 쓰레기 양}\, W}{\text{화격자의 면적}\, A}$

③ 노 열부하 $VHRR(kcal/m^3 \cdot hr) = \dfrac{\text{폐기물 발생량}\, W \times \text{폐기물 저위발열량}\, kcal}{\text{소각로 부피}\, V}$

④ 후연소실의 온도는 주연소실의 온도보다 높게 유지하여 주연소실에서 생성된 휘발성 기체, 연기내의 가연성분을 완전산화 한다.

⑤ **연소효율 향상조건**
- 공기와 연료의 충분한 혼합(Turbulence)
- 충분한 온도 유지(Temperature)
- 충분한 체류시간(Time)
- 충분한 산소의 공급

Question

01 소각로에서 완전연소를 위한 3가지 조건(3T)으로 옳은 것은?

① 시간 – 온도 – 혼합 ② 시간 – 온도 – 수분
③ 혼합 – 수분 – 시간 ④ 혼합 – 수분 – 온도

해설 소각로에서 완전연소를 위한 3T는 Time, Temperature, Turbulence 이다.

02 소각로에서 연소효율을 높일 수 있는 방법과 거리가 먼 것은?

① 공기와 연료의 혼합이 좋아야 한다.
② 온도가 충분히 높아야 한다.
③ 체류시간이 짧아야 한다.
④ 연료에 산소가 충분히 공급되어야 한다.

정답 01.① 02.③

03 소각시설의 연소온도를 높이기 위한 방법으로 옳지 않은 것은?

① 발열량이 높은 연료사용　　② 공기량의 과다주입
③ 연료의 예열　　　　　　　　④ 연료의 완전연소

해설 공기량의 과다주입은 연소실 온도를 저하시킨다.

04 발열량이 800kcal/kg인 폐기물을 하루에 6톤씩 소각한다. 소각로 연소실의 용적이 125m^3이고, 1일 운전시간이 8시간이면 연소실의 열 발생률은?

① $3600 kcal/m^3 \cdot h$　　② $4000 kcal/m^3 \cdot h$
③ $4400 kcal/m^3 \cdot h$　　④ $4800 kcal/m^3 \cdot h$

해설 노 열부하 $VHRR(kcal/m^3 \cdot hr) = \dfrac{\text{폐기물 발생량}\, W \times \text{폐기물 저위발열량}\, kcal}{\text{소각로 부피}\, V}$

$\dfrac{kcal}{m^3 \cdot hr} = \dfrac{800 kcal}{kg} \Big| \dfrac{6t}{day} \Big| \dfrac{day}{125 m^3} \Big| \dfrac{day}{8hr} \Big| \dfrac{kg}{10^{-3}t} = 4800 kcal/m^3 \cdot hr$

05 발열량이 800kcal/kg인 폐기물을 용적이 125m^3인 소각로에서 1일 8시간씩 연소하여 연소실의 열발생율이 4000kcal/$m^3 \cdot$ hr이었다. 이 소각로에서 하루에 소각한 폐기물의 양은?

① 1톤　　　　② 3톤
③ 5톤　　　　④ 7톤

해설 노 열부하 $VHRR(kcal/m^3 \cdot hr) = \dfrac{\text{폐기물 발생량}\, W \times \text{폐기물 저위발열량}\, kcal}{\text{소각로 부피}\, V}$

∴ 폐기물 발생량 $W = \dfrac{\text{노 열부하}\, VHRR \times \text{소각로 부피}\, V}{\text{폐기물 저위발열량}\, kcal}$

$\dfrac{t\, on}{day} = \dfrac{125 m^3}{} \Big| \dfrac{8hr}{day} \Big| \dfrac{4000 kcal}{m^3 \cdot hr} \Big| \dfrac{kg}{800 kcal} \Big| \dfrac{10^{-3}t}{kg} = 5t\, on/day$

06 통상적으로 소각로의 설계기준이 되는 진발열량을 의미하는 것은?

① 고위발열량
② 저위발열량
③ 고위발열량과 저위발열량의 기하평균
④ 고위발열량과 저위발열량의 산술평균

해설 소각로 설계 시 저위발열량을 설계기준으로 하는 이유는 이미 수분은 과열증기 상태로 배출되어 수분의 영향이 없기 때문이다.

정답 03.② 04.④ 05.③ 06.②

07 폐기물 소각시설의 후연소실에 대한 설명으로 가장 거리가 먼 것은?

① 주연소실에서 생성된 휘발성 기체는 후연소실로 흘러들어 연소된다.
② 깨끗하고 가연성인 액상 폐기물은 바로 후연소실로 주입될 수 있다.
③ 후연소실 내의 온도는 주연소실의 온도보다 보통 낮게 유지한다.
④ 연기내의 가연성분의 안전산화를 위해 후연소실은 충분한 양의 잉여 공기가 공급되어야 한다.

08 폐기물을 소각 시 활용할 수 있는 열량은 폐기물의 총발열량에서 소각할 때 연소가스 중의 수분이 수증기로 배출되는 응축열을 뺀 값이다. 수증기 1kg의 응축열(0℃ 기준)은 약 몇 kcal인가?

① 400kcal
② 500kcal
③ 600kcal
④ 700kcal

09 쓰레기 소각로의 소각능력이 120kg/m².h인 소각로가 있다. 하루에 8시간씩 가동하여 12000kg의 쓰레기를 소각하려고 한다. 이때 소요되는 화격자의 면적은 몇 m²인가?

① 11.0
② 12.5
③ 14.0
④ 15.5

해설 화상부하율 $G(kg/m^2 \cdot hr) \times t(hr/day) = \dfrac{\text{소각할 쓰레기 양} W}{\text{화격자의 면적} A}$

$\therefore A = \dfrac{12000\text{kg}}{\text{day}} \Big| \dfrac{\text{m}^2 \cdot \text{hr}}{120\text{kg}} \Big| \dfrac{\text{day}}{8\text{hr}} = 12.5\text{m}^2$

10 소각장에서 폐기물을 연소시킬 때 조건으로 가장 거리가 먼 것은?

① 완전연소를 위해 체류시간은 가능한 한 짧아야 한다.
② 연료의 공기 충분히 혼합되어야 한다.
③ 공기/연료비가 적절해야 한다.
④ 점화온도가 적정하게 유지되고 재의 방출이 최소화 될 수 있는 소각로 형태이어야 한다.

해설 완전연소를 위해 체류시간은 가능한 한 길어야 한다.

정답 07.③ 08.③ 09.② 10.①

[2] 화격자(스토커) 소각로

① 화격자 윗부분에서 폐기물을 공급, 화격자 밑에서 송풍한다.
② 도시 폐기물 소각의 대표적인 방식이며, 교반력이 약하여 국부가열의 우려가 있다.
③ 연속적 소각 및 대량 소각이 가능하다.
④ 체류시간이 길고 교반력이 약하다.
⑤ 용융물질에 의한 화격자 막힘 현상, 구동 부분의 마모 손실 등이 발생한다.

Question

01 화격자 소각로의 장점으로 가장 적합한 것은?
① 체류시간이 짧고 교반력이 강하다.
② 연속적인 소각과 배출이 가능하다.
③ 열에 쉽게 용해되는 물질의 소각에 적합하다.
④ 수분이 많은 물질의 소각에 적합하며, 금속부의 마모손실이 적다.

02 아래 그림과 같이 쓰레기를 대량으로 간편하게 소각처리하는데 적합하고, 연속적인 소각과 배출이 가능한 소각로의 형태는?

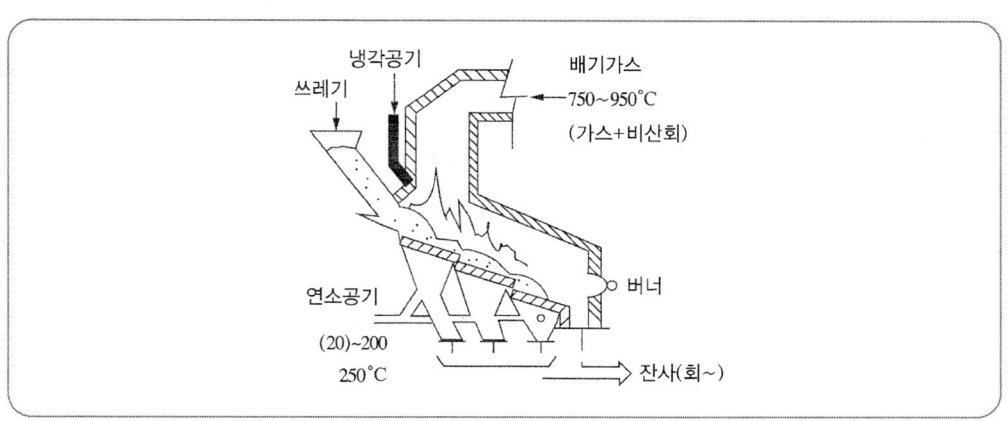

① 스토커식
② 유동상식
③ 회전로식
④ 분무연소식

정답 01.② 02.①

03 화격자 연소기의 특징으로 거리가 먼 것은?

① 연속적인 소각과 배출이 가능하다.
② 체류시간이 짧고 교반력이 강하여 수분이 많은 폐기물의 연소에 효과적이다.
③ 고온 중에서 기계적으로 구동하므로 금속부의 마모손실이 심한 편이다.
④ 플라스틱과 같이 열에 쉽게 용해되는 물질에 의해 화격자가 막힐 염려가 있다.

04 다음에서 설명하는 소각로 형식은?

> · 복동식과 흔들이식이 있다.
> · 연속적인 소각과 배출이 가능하다.
> · 수분이 많거나 발열량이 낮은 폐기물도 어느 정도 소각이 가능하다.
> · 플라스틱과 같이 열에 쉽게 용융되는 폐기물의 연소에는 적합하지 않다.
> · 고온에서 기계적으로 구동하여 금속부의 마멸이 심할 수 있다.

① 다단로　　　　　　　　　② 회전로
③ 유동상 소각로　　　　　　④ 화격자 소각로

정답 03.② 04.④

---

[3] 고정상 소각로

① 소각로 내의 화상위에 폐기물을 쌓아서 연소시키는 방식이다.
② 화상위에 폐기물을 쌓는 방식에는 경사고정상식, 수평고정상식, 다단로상식이 있다.
③ 플라스틱과 같이 열에 의해 용융되는 물질의 소각에 적당하다.
④ 교반력이 약하여 국부가열의 우려가 있다.
⑤ 체류시간이 길어 온도반응이 느리며 보조연료의 조절이 어렵다.

Question

01 소각로 내의 화상 위에서 폐기물을 태우는 방식으로 플라스틱과 같이 열에 의해 용융되는 물질의 소각에 적당하나 연소효율이 나쁘고 체류시간이 길고 교반력이 약하여 국부적으로 가열될 염려가 있는 소각로 형식으로 가장 적합한 것은?

① 액체 주입형 소각로　　　　② 고정상 소각로
③ 유동상 소각로　　　　　　④ 열분해 용융 소각로

정답 01.②

[4] 다단 소각로

① 체류시간이 길어 특히 휘발성이 적은 폐기물의 연소에 유리하다.
② 체류시간이 길고 온도반응이 느리기 때문에 보조연료의 조절이 어렵다.
③ 다량의 수분이 증발되므로 수분함량이 높은 폐기물의 연소도 가능하다.
④ 물리·화학적 성분이 다른 각종 폐기물을 처리할 수 있다.

01 다단로 소각에 대한 내용으로 틀린 것은?

① 체류시간이 길어 특히 휘발성이 적은 폐기물의 연소에 유리하다.
② 온도반응이 비교적 신속하여 보조연료 사용조절이 용이하다.
③ 다량의 수분이 증발되므로 수분함량이 높은 폐기물의 연소도 가능하다.
④ 물리·화학적 성분이 다른 각종 폐기물을 처리할 수 있다.

정답 01.②

[5] 로타리킬른(회전로) 소각로

① 열효율이 낮고 먼지발생이 많다.
② 예열이나 혼합 등 전처리가 거의 필요 없다.
③ 드럼이나 대형용기를 파쇄하지 않고 그대로 투입할 수 있다.
④ 공급장치의 설계에 있어서 유연성이 있다.
⑤ 거의 모든 폐기물에 적용이 가능하다.
⑥ 폐기물의 성상변화에 적응성이 강하다.

01 소각로 형식 중 회전로(Rotary Kiln)가 가지는 장점으로 거리가 먼 것은?

① 공급장치의 설계에 있어 유연성이 있다.
② 비교적 열효율이 높다.
③ 넓은 범위의 액상 또는 고상 폐기물을 각각 또는 섞어서 소각할 수 있다.
④ 대체로 파쇄 등의 전처리 없이 폐기물의 주입이 가능하다.

해설 회전로의 방산열로 인하여 열효율이 일반적으로 낮다.

정답 01.②

02 다음 중 로터리 킬른 방식의 장점으로 거리가 먼 것은?

① 드럼이나 대형용기를 파쇄하지 않고 그대로 투입 할 수 있다.
② 예열이나 혼합 등 전처리가 거의 필요 없다.
③ 열효율이 높고, 적은 공기비로도 완전연소가 가능하다.
④ 습식가스 세정시스템과 함께 사용할 수 있다.

> **해설** 로터리 킬른 방식을 회전로라고도 하며 열효율이 낮고, 투자비에 비해 소각능력이 떨어지는 단점이 있다.

정답 02.③

[6] 유동상 소각로

① 노의 하부로부터 고속으로 공기를 주입하여 유동매체 전체를 부상시켜 연소한다.
② 고속의 뜨거운 공기주입으로 유동매체는 유동층을 형성한다.
③ 폐유, 폐윤활유 등의 소각에 탁월한 성능이 있다.
④ 열용량이 커서 완전연소가 가능하며 2차 연소실이 불필요 하다.
⑤ 과잉공기량이 적고 질소산화물도 적게 배출된다.
⑥ 구조가 간단하고 유지관리가 용이하다.
⑦ 유동매체의 마모 소실에 따른 보충이 필요하다.
⑧ 유동상 매질의 조건은 불활성, 내마모성, 높은 융점, 비중이 작아야 한다.

Question

01 하부에서 뜨거운 가스로 모래를 가열하여 부상시키고, 상부에서는 폐기물을 주입하여 소각시키는 형태의 소각로는?

① 액체 주입형 소각로   ② 화격자 소각로
③ 회전형 소각로   ④ 유동상 소각로

02 유동상 소각로에서 유동상 매질이 갖추어야 할 특성으로 거리가 먼 것은?

① 불활성일 것   ② 내마모성일 것
③ 융점이 낮을 것   ④ 비중이 작을 것

정답 01.④ 02.③

03 다음 그림과 같은 형태를 갖는 것으로서 하부로부터 뜨거운 공기를 주입하여 모래를 부상시켜 폐기물을 태우는 소각로는?

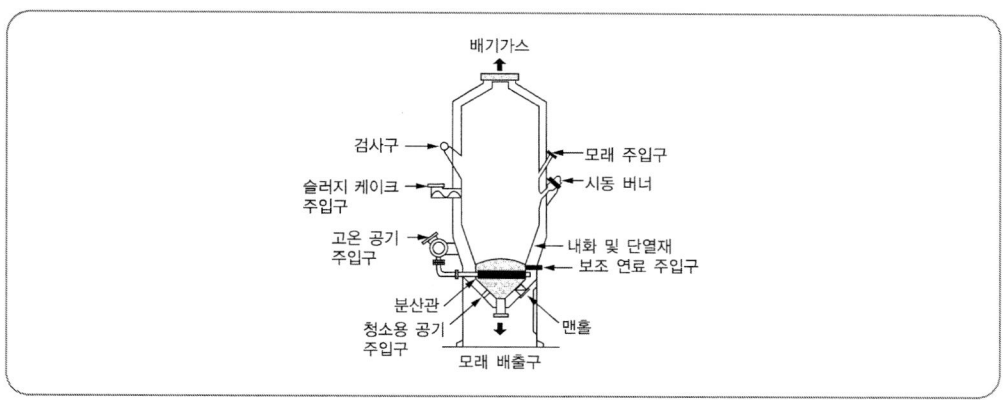

① 화격자 각로 ② 유동상 소각로
③ 열분해 용융 소각로 ④ 액체 주입형 소각로

04 유동상 소각로의 장점으로 거리가 먼 것은?
① 유동매체의 열용량이 커서 전소 및 혼소가 가능하다.
② 연소효율이 높아 미연소분의 배출이 적고 2차 연소실이 불필요하다.
③ 유동매체의 손실이 없어 유지관리비가 적게 소요된다.
④ 과잉공기량이 적고 질소산화물도 적게 배출된다.

해설 유동매체의 손실에 따른 보충이 필요하지만, 유지관리가 용이하고 설치 운영비용이 상대적으로 저렴하다.

05 유동상 소각로에서 유동상의 매질이 갖추어야 할 조건이 아닌 것은?
① 불활성 ② 낮은 융점
③ 내마모성 ④ 작은 비중

해설 유동상 소각로에서 유동상 매질은 융점이 높아야 한다.

정답 03.② 04.③ 05.②

18 분뇨처리

[1] 분뇨 및 슬러지 처리의 목표
① **감량화** : 무게와 부피를 감소시킨다.
② **안정화** : 유기물의 안정화로 2차 오염을 방지한다.
③ **안전화** : 병원균의 사멸, 통제로 환경위생을 향상시킨다.

Question

01 분뇨처리의 목적으로 가장 거리가 먼 것은?
① 슬러지의 균일화
② 생물학적으로 안정화
③ 위생적으로 안전화
④ 최종 생성물의 감량화

정답 01.①

[2] 분뇨의 특성
① **1인 1일 배설량** : 1.0~1.3L/day · 인
② **발생량기준 분과 뇨의 비** = 1 : 10
③ **고형물기준 분과 뇨의 비** = 7 : 1
④ 고액분리가 어렵고 질소화합물의 함유도가 높다.
⑤ 분뇨내 질소화합물은 NH_4HCO_3, $(NH_4)_2CO_3$ 형태로 존재한다.
⑥ pH는 8.0~9.0 이며 BOD는 20000~30000 mg/L 이다.
⑦ 분뇨의 비중은 1.02 이며 점도는 1.2~2.2 정도이다.

Question

01 다음 중 분뇨의 특성으로 가장 거리가 먼 것은?
① 고농도 유기물을 함유하며, 고액분리가 쉽다.
② 분고 뇨의 구성비는 약1:8~10 정도이고, 질소화합물의 함유형태는 분의 경우 VS의 12~20% 정도이다.
③ 하수슬러지에 비해 염분 및 질소 농도가 높은 편이다.
④ 토사 및 협잡물을 다량 함유한다.

해설 분뇨는 고형물 함유도가 높아 고액분리가 어렵다.

정답 01.①

02 다음 중 분뇨수거 및 처분계획을 세울 때 계획하는 우리나라 성인 1인당 1일 분뇨발생량의 평균범위로 가장 적합한 것은?

① 0.2~0.5L
② 0.9~1.1L
③ 2.3~2.5L
④ 3.0~3.5L

03 분뇨의 특성에 해당하지 않는 것은?

① 다량의 유기물을 함유하고 있다.
② pH는 4~4.5 범위의 산성이다.
③ 고액분리가 어렵다.
④ 음식섭취와 밀접한 관계가 있다.

04 분뇨의 일반적인 특성에 대한 설명 중 틀린 것은?

① 유기물을 많이 함유하고 있다.
② 고액분리가 쉽다.
③ 토사 및 협잡물을 다량 함유하고 있다.
④ 염분 및 질소의 농도가 높다.

> **해설** 고형물 함유도가 높고 토사 및 협잡물을 다량 함유하고 있어 고액분리가 어렵다.

05 분뇨의 특성으로 옳지 않은 것은?

① 분뇨는 연중 배출량 및 특성변화 없이 일정하다.
② 분뇨는 대량의 유기물을 함유하고 점도가 높다.
③ 분뇨에 포함되어 있는 질소화합물은 소화 시 소화조 내의 pH 강하를 막아준다.
④ 분뇨는 도시하수에 비해 고형물 함유도가 높다.

> **해설** 분뇨는 계절별 배출량의 변화가 심하다.

정답 02.② 03.② 04.② 05.①

[3] 분뇨의 소화 및 정화조

① 분뇨 1m³당 발생하는 가스량은 8~10m³이다.
② 발생하는 가스량의 2/3는 CH_4이다.
③ 분뇨의 염소이온 저하는 희석되었음을 의미한다.
④ 분뇨 정화조는 부패조, 산화조, 소독조로 구성되어 있다.

Question

01 상부에서는 부유물의 침전이 일어나고, 하부에서는 침전물의 혐기성 소화가 하나의 탱크에서 이루어지는 소규모 분뇨 처리시설은?(단, 상부와 하부는 분리되어 있으나, 개구가 있어 폐수로 채워진다)

① 원심분리탱크
② 저류탱크
③ 임호프탱크
④ 활성슬러지조

해설 임호프탱크는 상부와 하부로 구성되어 있어서 상부에서는 침전, 하부에서는 혐기성 소화가 동시에 이루어진다.

02 소규모 분뇨처리시설인 임호프 탱크(Imhoff tank)의 구성 요소와 거리가 먼 것은?

① 침전실
② 소화실
③ 스컴실
④ 포기조

정답 01.③ 02.④

19 슬러지 처리

[1] 슬러지 구성

슬러지 = 고형물(TS) + 수분

고형물(TS) = 무기물(FS) + 유기물(VS)

[2] 슬러지 부피

$$부피 = \frac{무게}{비중}$$

$$\frac{1}{\rho_{sl}} = \frac{W_s}{\rho_s} + \frac{W_w}{\rho_w} \quad \begin{array}{l}\leftarrow 무게\\ \leftarrow 비중\end{array}$$

슬러지 = 고형물 + 수분

$$\frac{1}{\rho_s} = \frac{W_f}{\rho_f} + \frac{W_v}{\rho_v} \quad \begin{array}{l}\leftarrow 무게\\ \leftarrow 비중\end{array}$$

고형물 = 무기물 + 유기물

농축or탈수전 부피 : 농축or탈수후 부피

$$V_1 = \frac{100}{100 - P_1} \quad : \quad V_2 = \frac{100}{100 - P_2}$$

부피 함수율

$$V_1(100 - P_1) = V_2(100 - P_2)$$

슬러지 발생량 $V =$ 고형물량 $\times \dfrac{1}{비중} \times \dfrac{100}{100 - P}$

여기서, V_1 : 건조 전 폐기물 부피

V_2 : 건조 후 폐기물 부피

P_1 : 건조 전 함수율

P_2 : 건조 후 함수율

Question

01 함수율이 97%인 슬러지 3600m³를 농축하여 함수율 94%로 낮추었을 때 슬러지의 부피는?(단, 슬러지 비중은 1이다)

① 1800m³
② 2000m³
③ 2200m³
④ 2400m³

해설 $V_1(100 - P_1) = V_2(100 - P_2)$

$3600(100 - 97) = V_2(100 - 94) \quad \therefore V_2 = 1800 m^3$

정답 01.①

02 함수율 25%인 쓰레기를 건조시켜 함수율이 12%인 쓰레기로 만들려면 쓰레기 1ton당 약 얼마의 수분을 증발시켜야 하는가?

① 148kg
② 166kg
③ 180kg
④ 199kg

해설 $V_1(100-P_1) = V_2(100-P_2)$
$1000(100-25) = V_2(100-12)$ ∴ $V_2 = 852.27 kg$
수분증발량 $= 1000 - 852.27 = 147.73 kg ≒ 148 kg$

03 함수율 98%(중량)의 슬러지를 농축하여 함수율 94%(중량)인 농축 슬러지를 얻었다. 이때 슬러지의 용적은 어떻게 변화되는가?(단, 슬러지 비중은 1.0으로 가정한다)

① 원래의 $\frac{1}{2}$ ② 원래의 $\frac{1}{3}$ ③ 원래의 $\frac{1}{6}$ ④ 원래의 $\frac{1}{9}$

해설 $1(100-98) = V_2(100-94)$ ∴ $V_2 = \frac{2}{6} = \frac{1}{3}$

04 농축대상 슬러지량이 500m³/d이고, 슬러지의 고형물 농도가 15g/L일 때, 농축조의 고형물 부하를 2.6kg/m²·h로 하기 위해 필요한 농축조의 면적은?(단, 슬러지의 비중은 1.0이고, 24시간 연속가동 기준)

① 110.4m²
② 120.2m²
③ 142.4m²
④ 156.3m²

해설 고형물부하 $= \frac{\text{고형물 농도} \times \text{슬러지량}}{\text{농축조의 면적}}$

$m^2 = \frac{500 m^3}{day} \bigg| \frac{15g}{L} \bigg| \frac{m^2 \cdot hr}{2.6 kg} \bigg| \frac{day}{24 hr} \bigg| \frac{L}{10^{-3} m^3} \bigg| \frac{kg}{10^3 g} = 120.2 m^2$

05 혐기성 소화탱크에서 유기물 75%, 무기물 25%인 슬러지를 소화 처리하여 소화슬러지의 유기물이 58%, 무기물이 42%가 되었다. 소화율은?

① 36% ② 42% ③ 49% ④ 54%

해설 소화 전 비율 $= \frac{VS_1}{FS_1} \frac{75}{25} = 3$

소화 후 비율 $= \frac{VS_2}{FS_2} \frac{58}{42} = 1.38$

∴ 소화율 $= \left(\frac{3-1.38}{3}\right) \times 100 = 54\%$

정답 02.① 03.② 04.② 05.④

[3] 슬러지 처리

① 슬러지처리 공정

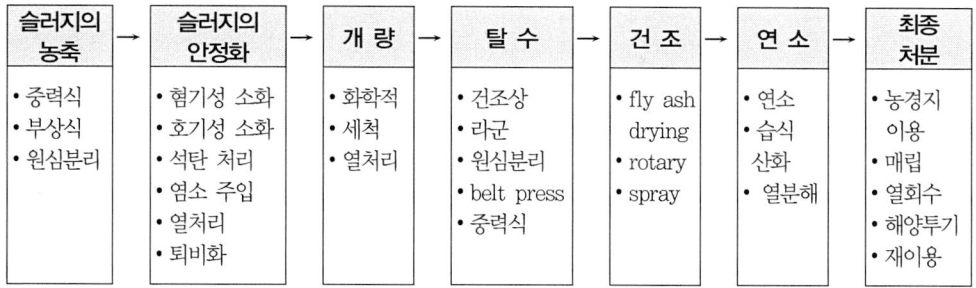

② **농축** : 농축은 슬러지처리의 1차 목적(目的)인 부피의 감소에 있다.

③ **안정화(소화)**

슬러지의 안정화는 물리, 화학, 생물학적 산화로 유기물을 안정화 시키고, 병원균의 사멸에 따른 슬러지의 안전화에 있다. 소화과정은 다음과 같다.

산생성균+유기물 → 유기산+메탄균 → 이산화탄소

④ **개량** : 개량은 슬러지의 탈수성을 좋게하기 위하여 응집제 투입, 세척, 열처리 등이 실시된다.

⑤ **탈수** : 탈수는 부피를 감량화시켜 처리, 처분을 용이하게 한다. 여과비저항은 슬러지의 여과 특성을 나타내며 적을수록 탈수효율은 증가한다.

Question

01 각종 폐수처리 공정에서 발생되는 슬러지를 소화시키는 목적으로 거리가 먼 것은?

① 유기물을 분해시켜 안정화시킨다.
② 슬러지의 무게와 부피를 감소시킨다.
③ 병원균을 죽이거나 통제 할 수 있다.
④ 함수율을 높여 수송을 용이하게 할 수 있다.

02 슬러지 농축방법으로 적절하지 않은 것은?

① 명반 응집제 첨가 농축방법 ② 중력식 농축방법
③ 원심분리 농축방법 ④ 용존공기부상 농축방법

정답 01.④ 02.①

03 슬러지의 탈수성을 개량하기위한 약품으로 적절하지 않은 것은?

① 명반
② 철염
③ 염소
④ 고분자 응집제

04 슬러지나 분뇨의 탈수 가능성을 나타내는 것은?

① 균등계수
② 알칼리도
③ 여과비저항
④ 유효경

05 다음 중 슬러지 개량(conditioning)방법에 해당하지 않는 것은?

① 슬러지 세척
② 열처리
③ 약품처리
④ 관성분리

06 다음 중 슬러지처리의 일반적인 계통도로 옳은 것은?

① 농축 – 안정화 – 개량 – 탈수 – 소각 – 최종처분
② 안정화 – 탈수 – 농축 – 개량 – 소각 – 최종처분
③ 안정화 – 농축 – 탈수 – 소각 – 개량 – 최종처분
④ 농축 – 탈수 – 개량 – 안정화 – 소각 – 최종처분

07 다음 슬러지 처리공정 중 개량단계에 해당되는 것은?

① 소각
② 소화
③ 탈수
④ 세정

> **해설** 개량에는 약품처리, 열처리, 세정 등이 있다.

08 슬러지를 농축시킴으로써 얻는 잇점으로 가장 거리가 먼 것은?

① 소화조 내에서 미생물과 양분이 잘 접촉할 수 있으므로 효율이 증대된다.
② 슬러지 개량에 소요되는 약품이 적게 든다.
③ 후속 처리시설인 소화조 부피를 감소시킬 수 있다.
④ 난분해성 중금속의 완전제거가 용이하다.

> **해설** 슬러지 농축은 부피감소에 있다.

정답 03.③ 04.③ 05.④ 06.① 07.④ 08.④

09 다음 중 슬러지 개량(conditioning)의 주목적은?
① 악취 제거
② 슬러지의 무해화
③ 탈수성 향상
④ 부패 장지

10 슬러지 농축으로 얻는 장점이 아닌 것은?
① 후속 처리시설인 소화조의 부피를 감소시킬 수 있다.
② 소화조에서 미생물과 양분의 접촉을 차단시킬 수 있다.
③ 슬러지 수송에 비용을 절감할 수 있다.
④ 슬러지 개량에 소요되는 약품비를 절약할 수 있다.

> 해설 소화조에서 미생물과 양분의 접촉이 쉬워져 유기물을 쉽게 분해한다.

11 침전지 또는 농축조에 설치된 스크레이퍼의 사용 목적으로 옳은 것은?
① 침전물을 부상시키기 위해서
② 스컴(Scum)을 방지하기 위해서
③ 슬러지(Sludge)를 혼합하기 위해서
④ 슬러지(Sludge)를 끌어 모으기 위해서

> 해설 스크레이퍼는 침전지 바닥에 침전한 슬러지를 끌어 모으는 역할을 한다.

12 슬러지 탈수에 널리 이용되는 방법 중 하나로 처음에는 중력에 의해 탈수되다가 롤러에 의해 구동되는 한 개 또는 두 개의 투수성 있는 면 사이의 압력으로 전단 및 압축탈수가 연속적으로 일어나는 형태의 탈수는?
① 가열건조
② 원심분리
③ 진공여과
④ 벨트 프레스

13 화학약품을 이용하여 응집한 슬러지를 탈수하기 위해 사용하는 탈수장치와 가장 거리가 먼 것은?
① 가압 탈수기
② 부상 탈수기
③ 원심 탈수기
④ 벨트프레스 탈수기

> 해설 탈수장치에는 가압형, 진공형, 원심형, 벨트프레스형 등이 있다.

정답 09.③ 10.② 11.④ 12.④ 13.②

14 다음 중 유기물의 혐기성소화 분해 시 발생되는 물질로 거리가 먼 것은?

① 산소 ② 알코올
③ 유기산 ④ 메탄

15 슬러지의 탈수방법으로 가장 거리가 먼 것은?

① Belt Press ② Screw Ion Press
③ Filter Press ④ Vacuum Filtration

> 해설 탈수방법에는 Belt Press, Filter Press, 진공탈수, 원심분리, 가압탈수 등이 있다.

16 기계적인 탈수방법에 관한 다음 각 설명 중 가장 거리가 먼 것은?

① 원심분리 탈수를 이용하기 위해서는 슬러지의 고형물의 비중이 물보다 작아야 하며, 정기적 보수는 거의 불필요하다.
② 필터프레스는 여과천으로 덮여있는 판 사이로 슬러지를 공급시켜 가동한다.
③ 진공 탈수에는 Rotary Drum형, Belt형, Coil형 등이 있다.
④ 원심분리 탈수에는 Basket형, Disk Nozzle형, Solid Bowl형 등이 있다.

> 해설 원심분리는 원심력에 의한 수분과 고형분을 분리하는 방법으로 고형물의 비중이 물보다 큰 것이 좋다.

17 슬러지의 안정화 방법으로 볼 수 없는 것은?

① 혐기성 소화 ② 살수여상법
③ 호기성 소화 ④ 퇴비화

18 혐기성 소화방법으로 쓰레기를 처분하려고 한다. 연료로 쓰일 수 있는 가스를 많이 얻으려면 다음 중 어떤 성분이 특히 많아야 유리한가?

① 질소 ② 탄소 ③ 산소 ④ 수소

19 혐기성 소화조 운영 중 소화가스 발생량 저하 원인으로 가장 거리가 먼 것은?

① 유기물의 과부하 ② 소화조내 온도저하
③ 소화조내의 pH 상승(8.5 이상) ④ 과다한 유기산 생성

> 해설 유기물의 과부하는 미생물의 소화과다로 인한 소화가스 발생량이 증가하게 된다.

> 정답 14.① 15.② 16.① 17.② 18.② 19.①

[4] 슬러지 수분형태

① **간극수** : 슬러지 입자 사이의 공간을 채우고 있는 수분으로 농축에 의해 분리된다.
② **모관결합수** : 미세입자 사이의 공간을 모세관압으로 채우고 있는 수분으로 압착에 의해 분리된다.
③ **부착수** : 슬러지 입자표면에 부착되어 있는 수분으로 제거가 어렵다.
④ **내부수** : 슬러지 입자 내부의 세포액으로 제거가 곤란하다.

Question

01 슬러지 내의 수분 중 일반적으로 가장 많은 양을 차지하며 고형물질과 직접 결합해 있지 않기 때문에 농축 등의 방법으로 용이하게 분리할 수 있는 수분은?

① 간극수 ② 모관결합수
③ 부착수 ④ 내부수

02 슬러지를 구성하는 다음 수분 중 괄호 안에 가장 알맞은 것은?

> ( )는 미세한 슬러지 고형물의 입자 사이의 얇은 틈에 존재하는 수분으로 모세관압으로 결합되어 있는 수분이다. 원심력, 진공압 등 기계적 압착으로 분리시킨다.

① 간극수 ② 모관결합수
③ 부착수 ④ 내부수

해설
• 간극수는 슬러지 입자들에 의해 둘러싸인 공간을 채우고 있는 수분으로 농축으로 분리가 가능하다.
• 부착수는 슬러지의 입자표면에 부착되어 있는 수분으로 제거하기 어렵다.
• 내부수는 슬러지 세포의 세포액으로 존재하는 수분으로 제거하기가 매우 어렵다.

03 다음 중 슬러지 건조 시 가장 늦게 증발되는 수분형태는?

① 간극모관결합수 ② 내부수
③ 표면부착수 ④ 모관결합수

해설 슬러지 건조 시 증발순서
내부수 〈 표면부착수 〈 모관결합수 〈 간극수 〈 중력수

정답 01.① 02.② 03.②

20 유해폐기물 처리

[1] 폐기물의 유해특성
① 유해성　② 난분해성　③ 용출독성
④ 부식성　⑤ 반응성　⑥ 인화성

[2] 유해폐기물의 처리
① **용매추출** : 용매에 용해시켜 오염물질을 분리하는 방법이다. 용매는 분배계수가 높고 용해도와 끓는점이 낮은 비극성 휘발성분을 기화시켜 증기 탈기한다.

② **활성탄 흡착** : 흡착제의 흡착능은 일반적으로 피흡착제의 분자량, 이온화 경향, pH, 극성, 입경, 온도(화학적 흡착)가 낮을수록 흡착능은 증가한다.
반면에 비표면적, 세공 수(多), 용질농도, 물질 확산속도가 높을수록 흡착능은 증가한다.

③ **오존처리** : OH·라디칼의 강력한 산화력은 유기물질의 성상을 변화시켜 후처리공정의 효과를 증대시킨다.

$$O_3 + OH^- \xrightarrow{high\ pH} HO_2 + O_2$$
$$O_3 + HO_2 \rightarrow HO\cdot_{radical} + 2O_2$$

④ **응집침전** : 금속은 알칼리성에서 OH^-와 반응, 수산화물을 형성하여 불용성 물질로 된다. 예를 들면,

$$Cr(OH)_3 \rightleftharpoons Cr^{3+} + 3OH^- \quad K_{SP} = 1.0 \times 10^{-30}$$

⑤ **황화물 침전** : 중금속이온을 황화물로 회수하는 방법으로 황화물의 용해도곱이 수산화물의 용해도곱 보다 대단히 적음을 이용하여 분별 침전시키고자 할 때 이용하는 방법이다. 예를 들면,

$$CdS \rightleftharpoons Cd^{++} + S^{--} \quad K_{SP} = 1.0 \times 10^{-28}$$

⑥ **고형화** : 폐기물을 시멘트 등의 고화제와 혼합해 고형화시켜 제거하는 방법으로 고농도의 중금속 등을 제거한다.

01 유해 폐기물의 물리 화학적 처리방법 중 휘발성 물질을 함유하는 유해 액상 폐기물을 수증기와 접촉시켜 휘발성분을 기화시킨 후 분리하는 공정으로 특히 휘발성 물질이 고농도로 농축된 액상 폐기물의 처리에 가장 적합한 방법은?

① 가압 부상
② 전해 산화
③ 공기 탈기
④ 증기 탈기

02 폐기물의 물리화학적 처리방법 중 용매추출에 사용되는 용매의 선택기준이 옳은 것만으로 묶여진 것은?

> ㉠ 분배계수가 높아 선택성이 클 것
> ㉡ 끓는점이 높아 회수성이 높을 것
> ㉢ 물에 대한 용해도가 낮을 것
> ㉣ 밀도가 물과 같을 것

① ㉠, ㉡
② ㉠, ㉢
③ ㉡, ㉢
④ ㉡, ㉣

해설 용매는 분배계수가 높고 용해도와 끓는점이 낮으며 비극성 이어야 한다.

03 유해폐기물 처리를 위해 사용되는 용매추출법에서 용매의 선택기준으로 옳지 않은 것은?

① 끓는점이 낮아 회수성이 높을 것
② 밀도가 물과 다를 것
③ 분배계수가 낮아 선택성이 작을 것
④ 물에 대한 용해도가 낮을 것

해설 용매추출법에서 용매는 분배계수가 높고 물에 대한 용해도와 끓는점 낮으며 극성이 낮은 소수성 이어야 한다.

04 폐수를 화학적으로 산화처리할 때 사용되는 오존처리에 대한 설명으로 옳은 것은?

① 생물학적 분해불가능 유기물 처리에도 적용할 수 있다.
② 2차 오염물질인 트리할로메탄을 생성한다.
③ 별도 장치가 필요 없어 유지비가 적다.
④ 색과 냄새 유발성분은 제거할 수 없다.

해설 오존은 강력한 산화력에 의해 유기물의 분해, 살균, 색도제거, 악취물질의 분해, 유해물질의 분해 등에 있다.

정답 01.④ 02.② 03.③ 04.①

05 정수 시설에서 오존처리에 관한 설명으로 가장 거리가 먼 것은?

① 오존은 강력한 산화력이 있어 원수 중의 미량 유기물질의 성상을 변화시켜 탈색효과가 뛰어나다.
② 맛과 냄새 유발물질의 제거에 효과적이다.
③ 소독 효과가 우수하면서도 소독 부산물을 적게 형성한다.
④ 잔류성이 뛰어나 잔류 소독효과를 얻기 위해 염소를 추가로 주입할 필요가 없다.

해설 오존은 강력한 산화제로써 잔류성이 없다.

06 유해폐기물을 "무기적 고형화"에 의한 처리방법에 관한 특성비교로 옳지 않은 것은?(단, 유기적 고형화 방법과 비교)

① 고도의 기술이 필요하며, 촉매 등 유해물질이 사용된다.
② 수용성이 작고, 수밀성이 양호하다.
③ 고화재료 구입이 용이하며, 재료가 무독성이다.
④ 상온, 상압에서 처리가 용이하다.

07 다음 중 카드뮴(Cd) 함유 폐수처리법으로 거리가 먼 것은?

① 수산화물 침전법   ② 황화물 침전법
③ 탄산염 침전법   ④ 시안화 제2철 침전법

해설 Cd 폐수 처리방법으로는 수산화물 침전법, 탄산염 침전법, 황화물 침전법, 이온교환수지법 등이 있다.

08 다음 중 폐기물의 고형화 처리방법에 해당되지 않는 것은?

① 시멘트 기초법   ② 활성탄 흡착법
③ 유기 중합체법   ④ 열가소성 플라스틱법

해설 활성탄 흡착은 3차처리 즉, 고도처리에 이용되는 정수, 하수, 폐수처리방법이다.

09 무기성 고형화에 대한 설명으로 가장 거리가 먼 것은?

① 다양한 산업폐기물에 적용이 가능하다.
② 수밀성과 수용성이 높아 다양한 적용이 가능하나 처리비용은 고가이다.
③ 고형화 재료에 따라 고화체의 체적 증가가 다양하다.
④ 상온 및 상압하에서 처리가 가능하다.

해설 유기성 고형화와 비교할 때, 무기성 고형화는 처리비용이 비교적 저렴하다.

정답 05.④ 06.① 07.④ 08.② 09.②

10 Cr^{6+} 함유 폐수 처리법으로 가장 적합한 것은?

① 환원 → 중화 → 침전
② 환원 → 침전 → 중화
③ 중화 → 침전 → 환원
④ 중화 → 환원 → 침전

해설 6가를 3가로 환원 → 중화(NaOH 주입) → pH 8~10에서 수산화물로 침전

11 폐기물을 안정화 및 고형화시킬 때의 폐기물의 전환 특성으로 거리가 먼 것은?

① 오염물질의 독성 증가
② 폐기물 취급 및 물리적 특성 향상
③ 오염물질이 이동되는 표면적 감소
④ 폐기물 내에 있는 오염물질의 용해성 제한

정답 10.① 11.①

21 매립

① **단순매립** : 환경위생을 고려하지 않고 매립하는 방식이다.
② **위생매립** : 환경위생시설을 설치하고 매립하는 방식으로 도랑식, 지역식, 경사식이 있다.
③ **육상매립**
   - 셀공법 : 많이 사용되는 공법으로, 매립 시 일일복토를 하여 cell모양의 매립층이 형성된다.
   - 샌드위치공법 : 쓰레기를 수평으로 고르게 깔아 압축하고 복토를 깔아 쓰레기층과 복토층을 교대로 쌓는 매립공법 이다.
   - 압축매립공법 : 쓰레기를 벽돌과 같이 찍어서 벽돌 쌓듯이 매립하므로 부피가 감소한다.
④ **해안매립**
   - 순차투입공법 : 호 안측에서 쓰레기를 쌓아 나오면서 육지화하는 공법이다.
   - 박층뿌리공법 : 폐기물의 해안매립공법 중 밑면이 뚫린 바지선 등으로 쓰레기를 떨어뜨려 줌으로써 바닥지반의 하중을 균일하게 하고, 쓰레기 지반 안정화 및 매립부지 조기이용 등에는 유리하지만 매립효율이 떨어진다.

Question

01 폐기물의 해안매립공법 중 밑면이 뚫린 바지선 등으로 쓰레기를 떨어뜨려 줌으로써 바닥지반의 하중을 균일하게 하고, 쓰레기 지반 안정화 및 매립부지 조기이용 등에는 유리하지만 매립 효율이 떨어지는 것은?

① 셀공법　　　　　　　　　　② 박층뿌리공법
③ 순차투입공법　　　　　　　④ 내수배제공법

02 쓰레기를 수평으로 고르게 깔아 압축하고 복토를 깔아 쓰레기층과 복토층을 교대로 쌓는 매리공법을 무엇이라 하는가?

① 박층뿌림공법　　　　　　　② 샌드위치공법
③ 압축매립공법　　　　　　　④ 도랑형공법

03 매립지역 선정시 고려사항으로 옳지 않은 것은?

① 매몰 후 덮을 수 있는 충분한 흙이 있어야 하며, 점토의 용이성 등 흙의 성질을 고려해야한다.
② 용지 매수가 쉽고 경제적이어야 한다.
③ 입지선정 후에 야기될 주민들의 반응도 고려한다.
④ 지하수 침투를 용이하게 하기 위해 낮은 지역으로 선정 한다.

04 다음 매립공법 중 해안매립공법에 해당하는 것은?

① 셀공법　　　　　　　　　　② 순차투입공법
③ 압축매립공법　　　　　　　④ 도량형공법

05 다음은 폐기물공정시험기준(방법)상 고상 또는 반고상 폐기물에 대해 지정폐기물의 매립방법을 결정하기 위한 용출시험방법이다. 괄호 안에 적합한 것은?

> 시료 조제방법에 따라 조제한 시료 100g 이상을 정확히 달아 정제수에 염산을 넣어 pH를 5.8~6.3으로 한 용매(mL)를 시료 : 용매 = (　　)(W : V)의 비로 2000mL 삼각플라스크에 넣어 혼합한다.

① 1 : 1　　　② 1 : 5　　　③ 1 : 10　　　④ 1 : 50

정답 01.② 02.② 03.④ 04.② 05.③

06 다음 그림과 같은 내륙매립공법은?

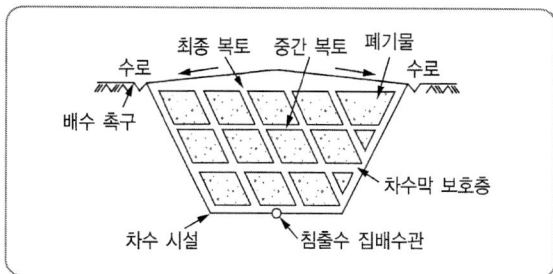

① 셀공법
② 수중투기공법
③ 순차투입공법
④ 박층뿌림공법

07 다음은 어떤 폐기물의 매립공법에 관한 설명인가?

> 쓰레기를 매립하기 전에 이의 감량화를 목적으로 먼저 쓰레기를 일정한 더미형태로 압축하여 부피를 감소시킨 후 포장을 실시하여 매립하는 방법으로, 쓰레기 발생량 증가와 매립지 확보 및 사용 년 한 문제에 있어서 유리하고, 운송이 간편하고 안정성이 있으며, 지가(地價)가 비쌀 경우에도 유효한 방법이다.

① 압축매립공법　　　　② 도랑형공법
③ 셀공법　　　　　　　④ 순차투입공법

  해설 압축매립공법은 쓰레기를 압축하여 부피를 감소시킨 후, 포장하여 매립하는 공법이다.

08 다음 중 폐기물의 중간처리가 아닌 것은?

① 압축　　② 파쇄　　③ 선별　　④ 매립

  해설 매립은 폐기물의 최종처리에 해당된다.

09 그림과 같이 쓰레기를 수평으로 고르게 깔아 압축하고 복토를 깔아 쓰레기층과 복토층을 교대로 쌓는 매립공법을 무엇이라 하는가?

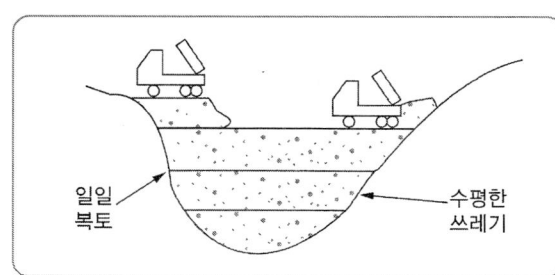

① 박층뿌림공법
② 샌드위치공법
③ 압축매립공법
④ 도랑형공법

정답 06.① 07.① 08.④ 09.②

22 복토

[1] 목적
① 침출수 발생량 감소
② 위생곤충의 서식방지
③ 악취 및 가스제어
④ 폐기물의 비산방지
⑤ 미관의 유지
⑥ 매립완료 후 식물의 서식지 제공

[2] 종류
① **일일복토:** 복토두께 15cm 이상
② **중간복토:** 복토두께 30cm 이상
③ **최종복토:** 복토두께 60cm 이상

Question

01 매립지의 복토기능으로 거리가 먼 것은?
① 화재발생 방지
② 우수의 이동 및 침투방지로 침출수량 최소화
③ 유해가스 이동성 향상
④ 매립지의 압축효과에 따른 부등침하의 최소화

해설 유해가스 이동성을 억제한다.

02 다음 중 매립지에서 복토를 하여 덮개시설을 하는 목적으로 가장 거리가 먼 것은?
① 악취발생 억제
② 해충 및 야생동물의 번식방지
③ 쓰레기의 비산 방지
④ 식물성장의 억제

정답 01.③ 02.④

23 침출수 관리

[1] 침출수 발생인자
① 강우침투량　② 유출계수　③ 증발산량

[2] 침출수의 발생특성
① 침출수의 특성은 폐기물의 종류와 분해특성에 따라 다르다.
② 일반적으로 침출수 내 유기물의 농도는 높고, 중금속의 농도는 낮다.
③ 매립지에서 가스가 많이 발생할수록 침출수 내 유기물질의 농도는 낮다.
④ 매립지에서 혐기성분해가 활발히 일어날수록 침출수 내 유기물질의 농도는 낮다.
⑤ 양이온 형태로 존재하는 Hg은 토양성분에 쉽게 흡착되며, 강우에 의해 쉽게 지표로 나오지 않는다.

---

01 매립지에서의 침출수 발생량에 영향을 미치는 인자와 가장 거리가 먼 것은?
① 강우침투량　　② 유출계수
③ 증발산량　　　④ 교통량

02 다음 중 침출수 중의 난분해성 유기물의 처리에 사용되는 것은?
① 중크롬산(Bichromate) 용액　② 옥살산(Oxalic acid) 용액
③ 펜턴(Fenton) 시약　　　　　④ 네스럴(Nessler) 시약

> **해설** 펜턴(Fenton) 시약은 촉매제로 철을 산화제로 과산화수소를 혼합하여 난분해성 유기물의 처리에 사용된다.

03 침출수를 혐기성 여상으로 처리하고자 한다. 유입유량이 1000m³/day, BOD가 500mg/L, 처리효율이 90% 라면, 이 때 혐기성 여상에서 발생되는 메탄가스의 양은? (단, 1.5m³ 가스/BOD kg, 가스 중 메탄 함량은 60% 이다.)
① 350m³/day　　② 405m³/day
③ 510m³/day　　④ 550m³/day

> **해설** $\dfrac{m^3}{day} = \dfrac{1000m^3}{day} \Big| \dfrac{0.5kg}{m^3} \Big| \dfrac{0.9}{} \Big| \dfrac{1.5m^3}{kg} \Big| \dfrac{0.6}{} = 405m^3/day$

정답 01.④　02.③　03.②

24 차수시설

① 차수시설은 매립이 시작되면 복구가 불가능하므로 차수막의 특성에 따라 완벽하게 설계 및 시공되어야 한다.
② 표면차수막은 매립지의 바닥 및 경사면의 차수를 위한 시설로써, 지하수의 집배수시설이 필요하다.
③ 연직차수시설은 매립지의 하류부 또는 주변부에 연직으로 설치하는 시설로써, 지중에 수평방향의 차수층이 존재할 때 사용한다.
④ 점토에 벤토나이트 등을 첨가하면 차수성을 향상 시킬 수 있다.
⑤ 차수시설이란 매립지에서 발생하는 침출수를 처리하는 시설로 지반 침하의 우려가 있는 곳에서는 지하수의 압력에 의하여 파괴될 수 있으므로 피한다.
⑥ 합성차수막인 PVC는 작업 및 접합이 용이하나 유기화학물질, 자외선, 오존, 기후 등에 약하다.

Question

01 합성차수막 중 PVC의 특성으로 가장 거리가 먼 것은?
① 작업이 용이한 편이다.
② 접합이 용이한 편이다.
③ 대부분의 유기화학물질에 약한 편이다.
④ 자외선, 오존, 기후 등에 강한 편이다.

02 매립처분시설의 분류 중 폐기물에 포함된 수분, 폐기물 분해에 의하여 생성되는 수분, 매립지에 유입되는 강우에 의하여 발생하는 침출수의 유출방지와 매립지 내부로의 지하수 유입방지를 위해 설치하는 것은?
① 부패조
② 안정탑
③ 덮개시설
④ 차수시설

정답 01.④ 02.④

03 다음 설명하는 매립시설로 가장 적합한 것은?

> 폐기물에 포함된 수분, 폐기물의 분해 시 생성되는 수분, 빗물에 유입되는 침출수의 유출을 방지하기 위한 것으로 매립이 시작되면 보수 및 복구가 불가능하므로 완벽하게 설계·시공해야 한다. 사용되는 재료는 합성고무 및 합성수지계 막이나 점토가 사용된다.

① 덮개 시설 ② 차수 시설
③ 저류 구조물 ④ 지하수 검사실

04 다음 중 덮개시설에 관한 설명으로 옳지 않은 것은?

① 당일복토는 매립작업 종료 후에 매일 실시한다.
② 셀(Cell) 방식의 매립에서는 상부면의 노출기간이 7일 이상이므로 당일복토는 주로 사면부에 두께 15cm 이상으로 실시한다.
③ 당일복토재로 사질토를 사용하면 압축작업이 쉽고 통기성은 좋으나 악취발산의 가능성이 커진다.
④ 중간복토의 두께는 15cm 이상으로 하고, 우수배제를 위해 중간복토층은 최소 0.5% 이상의 경사를 둔다.

> **해설** 중간복토의 두께는 30cm 이상으로 하고, 우수배제를 위해 중간복토층은 최소 2% 이상의 경사를 둔다.

05 다음 그림과 같은 차수시설에 관한 설명으로 옳지 않은 것은?

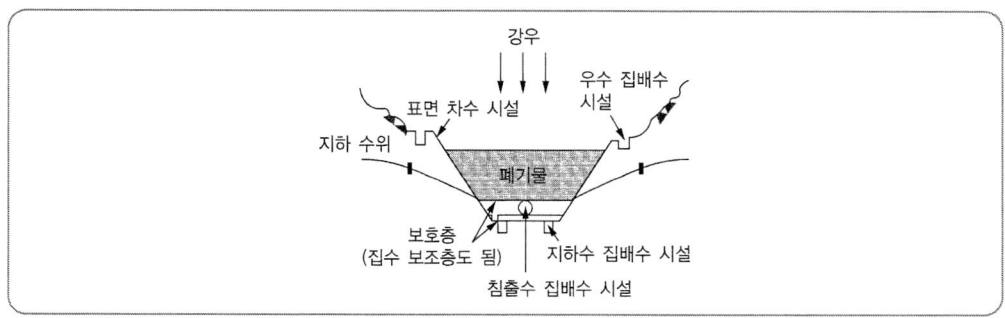

① 매립지의 침출수 유출을 방지한다.
② 지하수가 매립지 내부로 유입하는 것을 방지한다.
③ 매립지 내에서의 물의 이동은 헨리법칙으로 나타낸다.
④ 투수 방지를 위해 불투수성 차수막 또는 점토를 사용한다.

> **해설** 매립지 내에서의 물의 이동은 Darcy법칙으로 나타낸다.

정답 03.② 04.④ 05.③

06 차수시설에 관한 설명으로 옳지 않은 것은?

① 점토의 경우 급경사면을 포함한 어떤 지반에도 효과적으로 적용가능하고, 부등침하가 발생하지 않는다.
② 점토의 경우 양이온 교환능력 등에 의한 오염물질의 정화기능도 가지고 있을 뿐 아니라 벤토나이트 등을 첨가하면 차수성을 향상시킬 수 있다.
③ 연직차수막은 매립지 바닥에 수평방향으로 불투수층이 넓게 분포하고 있는 경우에 수직 또는 경사로 불투수층을 시공한다.
④ 합성고무 및 합성수지계 차수막은 자체의 차수성은 우수하나 두께가 얇아서 찢어지거나 접합이 불완전하면 차수성이 떨어진다.

해설 점토의 경우 급경사면에 사용해서는 안 된다.

07 다음은 폐기물 매립처분시설 중 어떤 시설에 해당하는 설명인가?

- 악취, 쓰레기의 비산, 해충 및 야생동물의 번식, 화재 등을 방지하기 위해 설치한다.
- 쓰레기의 매립 및 다짐 작업에 필요할 뿐만 아니라 우수의 침투를 방지하는 효과가 있어 침출수 발생량을 감소시키는 역할도 한다.
- 이 시설은 매일복토, 중간복토, 최종복토로 나눈다.

① 차수 시설
② 덮개 시설
③ 저류 구조물
④ 우수 집배수 시설

정답 06.① 07.②

제3부
대기오염방지

Craftsman Environmental

제3부 대기오염방지

01 대기 권역

[1] 대기의 구성

① 대기의 화학적 구성

질소 78% > 산소 21% > 아르곤 0.934% > 이산화탄소 0.033% > 네온, 헬륨, 크세논

② 비활성기체의 종류

헬륨(He), 네온(Ne), 아르곤(Ar), 크립톤(Kr), 크세논(Xe), 라돈(Rn) 등

③ 공기의 움직임

공기의 움직임이 수평방향으로 이동하는 것을 '**바람**', 수직방향으로 이동하는 것을 '**대류**'라 한다.

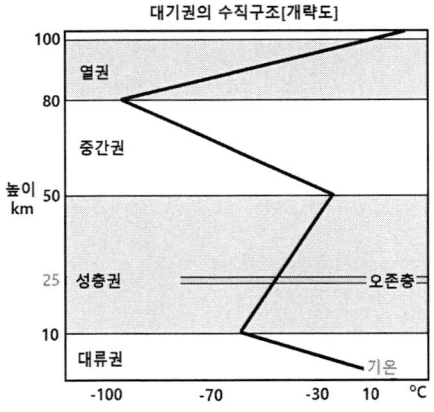

[2] 대류권

① 지면으로부터 약 10km 높이까지의 구간이다
② 고도가 상승함에 따라 기온이 감소한다.
③ 공기의 수직이동에 의한 대류현상이 일어난다.
④ 눈이나 비가 내리는 기상현상이 일어난다.

[3] 성층권

① 지면으로부터 약 10~50km 높이까지의 구간이다.
② 고도가 상승함에 따라 기온이 상승한다.
③ 성층권 내 오존층이 존재한다.
④ 지면으로부터 약 25km 높이에 오존층(농도 10ppm)이 존재한다.
⑤ 오존층은 태양의 자외선을 흡수하여 지구상의 생물을 보호한다.
⑥ 오존층의 두께는 Dobson단위로 표시한다.

[4] 중간권

① 지면으로부터 약 50~80km 높이까지의 구간이다.
② 고도가 상승함에 따라 기온이 감소한다.
③ 대기권 중 지면으로부터 약 80km 지점의 기온이 가장 낮다.

[5] 열권

① 지면으로부터 약 80km 이상에 위치한다.
② 위로 올라갈수록 기온이 높아진다.
③ 극지방에서는 오로라(극광)현상이 나타난다.

Question

01 고도에 따라 대기권을 분류할 때 지표로부터 가장 가까이 있는 것은?

① 열권　　　② 대류권　　　③ 성층권　　　④ 중간권

02 다음 중 건조대기 중에 가장 많은 비율로 존재하는 비활성 기체는?

① He　　　② Ne　　　③ Ar　　　④ Xe

03 건조한 대기의 조성을 부피농도가 높은 순서대로 올바르게 나열된 것은?

① 질소 > 산소 > 아르곤 > 이산화탄소
② 산소 > 질소 > 이산화탄소 > 아르곤
③ 이산화탄소 > 산소 > 질소 > 아르곤
④ 산소 > 이산화탄소 > 아르곤 > 질소

정답 01.② 02.③ 03.①

04 오존층의 두께를 표시하는 단위는?

① Plank   ② Dobson   ③ Albedo   ④ Donora

05 대기층의 구조에 관한 설명으로 옳지 않은 것은?
① 오존농도의 고도분포는 지상으로부터 약 10km 부근인 성층권에서 35ppm 정도의 최대농도를 나타낸다.
② 대류권에서는 고도증가에 따라 기온이 감소한다.
③ 열권은 지상 80km 이상에 위치한다.
④ 중간권 중 상부 80km 부근은 지구대기층 중 가장 기온이 낮다.

06 냉매, 세정제, 분사제, 발포제로 널리 사용되는 물질로 최근 성층권에서 오존 고갈현상으로 문제되는 물질은?

① 석면   ② 염화불화탄소   ③ 염화수소   ④ 다이옥신

해설 CFCs 는 오존층파괴 물질이다.

07 다음 중 대류권에 해당하는 사항으로만 옳게 연결된 것은?

> ㉠ 고도가 상승함에 따라 기온이 감소한다.
> ㉡ 오존의 밀도가 높은 오존층이 존재한다.
> ㉢ 지상으로부터 50~85km 사이의 층이다.
> ㉣ 공기의 수직이동에 의한 대류현상이 일어난다.
> ㉤ 눈이나 비가 내리는 등의 기상현상이 일어난다.

① ㉠,㉡,㉣   ② ㉡,㉢,㉣
③ ㉢,㉣,㉤   ④ ㉠,㉣,㉤

해설
• 성층권은 오존의 밀도가 높은 오존층이 존재한다.
• 중간권은 지상으로부터 50~85km 사이의 층이다.

08 다음 중 대기권에 대한 설명으로 옳은 것은?
① 대류권에서는 고도 1km 상승에 따라 약 9.8℃ 높아진다.
② 대류권의 높이는 계절이나 위도에 관계없이 일정하다.
③ 성층권에서는 고도가 높아짐에 따라 기온이 내려간다.
④ 성층권에는 지상 20~30km 사이에 오존층이 존재한다.

정답 04.② 05.① 06.② 07.④ 08.④

09 다음의 설명이 대기권으로 적합한 것은?

> · 지면으로부터 약 11~50km까지의 권역이다.
> · 고도가 높아지면서 온도가 상승하는 층이다.
> · 오존이 많이 분포하여 태양광선 중의 자외선을 흡수한다.

① 열권 ② 중간권 ③ 성층권 ④ 대류권

해설 대기권은 대류권, 성층권, 중간권, 열권으로 구분한다.

10 대류권에서는 온실가스이며 성층권에서는 오존층 파괴물질로 알려져 있는 것은?

① CO ② N_2O ③ HCl ④ SO_2

정답 09.③ 10.②

02 대기의 안정도

① **건조단열감율** : 고도가 높아짐에 따라 온도가 낮아지는 이론적인 기온체감율을 나타낸다. 고도가 100m 상승할 때 마다 –1℃ 씩 하강한다. 이를 기준으로 기온이 (+)상태를 안정(기온 역전), 기온이 (–)상태를 불안정(기온 정상)으로 판단한다.

② **환경감율** : 대기의 실제 수직온도분포에 따라 변화하는 기온체감율을 나타낸다.

③ **대기안정** : 기온이 역전상태, 오염물질의 확산이 없다.

④ **대기불안정** : 기온이 정상상태, 오염물질의 확산이 잘 일어난다.

⑤ **이류역전** : 따뜻한 기류가 차가운 지표나 공기층으로 유입되는 현상

⑥ **침강성 역전** : 고기압 하에 상층의 공기가 침강할 때 단열압축에 의해 따뜻한 공기와 찬 공기가 맞나 역전층을 형성하는 현상이다.

⑦ **복사성 역전** : 지표면 온도는 낮에는 복사열에 의해 높고 밤에는 고도 높이 보다 낮은 온도의 역전이 일어나는 현상이다.

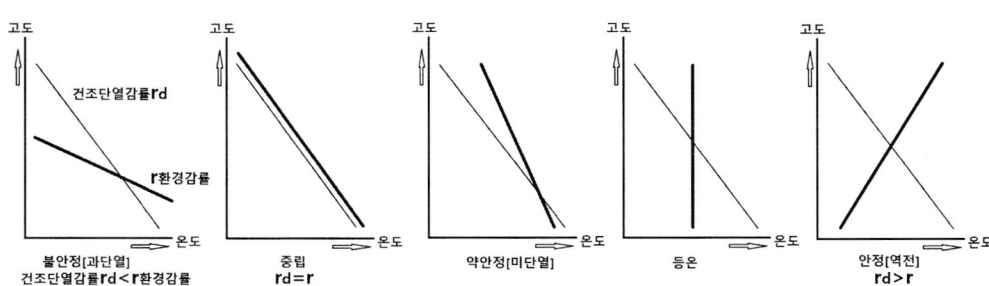

01 환경체감률에 따른 대기안정도를 나타낸 그림 중, 역전 상태인 것은?(단, 실선은 환경체감률, 점선은 건조단열체감률이다)

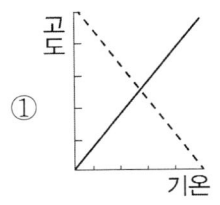 ①   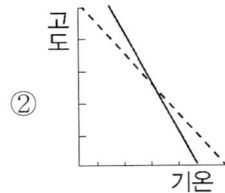 ②   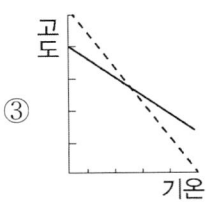 ③   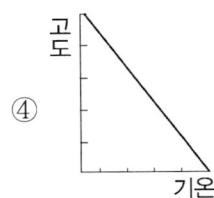 ④

해설
- 환경체감률이란 고도에 따라 실제로 일어나는 기온체감률이다.
- 건조단열 체감률이란 이론적인 기온체감률로 고도가 올라갈수록 온도는 하강한다.

02 대기권에서 발생하고 있는 기온역전의 종류에 해당하지 않는 것은?

① 자유역전　　② 이류역전
③ 침강역전　　④ 복사역전

03 대기조건 중 고도가 높아질수록 기온이 증가하여 수직온도차에 의한 혼합이 이루어지지 않는 상태는?

① 과단열상태　　② 중립상태
③ 기온역전상태　　④ 등온상태

해설 기온역전이란 대류권에서 정상적인 기온분포와 반대로 되는 상태이다.

04 복사역전에 대한 다음 설명 중 틀린 것은?

① 복사역전은 공중에서 일어난다.
② 맑고 바람이 없는 날 아침에 해가 뜨기 직전에 강하게 형성된다.
③ 복사역전이 형성될 경우 대기오염물질의 수직이동, 확산이 어렵게 된다.
④ 해가 지면서부터 열복사에 의한 지표면의 냉각이 시작되므로 복사역전이 형성된다.

해설 복사역전은 해가 지면서부터 열복사에 의한 지표면의 냉각이 시작되므로 복사역전이 형성되며, 해가 뜨면 자연스럽게 사라진다.

정답 01.①   02.①   03.③   04.①

03 연기의 형태

[1] Looping(환상형, 루프형)
① 유효굴뚝높이에 미치는 영향인자에는 굴뚝높이, 굴뚝내경, 배가스온도, 배가스속도, 굴뚝 주위의 풍속 등이 있다.
② 대기가 불안정하여 난류가 심할 때 발생한다.
③ 연기는 상하층간 혼합이 크게 일어나며 넓은 지역에 걸쳐 분산된다.
④ 지표면에서는 국부적인 고농도 오염을 일으키는 경우가 있다.

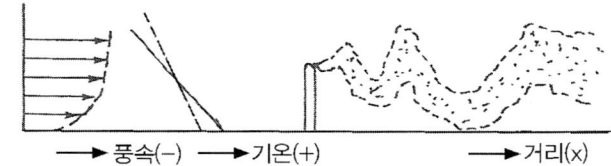

[2] Coning(원추형)
① 대기가 중립조건일 때 발생한다.
② 연기가 높은 굴뚝에서 배출될 때는 평탄한 지표면 가까운 곳에는 거의 오염의 영향이 미치지 않는다.
③ 날씨가 흐리고 바람이 비교적 약하면 약한 난류가 발생하여 생긴다.

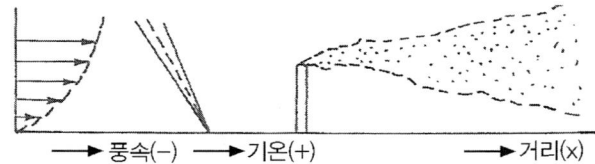

[3] Fanning(부채형)
① 대기가 매우 안정된 상태에서 발생한다.
② 연기는 수평면에서 천천히 이동하여 점차 퍼지게 된다.
③ 굴뚝높이에서 지표역전이 발생한다.

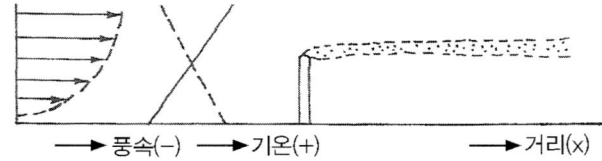

[4] Lofting(상승형, 지붕형, 처마형)

① 대기의 상태가 하층부는 안정하고 상층부는 불안정상태이다.
② 연기는 굴뚝높이 이상에서 확산 이동한다.
③ 굴뚝높이에서 역전이 발생한다.

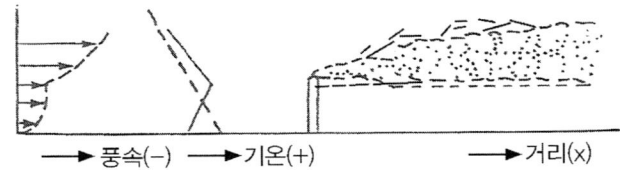

[5] Fumigation(훈증형, 끌림형)

① 대기의 상태가 하층부는 불안정하고 상층부는 안정상태이다.
② 연기는 굴뚝높이 이하에서 확산 이동한다.
③ 굴뚝높이 이상에서 역전이 발생한다.
④ 지표면의 오염농도가 높다.
⑤ 하늘이 맑고 바람이 약한 날의 아침에 발생한다.

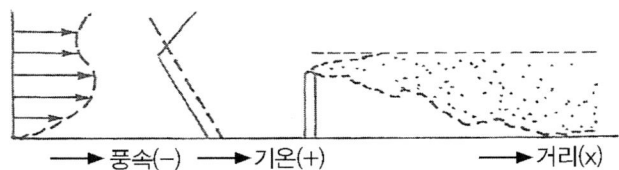

[6] Trapping(구속형)

① 대기의 상태가 굴뚝높이 상하층부는 안정하고 중층부는 불안정상태이다.
② 주로 고기압 지역에서 상공에 침강 역전층이 있고 지면 부근에 복사 역전이 있는 경우
③ 양 역전층 사이에서 오염물질이 배출될 때 발생한다.
④ 굴뚝높이 상하에서 역전이 발생한다.

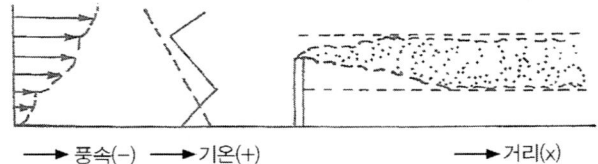

01 대기의 상태가 과단열감율을 나타내는 것으로, 매우 불안정하고 심한 와류로 굴뚝에서 배출되는 오염물질이 넓은 지역에 걸쳐 분산되지만 지표면에서는 국부적인 고농도 현상이 발생하기도 하는 연기의 형태는?

① 환상형(Looping)   ② 원추형(Coning)
③ 부채형(Fanning)   ④ 구속형(Trapping)

02 대기상태가 중립조건 일 때 발생하며, 연기의 수직이동 보다 수평이동이 크기 때문에 오염물질이 멀리까지 퍼져 나가며 지표면 가까이에는 오염의 영향이 거의 없으며, 이 연기 내에서는 오염의 단면분포가 전형적인 가우시안분포를 나타내는 연기 형태는?

① 환상형   ② 부채형
③ 원추형   ④ 지붕형

03 대기상태에 따른 굴뚝연기의 모양으로 옳은 것은?

① 역전상태 – 부채형
② 매우 불안정 상태 – 원추형
③ 안정 상태 – 환상형
④ 상층 불안정, 하층 안정 상태 – 훈증형

04 다음과 같은 특성을 지닌 굴뚝 연기의 모양은?

- 대기의 상태가 하층부는 불안정하고 상층부는 안정할 때 볼 수 있다.
- 하늘이 맑고 바람이 약한 날의 아침에 볼 수 있다.
- 지표면의 오염농도가 매우 높게 된다.

① 환상형   ② 원추형   ③ 훈증형   ④ 구속형

05 대기의 상층은 안정되어 있고, 하층은 불안정하여 굴뚝에서 발생한 오염물질이 아래로 지표면에까지 확산되어 오염을 발생시킬 수 있는 연기의 형태는?

① fanning형   ② looping형
③ fumigating형   ④ trapping형

정답 01.① 02.③ 03.① 04.③ 05.③

04 바람

[1] 지균풍
지구의 자전작용에 의한 전향력과 기압경도력의 힘이 평형될 때 부는 바람으로 마찰력이 없는 상층부에서 발생한다.

[2] 지상풍
전향력, 기압경도력, 마찰력의 세 힘으로 부는 바람으로 지표부근에서 발생한다.

[3] 경도풍
지구의 자전작용에 의한 전향력과 기압경도력, 원심력의 세 힘에 의해 부는 바람으로 마찰력이 없는 상층부에서 발생한다.

[4] 해륙풍
해안지방에서 부는 바람으로 낮에는 바다에서 육지로, 밤에는 육지에서 바다로 불며 상공에서는 반대방향의 바람이 불게 된다. 즉 더운 공기는 수직이동을 하고 찬 공기는 수평이동을 하는 현상이다.

※ **용어설명**
- ㉮ **기압경도력** : 고기압에서 저기압으로 향하는 힘
- ㉯ **전향력** : 지구의 자전작용으로 생기는 힘
- ㉰ **마찰력** : 바람의 방향과 반대로 작용하는 힘
- ㉱ **원심력** : 곡선의 바깥으로 향하는 힘

Question

01 다음에 해당하는 국지풍은?

- 해안 지방에서 낮에는 태양열에 의하여 육지가 바다보다 빨리 온도가 상승하므로, 육지의 공기가 팽창되어 상승기류가 생기게 된다.
- 이때 바다에서 육지로 8~15km 정도까지 바람이 불게 되며, 주로 여름에 빈발한다.

① 해풍 ② 육풍 ③ 산풍 ④ 곡풍

해설
- 해풍 : 육지와 바다의 기온 차이로 인해 낮에는 해상에서 육지를 향하여 바람이 불게 된다.
- 육풍 : 육지와 바다의 기온 차이로 인해 밤에는 육지에서 해상을 향하여 바람이 불게 된다.

정답 01.①

02 바람에 관여하는 힘과 거리가 먼 것은?
① 지균력 ② 마찰력
③ 전향력 ④ 기압경도력

03 바람을 일으키는 3가지 힘에 해당하지 않는 것은?
① 응집력 ② 전향력
③ 마찰력 ④ 기압경도력

정답 02.① 03.①

05 대기오염 물질

[1] 용어정의(대기환경보전법 제2조)

① **"대기오염물질"**이란 대기 중에 존재하는 물질 중 제7조에 따른 심사·평가 결과 대기오염의 원인으로 인정된 가스·입자상물질로서 환경부령으로 정하는 것을 말한다. 예) 입자상물질, 브롬 및 그 화합물, 알루미늄 및 그 화합물, 바나듐 및 그 화합물, 망간화합물, 철 및 그 화합물, 아연 및 그 화합물 등

② **"온실가스"**란 적외선 복사열을 흡수하거나 다시 방출하여 온실효과를 유발하는 대기 중의 가스상태 물질로서 이산화탄소, 메탄, 아산화질소, 수소불화탄소, 과불화탄소, 육불화황을 말한다.

③ **"가스"**란 물질이 연소·합성·분해될 때에 발생하거나 물리적 성질로 인하여 발생하는 기체상물질을 말한다. 예) 암모니아, 일산화탄소, 염화수소, 염소, 아황산가스, 이산화질소, 이황화탄소, 포름알데히드, 플루오르, 라돈 등

④ **"입자상물질(粒子狀物質)"**이란 물질이 파쇄·선별·퇴적·이적(移積)될 때, 그 밖에 기계적으로 처리되거나 연소·합성·분해될 때에 발생하는 고체상(固體狀) 또는 액체상(液體狀)의 미세한 물질을 말한다.
예) 먼지, 매연, 검댕, 미스트, 훈연, 비산재, 안개, 연무, 에어로졸 등
㉮ PM_{10} : 직경이 $10\mu m$ 이하인 입자상물질
㉯ $PM_{2.5}$: 직경이 $2.5\mu m$ 이하인 입자상물질
㉰ 공기역학적 직경: 입자상물질과 침강속도가 동일한 밀도 $1g/cm^3$ 인 구형입자의

직경

㉣ **스토크스 직경**: 입자상물질과 침강속도, 밀도가 동일한 구형입자의 직경

㉤ '안개(Fog)' 분산질이 액체인 눈에 보이는 연무질을 뜻하며 통상 응축에 의해 생기며, 습도는 100%에 가깝고 시정거리는 1km 이하이다.

㉥ '연무(Mist)' 증기의 응축 또는 화학반응에 의해 생성되는 액체입자로 안개보다 투명하며 크기는 0.5~3.0㎛, 시정거리는 1km이상이다.

㉦ '박무(Haze)' 시야를 방해하는 입자상 물질로 수분, 오염물질 및 먼지 등으로 구성되어 있으며 크기는 1㎛보다 작고 습도는 70% 이하이다.

㉧ '훈연(Fume)' 금속산화물과 같이 가스상 물질이 승화, 증류 및 화학반응에서 응축될 때 생성되는 고체입자로 크기는 0.03~0.3㎛ 이다.

⑤ "**먼지**"란 대기 중에 떠다니거나 흩날려 내려오는 입자상물질을 말한다(입자크기 1~100㎛).

⑥ "**매연**"이란 연소할 때에 생기는 유리(遊離) 탄소가 주가 되는 미세한 입자상물질을 말한다(입자크기 0.01㎛ 이상).

⑦ "**검댕**"이란 연소할 때에 생기는 유리(遊離) 탄소가 응결하여 입자의 지름이 1미크론 이상이 되는 입자상물질을 말한다.

⑧ "**특정대기유해물질**"이란 유해성대기감시물질 중 제7조에 따른 심사평가 결과 저농도에서도 장기적인 섭취나 노출에 의하여 사람의 건강이나 동식물의 생육에 직접 또는 간접으로 위해를 끼칠 수 있어 대기 배출에 대한 관리가 필요하다고 인정된 물질로서 환경부령으로 정하는 것을 말한다.

예) 카드뮴 및 그 화합물, 시안화수소, 납 및 그 화합물, 폴리염화비페닐, 크롬 및 그 화합물, 비소 및 그 화합물, 수은 및 그 화합물 등

⑨ "**휘발성유기화합물**"이란 탄화수소류 중 석유화학제품, 유기용제, 그 밖의 물질로서 환경부장관이 관계 중앙행정기관의 장과 협의하여 고시하는 것을 말한다.

⑩ "**대기오염물질배출시설**"이란 대기오염물질을 대기에 배출하는 시설물, 기계, 기구, 그 밖의 물체로서 환경부령으로 정하는 것을 말한다.

⑪ "**대기오염방지시설**"이란 대기오염물질배출시설로부터 나오는 대기오염물질을 연소조절에 의한 방법 등으로 없애거나 줄이는 시설로서 환경부령으로 정하는 것을 말한다.

01 대류권에서는 온실가스이며 성층권에서는 오존층 파괴물질로 알려져 있는 것은?

① CO ② N_2O ③ HCl ④ SO_2

02 다음 대기오염 물질 중 물리적 상태가 다른 하나는?

① 먼지 ② 매연 ③ 검댕 ④ 황산화물

해설 황산화물(SO_x)은 가스상물질이다.

03 대기환경보전법상 용어의 정의로 옳지 않은 것은?

① "기후·생태계 변화유발물질"이란 지구 온난화 등으로 생태계의 변화를 가져올 수 있는 기체상물질로서 온실가스와 환경부령으로 정하는 것을 말한다.
② "매연"이란 연소할 때에 생기는 유리탄소가 주 가되는 미세한 입자상물질을 말한다.
③ "먼지"란 대기 중에 떠다니거나 흩날려 내려오는 입자상물질을 말한다.
④ "온실가스"란 자외선 복사열을 흡수하여 온실효과를 유발하는 대기 중의 가스상태 물질로서 이산화탄소, 메탄, 아산화탄소, 수소불화탄소, 과불화탄소, 육불화황을 말한다.

해설 "온실가스"란 적외선 복사열을 흡수하거나 다시 방출하여 온실효과를 유발하는 대기 중의 가스상태 물질로서 이산화탄소, 메탄, 아산화질소, 수소불화탄소, 과불화탄소, 육불화황을 말한다.

04 대기환경보전법규상 특정대기유해물질이 아닌 것은?

① 석면 ② 시안화수소
③ 망간화합물 ④ 사염화탄소

해설 특정대기유해물질(대기환경보전법 시행규칙 별표2)
• 카드뮴 및 그 화합물 • 시안화수소 • 납 및 그 화합물 • 폴리염화비페닐 • 크롬 및 그 화합물 • 비소 및 그 화합물 • 수은 및 그 화합물 • 프로필렌 옥사이드 • 염소 및 염화수소 • 불소화물 • 석면 • 니켈 및 그 화합물 • 염화비닐 • 다이옥신 • 페놀 및 그 화합물 • 베릴륨 및 그 화합물 • 벤젠 • 사염화메탄 • 이황화메틸 • 아닐린 • 클로로포름 • 포름알데히드 • 아세트알데히드 • 벤지딘 • 1,3-부타디엔 • 다환 방향족 탄화수소류 • 에틸렌옥사이드 • 디클로로메탄 • 스틸렌 • 테트라클로로에틸렌 • 1,2-디클로로에탄 • 에틸벤젠 • 트리크로로에틸렌 • 아크릴로니트릴 • 히드라진

05 다음 대기오염물질 중 특정대기 유해물질에 해당하지 않는 것은?

① 프로필렌 옥사이드 ② 석면
③ 벤지딘 ④ 이산화황

정답 01.② 02.④ 03.④ 04.③ 05.④

[2] 실내공간오염물질

(다중이용시설 등의 실내공기질관리법 시행규칙, 별표1)

> 1. 미세먼지(PM_{10})
> 2. 이산화탄소(CO_2 ; Carbon Dioxide)
>   *실내공기오염지표, 허용농도 0.1%(1,000ppm)
> 3. 폼알데하이드(Formaldehyde)
> 4. 총부유세균(TAB ; Total Airborne Bacteria)
> 5. 일산화탄소(CO ; Carbon Monoxide)
> 6. 이산화질소(NO_2 ; Nitrogen dioxide)
> 7. 라돈(Rn ; Radon)
> 8. 휘발성유기화합물(VOCs ; Volatile Organic Compounds)
> 9. 석면(Asbestos)
> 10. 오존(O_3 ; Ozone)

Question

01 다음에서 설명하는 실내공기 오염물질은?

> · 자연 방사능 물질 중의 하나이다.
> · 무색, 무취의 기체로 공기보다 9배 정도 무겁다.
> · 주요 발생원은 토양, 시멘트, 콘크리트, 대리석 등의 건축자재와 지하수, 동굴 등이다.

① 석 면　　　　　　　　　　② 라 돈
③ 포름알데하이드　　　　　　④ 휘발성 유기화합물

해설 라돈은 일반적으로 공기보다 약 9배 정도 무거우며 흙, 시멘트, 콘크리트, 대리석 등 자연계에 널리 존재한다.

정답 01.②

06 가스상 오염물질

[1] 오존(O_3)

특유의 마늘냄새가 나는 가스상 오염물질로서 대기 중 일정농도 이상 기준을 초과하면 오존경보발령을 하고 있다. 자동차 등에서 배출된 질소산화물과 탄화수소가 광화학반응을 일으키는 과정에서 생성된다.

[2] 일산화탄소(CO)

무색, 무취, 무미의 가스상 오염물질로서 물에 잘 녹지 않고 헤모글로빈과의 결합력이 강하다. 연료 중 탄소의 불완전연소 시에 발생하며 일산화탄소(CO)는 헤모글로빈(Hb)과 결합하여 카르복시헤모글로빈(COHb)을 형성하여 혈액 내 산소운반을 저해한다.

$$CO + Hb \rightarrow COHb$$

[3] 아황산가스(SO_2)

자극적인 냄새가 나는 가스상 오염물질로서 물과 반응하여 황산을 생성한다. 식물의 잎 뒤쪽 표피 밑의 세포가 피해를 입기 시작하며 백화현상에 의해 맥간반점을 형성한다. 지표식물로는 자주개나리, 보리, 참깨, 담배 등이 있으며 강한 식물로는 양배추, 무궁화, 옥수수 등이 있다.

[4] 이산화질소(NO_2)

적갈색의 자극성을 가진 가스상 오염물질로서 공기에 대한 비중이 1.59이며 공기보다 무겁다. 혈액 중 헤모글로빈과의 결합이 O_2에 비해 아주 크다.

*공기에 대한 비중(1.59) = 기체의 분자량(kg)/공기의 분자량(29kg)

[5] 라돈(Rn)

무색, 무취의 기체로 공기보다 9배 정도 무거우며 자연 방사능물질 중의 하나이다. 주요 발생원은 토양, 시멘트, 대리석 등의 건축자재와 지하수, 동굴 등이다.

[6] 다이옥신(Dioxin)

벤젠고리에 염소를 다량 포함한 가스상 오염물질이다. 주요 발생원은 염소화합물에 의한 표백처리공정, 염화페놀 제조공정, 도시폐기물의 소각 등에 의하여 발생한다.

Question

01 다음과 같은 특성을 지진 대기오염물질은?

> · 가죽제품이나 고무제품을 각질화 시킨다.
> · 마늘냄새 같은 특유의 냄새가 나는 가스상 오염물질이다.
> · 대기 중에서 농도가 일정 기준을 초과하면 경보발령을 하고 있다.
> · 자동차 등에서 배출된 질소산화물과 탄화수소가 광화학반응을 일으키는 과정에서 생성된다.

① 오존　　　　　　　　　② 암모니아
③ 황화수소　　　　　　　④ 일산화탄소

해설　자동차 등에서 배출되는 질소산화물(NO_x), 탄화수소류(HCs) 등은 햇빛과 광화학반응을 한다.

02 일산화탄소의 특성으로 옳지 않은 것은?

① 무색, 무취의 기체이다.
② 물에 잘 녹고, CO_2로 쉽게 산화 된다.
③ 연료 중 탄소의 불완전 연소 시에 발생한다.
④ 헤모글로빈과의 결합력이 강하다.

03 자동차가 공회전할 때 많이 배출되며 혈액에 흡수되면 헤모글로빈과의 결합력이 산소의 약 210배 정도로 강하고 이에 따라 중추신경계의 장애를 초래하는 가스는?

① Ozone　　② HC　　③ CO　　④ NOx

04 다음 중 아황산가스에 대한 식물저항력이 가장 약한 것은?

① 담배　　② 옥수수　　③ 국화　　④ 참외

05 다음 내용에 해당하는 대기오염물질은?

> 보통 백화현상에 의해 맥간반점을 형성하고 지표식물로는 자주개나리, 보리, 담배 등이 있고, 강한 식물로는 협죽도, 양배추, 옥수수 등이 있다.

① 황산화물　　　　　　② 탄화수소
③ 일산화탄소　　　　　④ 질소산화물

정답 01.① 02.② 03.③ 04.① 05.①

06 상온에서 무색투명하며 일반적으로 불쾌한 자극성 냄새를 내는 액체이며, 끓는점은 46.45℃ (760mmHg)이며, 인화점은 -30℃ 정도인 것은?

① SO_2
② HF
③ Cl_2
④ CS_2

해설 이황화탄소(CS_2)는 상온에서 무색투명하고, 휘발성이 강하면서 일반적으로 불쾌한 냄새가 나는 유독성 액체이다.

07 다음에 해당하는 대기오염물질은?

- 상온에서 무색 투명하고, 일반적으로 불쾌한 자극성 냄새를 내는 액체이다.
- 대단히 증발하기 쉬우며, 인화점이 -30℃정도이고, 대단히 연소하기 쉽다.
- 이 물질의 증기는 공기보다 2.64배 정도 무겁다.

① 아황산가스
② 이황화탄소
③ 이산화질소
④ 일산화질소

08 다음과 같은 피해를 주는 대기오염물질은?

- 식물에 미치는 영향은 급성이거나 만성이며, 잎 뒤쪽 표피 밑의 세포가 피해를 입기 시작하며, 보통백화현상에 의해 맥간반점을 형성한다.
- 지표식물로는 자주개나리, 보리, 참깨, 담배 등이 있으며 강한 식물로는 양배추, 무궁화, 옥수수 등이 있다.

① 아황산가스
② 일산화탄소
③ 오존
④ 불화수소가스

09 소각시설의 연소온도가 너무 높을 때 주로 발생되는 대기오염물질은?

① 질소산화물
② 탄화수소류
③ 일산화탄소
④ 수증기와 재

해설 소각에서 질소산화물(NOx)의 발생은 고온, 과잉공기, 긴 체류시간이 원인이다.

정답 06.④ 07.② 08.① 09.①

10 다음은 어떤 오염물질에 관한 설명인가?

- 적갈색의 자극성을 가진 기체
- 공기에 대한 비중이 1.59이며, 공기보다 무겁다.
- 혈액 중 헤모글로빈과의 결합이 O_2에 비해 아주 크다.

① 아황산가스 ② 이산화질소
③ 염화수소 ④ 일산화탄소

11 다음에서 설명하는 실내공기 오염물질은?

- 자연 방사능 물질 중의 하나이다.
- 무색, 무취의 기체로 공기보다 9배 정도 무겁다.
- 주요 발생원은 토양, 시멘트, 콘크리트, 대리석 등의 건축자재와 지하수, 동굴 등이다.

① 석 면 ② 라 돈
③ 포름알데하이드 ④ 휘발성 유기화합물

> 해설 라돈은 일반적으로 공기보다 약 9배 정도 무거우며 흙, 시멘트, 콘크리트, 대리석 등 자연계에 널리 존재한다.

정답 10.② 11.②

07 대기오염 현상

[1] 스모그(Smog)

공장과 가정난방에서 발생한 매연과 안개에 의해 발생되며 주로 대기가 안정할 때 화석연료의 연소로 원인물질이 제공된다. 스모그는 호흡기자극, 만성기관지염, 폐염 등의 동식물에 많은 피해를 준다.

[2] 광화학 스모그

① 대기가 안정된 상태에서 자동차의 배기가스에 포함되어 있는 질소산화물(NO_x)과 탄화수소(HC)가 강한 자외선을 받아 광화학반응에 의해 생성한다.

② 생성물질로는 PAN(peroxy acetyl nitrate), 오존, 알데히드 등이 있으며 이들 생성물은 강산화제로 눈에 통증을 일으키고 빛을 분산시켜 가시거리를 단축시킨다.

③ 발생온도는 26~32℃로 침강성 역전형태(하강형)를 띠며 산화형 화학반응 현상이다.

④ PAN 구조식

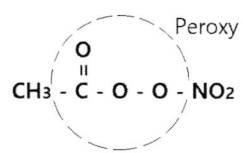

$$CH_3 - \overset{\overset{O}{\|}}{C} - O - O - NO_2 \quad \text{(Peroxy)}$$

$$NO_x + HC \xrightarrow{\text{빛}} PAN(peroxy\ acetyl\ nitrate)$$

⑤ 1차 오염물질 : CO, Cl_2, HCl, H_2S, Pb, Zn 등

⑥ 2차 오염물질 : O_3, PAN, H_2O_2, CH_2CHCHO 등

[3] 로스앤젤레스형 스모그(LA형)

자동차의 연료로 사용되는 석유계 화석연료가 연소하면서 방출되는 질소산화물, 탄화수소가 태양광 중의 자외선이 광화학반응을 하여 발생하는 스모그의 대표적인 사례이다. 대기의 기온은 침강성 역전이다.

[4] 런던형 스모그

난방용 석탄연료의 사용으로 발생하는 CO, SO_2 먼지가 지면에 축적되어 겨울철 아침에 발생하는 스모그이다.

발생온도는 0~5℃로 복사형 역전형태를 띠며 환원형 화학반응 현상이다. 대기의 기온은 복사성 역전이다.

Question

01 다음 대기오염물질 중 1차 생성오염물질인 것은?

① CO_2 ② PAN   ③ O_3 ④ H_2O_2

02 다음 중 2차 대기오염물질이 아닌 것은?

① O_3 ② H_2O_2 ③ NH_3 ④ PAN

03 다음 설명하는 대기오염물질에 해당하는 것은?

- 강산화제로 작용하고, 눈에 통증을 일으킨다.
- 빛을 분산시키므로 가시거리를 단축시킨다.
- 화학식은 $CH_3COOONO_2$

① Acetic Acid   ② PAN
③ PBN   ④ CFC

04 다음에서 설명하는 대기오염물질은?

자동차 등에서 배출된 질소산화물과 탄화수소가 광화학반응을 일으키는 과정에서 생성되며, 가죽제품이나 고무제품을 각질화시킨다. 대기환경보전법상 대기 중 농도가 일정기준을 초과하면 경보를 발령하고 있다.

① VOC   ② O_3
③ CO_2 ④ CFC

해설 대기오염경보 대상 오염물질에는 미세먼지(PM-10), 미세먼지(PM-25), 오존(O_3)이 있다.

05 다음 중 주로 광화학반응에 의하여 생성되는 물질은?

① PAN   ② CH_4
③ NH_3 ④ HC

정답 01.① 02.③ 03.② 04.② 05.①

06 여름철 광화학스모그의 일반적인 발생조건으로만 옳게 묶여진 것은?

> ㉠ 반응성 탄화수소의 농도가 크다.
> ㉡ 기온이 높고 자외선이 강하다.
> ㉢ 대기가 매우 불안정한 상태이다.

① ㉠, ㉡
② ㉠, ㉢
③ ㉡, ㉢
④ ㉢

07 다음 중 광화학스모그 발생과 가장 거리가 먼 것은?

① 질소산화물
② 일산화탄소
③ 올레핀계 탄화수소
④ 태양광선

해설 광화학스모그는 질소산화물(NO_x)과 탄화수소(HC) 등이 강한 태양광선의 자외선을 받아 발생한다.

08 대기 중 광화학반응에 의한 광화학 스모그가 잘 발생하는 조건으로 가장 거리가 먼 것은?

① 일사량이 클 때
② 역전이 생성될 때
③ 대기 중 반응성 탄화수소, NO_x, O_3 등의 농도가 높을 때
④ 습도가 높고, 기온이 낮은 아침일 때

해설 한낮 기온이 높고 자외선이 강할 때 잘 발생한다.

09 다음 중 로스엔젤레스형 스모그와 관련이 먼 것은?

① 광화학반응으로 발생한다.
② 기온이 21℃이상이고, 상대습도가 70%이하일 때 잘 발생한다.
③ 주오염원은 자동차이다.
④ 주로 새벽이나 초저녁 때 자주 발생한다.

해설
- 로스앤젤레스(LA)형 스모그는 자동차 배기가스 중 질소산화물의 광화학반응이 원인이며 햇빛이 강한 낮에 주로 발생한다.
- 런던형 스모그는 난방용 연료에 의한 황화합물이 원인이며 주로 밤과 새벽에 발생한다.

10 로스엔젤레스(Los Angeles)형 스모그 발생조건으로 가장 거리가 먼 것은?

① 방사성 역전형태
② 23~32℃의 고온
③ 광화학적 반응
④ 석유계 연료

정답 06.① 07.② 08.④ 09.④ 10.①

11 런던 스모그와 로스앤젤레스 스모그에 대한 비교로 옳지 않은 것은?

	(런던 스모그)	(LA스모그)
① 발생 시 기온	4℃ 이하	24~32℃
② 발생 시 습도	85% 이상	70% 이하
③ 발생시간	이른 아침	한 낮
④ 발생한 달	7~9월	12~1월

12 역사적인 대기오염 사건 중 포자리카(Poza Rica)사건은 주로 어떤 오염물질에 의한 피해였는가?

① O_3 ② H_2S
③ PCB   ④ MIC

해설 멕시코 포자리카 사건: 황화수소(H_2S), 기온역전, 호흡곤란, 점막자극

13 런던형 스모그에 관한 설명으로 가장 거리가 먼 것은?

① 주로 아침 일찍 발생한다.
② 습도와 기온이 높은 여름에 주로 발생한다.
③ 복사역전 형태이다.
④ 시정거리가 100m 이하이다

해설 런던형 스모그는 겨울철 가정난방의 배기가스에 의해 아침에 많이 발생한다.

14 다음 중 런던형 스모그에 해당하는 역전의 종류로 가장 적합한 것은?

① 침강성 역전   ② 복사성 역전
③ 전선성 역전   ④ 난류성 역전

해설 런던형 스모그는 복사성 역전형태이며, LA형 스모그는 침강성 역전형태이다.

정답 11.④ 12.② 13.② 14.②

[5] 온실효과(Green house effect)

대기 중의 CO_2, CH_4, N_2O등이 태양광선 중 적외선을 흡수하여 기온이 올라가는 현상이다. CO_2는 대기 중의 60배 정도가 바닷물에 용해되어 있으며 온난화를 방지하기위한 국제협약으로는 교도의정서가 있다. 지구온난화지수(GWP)의 크기는 다음과 같다.

$CO_2(1) < CH_4(21) < N_2O(310) < HFC(1300) < PFC(7000) < SF_6(23900)$

[6] 오존층 파괴

염화불화탄소(CFC_s, 프레온가스 등), 소화기의 할론(halon)가스 등은 성층권 내 오존을 산소로 분해한다. 오존층의 두께 단위는 DU(Dobson)를 사용하며 100DU는 0℃, 1atm에서 1mm 이다.

[7] 열섬효과(Heat island effect)

공장, 자동차, 산업시설, 난방시설, 지열 등으로부터 발생되는 열의 방출을 대기오염물질이 막아 거대한 열 지붕을 만드는 현상이다. 이 현상은 대도시 주거지역에서 뚜렷하게 나타난다.

Question

01 다음 온실가스 중 지구온난화지수(GWP)가 가장 큰 것은?

① CH_4 ② SF_6 ③ CO_2 ④ N_2O

02 대류권에서는 온실가스이며 성층권에서는 오존층 파괴물질로 알려져 있는 것은?

① CO   ② N_2O ③ HCl   ④ SO_2

03 대기환경보전법상 온실가스에 해당하지 않는 것은?

① NH_3 ② CO_2 ③ CH_4 ④ N_2O

해설 6대 온실가스 : 이산화탄소(CO_2), 메탄(CH_4), 아산화질소(N_2O), 수소불화탄소(HFC), 과불화탄소(PFC_s), 육불화황(SF_6)

정답 01.② 02.② 03.①

04 온실효과 및 온난화에 관한 설명 중 옳지 않은 것은?

① 교토의정서는 지구온난화 규제 및 방지와 관련한 국제협약이다.
② 온실효과를 일으키는 물질로는 CO_2, CH_4, N_2O 등이 있다.
③ CO_2는 바닷물에 잘 녹기 때문에 현재 해양은 대기가 함유하는 CO_2의 약 60배 정도를 함유한다.
④ 대기 중의 CO_2는 태양광선 중 자외선을 흡수하여 온실효과를 일으킨다.

해설 대기 중의 CO_2는 태양광선 중 적외선을 흡수하여 온실효과를 일으킨다.

05 다음 중 온실효과의 주 원인물질로 가장 적합한 것은?

① 이산화탄소
② 암모니아
③ 황산화물
④ 프로필렌

해설 온실효과의 주 원인물질로 CO_2, CH_4, N_2O, HFC, PFCs, SF_6 등이 있다.

06 다음 중 오존층의 두께를 표시하는 단위는?

① VAL
② OTL
③ Pa
④ Dobson

해설 오존층의 두께를 표시하는 단위로 Dobson(DU)을 사용하며, 0°C, 1기압 표준상태에서 1mm는 100 Dobson이다.

07 다음 중 유해 폐기물의 국제적 이동의 통제와 규제를 주요 골자로 하는 국제협약(의정서)은?

① 교토의정서
② 바젤 협약
③ 비엔나 협약
④ 몬트리올 의정서

해설
- 교토의정서 : 지구 온난화방지를 위한 협약
- 비엔나 협약 : 오존층 보호를 위한 협약
- 몬트리올 의정서 : 오존층 파괴 물질의 사용을 규제하는 협약

08 다음 중 냉장고의 냉매와 스프레이용의 분사제 등 CFC 화학물질이 대기에 미치는 가장 주된 오염현상은?

① 산성비
② 오존층 파괴
③ 도플러 효과
④ Rayleigh 현상

해설 CFCs 화학물질은 태양광선을 받아 염소분자를 방출하고, 방출된 염소는 오존층을 파괴한다.

정답 04.④ 05.① 06.④ 07.② 08.②

09 대류권에서는 온실가스이며 성층권에서는 오존층 파괴물질로 알려져 있는 것은?

① CO
② N_2O
③ HCl
④ SO_2

10 다음 중 대기권에 대한 설명으로 옳은 것은?

① 대류권에서는 고도 1km 상승에 따라 약 9.8℃ 높아진다.
② 대류권의 높이는 계절이나 위도에 관계없이 일정하다.
③ 성층권에서는 고도가 높아짐에 따라 기온이 내려간다.
④ 성층권에는 지상 20~30km 사이에 오존층이 존재한다.

해설 • 대류권은 지상에서 16~18km(열대지방) 지점으로 고도 1km 상승에 따라 약 6.5℃씩 하강하며 낮아진다.
• 성층권에는 지상 20~30km 사이에 오존층이 존재하며 고도 상승에 따라 온도는 상승한다.

11 냉매, 세정제, 분사제, 발포제로 널리 사용되는 물질로 최근 성층권에서 오존 고갈현상으로 문제되는 물질은?

① 석면
② 염화불화탄소
③ 염화수소
④ 다이옥신

해설 CFCs 는 오존층파괴 물질이다.

12 대기오염으로 인한 지구환경 변화 중 도시지역의 공장, 자동차 등에서 배출되는 고온의 가스와 냉난방시설로부터 배출되는 더운 공기가 상승하면서 주변의 찬공기가 도시로 유입되어 도시지역의 대기오염물질에 의한 거대한 지붕을 만드는 현상은?

① 라니냐 현상
② 열섬 현상
③ 엘니뇨 현상
④ 오존층 파괴 현상

정답 09.② 10.① 11.② 12.②

[8] 산성비

대기 중의 CO_2는 빗물에 용해되어 평형상태일 때 pH는 5.6이다. 따라서 산성비는 pH 5.6 이하로 정의한다. 산성비의 원인물질로는 H_2SO_4, HCl, HNO_3 등이 있으며 피해사례로는 독일 슈바르츠발트(검은 숲)의 고사현상, 아크로폴리스 유적의 부식, 백화현상 등이 있다.

자연상태에서 강우에 용해된 CO_2의 평형상수 $K=4.45\times10^{-7}$일 때 $CO_2=1.0\times10^{-5}M$이다. 이 평형관계로부터 식을 계산하면 산성비의 기준은 pH5.6이 된다.

$$CO_2 + H_2O \rightleftarrows H^+ + HCO_3^-$$

$$K = \frac{[H^+][HCO_3^-]}{[CO_2]} = \frac{[H^+][HCO_3^-]}{1.0\times10^{-5}} = 4.45\times10^{-7}$$

$$x^2 = 4.45\times10^{-12}M$$

$$\therefore [H^+] = 2.12\times10^{-6}M$$

$$pH = 5.67 ≒ 5.6$$

Question

01 산성비의 주된 원인 물질로만 올바르게 나열된 것은?

① SO_2, NO_2, Hg
② CH_4, NO_2, HCl
③ CH_4, NH_3, HCN
④ SO_2, NO_2, HCl

02 다음 중 산성비에 관한 설명으로 가장 거리가 먼 것은?

① 독일에서 발생한 슈바르츠발트(검은 숲이란 뜻)의 고사현상은 산성비에 의한 대표적인 피해이다.
② 바젤협약은 산성비 방지를 위한 대표적인 국제협약이다.
③ 산성비에 의한 피해로는 파르테논 신전과 아크로폴리스 같은 유적의 부식 등이 있다.
④ 산성비의 원인물질로 H_2SO_4, HCl, HNO_3 등이 있다.

정답 01.④ 02.②

08 대기오염공정시험기준

[1] 용어정의

① 시험조작 중 "**즉시**"란 30초 이내에 표시된 조작을 하는 것을 뜻한다.
② "**감압 또는 진공**"이라 함은 따로 규정이 없는 한 15mmHg 이하를 뜻한다.
③ "**이상**"과 "**초과**", "**이하**", "**미만**"이라고 기재하였을 때는 "**이상**"과 "**이하**"는 기산점 또는 기준점인 숫자를 포함하며, "**초과**"와 "**미만**"의 기산점 또는 기준점인 숫자를 포함하지 않는 것을 뜻한다. 또 "a~b"라 표시한 것은 a이상 b이하임을 뜻한다.
④ "**방울수**"라 함은 20℃에서 정제수 20방울을 적하할 때, 그 부피가 약 1mL 되는 것을 뜻한다.
⑤ "**항량으로 될 때까지 건조한다**"라 함은 같은 조건에서 1시간 더 건조할 때 전후 무게의 차가 g당 0.3mg 이하일 때를 말한다.
⑥ "**정확히 단다**"라 함은 규정한 량의 검체를 취하여 분석용 저울로 0.1mg까지 다는 것을 말한다.
⑦ "**정확히 취하여**"라 하는 것은 규정한 양의 액체를 부피피펫으로 눈금까지 취하는 것을 말한다.
⑧ "**약**"이라 함은 기재된 양에 대하여 ±10% 이상의 차가 있어서는 안 된다.
⑨ "**용해도**"라 함은 용매 100g당 녹을 수 있는 용질의 양(g)을 의미한다.
⑩ "**밀폐용기**"라 함은 취급 또는 저장하는 동안에 이물질이 들어가거나 또는 내용물이 손실되지 아니하도록 보호하는 용기를 말한다.
⑪ "**기밀용기**"라 함은 취급 또는 저장하는 동안에 밖으로부터의 공기 또는 다른 가스가 침입하지 아니하도록 내용물을 보호하는 용기를 말한다.
⑫ "**밀봉용기**"라 함은 취급 또는 저장하는 동안에 기체 또는 미생물이 침입하지 아니하도록 내용물을 보호하는 용기를 말한다.
⑬ "**차광용기**"라 함은 광선이 투과하지 않는 용기 또는 투과하지 않게 포장을 한 용기이며 취급 또는 저장하는 동안에 내용물이 광화학적 변화를 일으키지 아니하도록 방지할 수 있는 용기를 말한다.
⑭ "PM_{10}"은 인체에 유해한 공기역학적 직경이 $10\mu m$ 미만인 먼지입자를 뜻한다.

01 대기오염공정시험기준상 시험의 기재 및 용어에 관한 설명으로 틀린 것은?

① "정확히 단다"라 함은 규정한 량의 검체를 취하여 분석용 저울로 0.1mg까지 다는 것을 뜻한다.
② 시험조작 중 "즉시"란 1분 이내에 표시된 조작을 하는 것을 뜻한다.
③ "항량이 될 때까지 건조한다 또는 강열한다"라 함은 따로 규정이 없는 한 보통의 건조방법으로 1시간 더 건조 또는 강열할 때 전후 무게의 차가 매 g당 0.3mg 이하일 때를 뜻한다.
④ "감압 또는 진공"이라 함은 따로 규정이 없는 한 15mmHg 이하를 뜻한다.

해설 "즉시"란 30초 이내에 표시된 조작을 하는 것을 뜻한다.

02 감압 또는 진공이라 함은 따로 규정이 없는 한 얼마이하를 의미하는가?

① 15mmHg 이하
② 20mmHg 이하
③ 30mmHg 이하
④ 76mmHg 이하

해설 "감압 또는 진공"이라 함은 따로 규정이 없는 한 15mmHg 이하를 말한다.

03 수질오염공정시험기준상 따로 규정이 없는 한 감압 또는 진공의 기준으로 옳은 것은?

① 5mmHg 이하
② 10mmHg 이하
③ 15mmHg 이하
④ 20mmHg 이하

해설 "감압 또는 진공"이라 함은 따로 규정이 없는 한 15mmHg 이하를 뜻한다.

04 다음은 수질오염공정시험기준상 방울수에 대한 설명이다. 괄호 안에 알맞은 것은?

> 방울수라 함은 20℃에서 정제수 (㉠)을 적하할 때, 그 부피가 약 (㉡)되는 것을 뜻한다.

① ㉠ 10방울, ㉡ 1mL
② ㉠ 20방울, ㉡ 1mL
③ ㉠ 10방울, ㉡ 0.1mL
④ ㉠ 20방울, ㉡ 0.1mL

05 폐기물공정시험기준(방법)에서 방울수라 함은 20℃에서 정제수 몇 방울을 적하할 때 그 부피가 약 1mL가 되는 것을 의미하는가?

① 5
② 10
③ 20
④ 50

정답 01.② 02.① 03.③ 04.② 05.③

06 다음 괄호 안에 들어갈 말로 알맞은 것은?

> "정확히 단다" 라 함은 규정한 량의 검체를 취하여 분석용 저울로 (   )까지 다는 것을 뜻한다.

① 0.1g
② 0.01g
③ 0.001g
④ 0.0001g

해설 "정확한 단다" 라 함은 규정한 량의 검체를 취하여 분석용 저울로 0.1mg까지 다는 것을 뜻한다.

07 다음은 폐기물공정시험기준(방법)에 명시된 용기의 정의이다. 괄호 안에 알맞은 것은?

> (   )라 함은 취급 또는 저장하는 동안에 기체 또는 미생물이 침입하지 아니하도록 내용물을 보호하는 용기를 말한다.

① 밀폐용기
② 기밀용기
③ 밀봉용기
④ 차광용기

해설
- 밀폐용기라 함은 취급 또는 저장하는 동안에 이물질이 들어가거나 또는 내용물이 손실되지 아니하도록 보호하는 용기를 말한다.
- 기밀용기라 함은 취급 또는 저장하는 동안에 밖으로부터의 공기 또는 다른 가스가 침입하지 아니하도록 내용물을 보호하는 용기를 말한다.
- 차광용기라 함은 광선이 투과하지 않는 용기 또는 투과하지 않게 포장을 한 용기를 말한다.

정답 06.④ 07.③

[2] 링겔만 차트(ringelman Chart)

굴뚝에서 배출되는 매연농도를 측정할 때 사용하는 기준표를 의미한다.

0	전배
1도	20%
2도	40%
3도	60%
4도	80%
5도	100%

[3] 기기분석
① **흡광광도법** : 시료액을 빛이 통과할 때 흡수나 산란 등에 의하여 강도가 변화하는 것을 이용하여 목적성분을 정량하는 방법이다. 일반적으로 광원으로 나오는 빛을 단색화장치에 의하여 좁은 파장범위의 빛만을 선택하여 액층을 통과시킨 다음 광전측광으로 광도를 측정하여 성분의 농도를 정량하는 분석방법이다.
② **가스크로마토그래프법** : 시료를 운반가스로 분리, 전개시켜 기체상태의 각 목적성분을 정량하는 방법이다.
③ **원자흡광광도법** : 시료를 원자증기화 시킨 후 원자증기층을 통과하는 특정 파장의 빛을 흡수하는 현상을 이용하여 목적성분을 정량하는 방법이다.
④ **비분산적외선분석법** : 시료 중의 특정성분에 의한 적외선의 흡수량 변화를 측정하여 목적성분을 정량하는 방법이다.

[4] 항목별분석법
① **암모니아**(NH_3): 중화적정법, 인도페놀법
② **일산화탄소**(CO): 비분산적외선법, 정전위전해법, GC법
③ **염화수소**(HCl): 티오시안산 제2수은법, 질산은 적정법, 이온전극법, 이온크로마토그래피법
④ **염소**(Cl_2): 오르토톨리딘법
⑤ **질소산화물**(NO_x): 나프틸에틸렌디아민, 페놀디슬폰산법
⑥ **시안화수소**(HCN): 질산은적정법, 피리딘 피라졸론법
⑦ **포름알데히드**(HCHO): 아세틸아세톤법, 크로모트로핀산법, 액체 크로마토그래피법(HPLC)
⑧ **황산화물**(SO_x): 중화적정법, 아르세나조 III법(침전적정법)
⑨ **황화수소**(H_2S): 메틸렌블루법(흡광광도법), 요오드적정법(용량법)
⑩ **불소화합물**: 란탄-알리자르 콤플렉션법(흡광광도법), 질산토륨-네오트린법
⑪ **브롬**(Br_2): 티오시안산 제2수은법(흡광광도법), 치아염소산염법(적정법)
⑫ **벤젠/페놀/CS_2**: 가스크로마토그래피(흡광광도법)

Question

01 다음 중 링겔만 농도표와 관계가 깊은 것은?

① 매연측정 ② 가스크로마토그래프
③ 오존농도측정 ④ 질소산화물 성분분석

해설 링겔만 농도표는 매연의 농도를 측정할 때 기준표이다.

02 다음 설명하는 장치분석방법에 해당하는 것은?

> 이 법은 기체시료 또는 기화(氣化)한 액체나 고체시료를 운반가스(Carrier Gas)에 의하여 분리, 관 내에 전개시켜 기체상태에서 분리되는 각 성분을 분석하는 방법으로 일반적으로 무기물 또는 유기물의 대기오염 물질에 대한 정성(定性), 정량(定量)분석에 이용한다.

① 흡광광도법 ② 원자흡광광도법
③ 가스크로마토그래프법 ④ 비분산적외선분석법

해설
- 가스크로마토그래프법 : 시료를 운반가스로 분리, 전개시켜 기체상태의 각 목적성분을 정량하는 방법이다.
- 흡광광도법 : 시료액을 빛이 통과할 때 흡수나 산란 등에 의하여 강도가 변화하는 것을 이용하여 목적성분을 정량하는 방법이다.
- 원자흡광광도법 : 시료를 원자증기화 시킨 후 원자증기층을 통과하는 특정 파장의 빛을 흡수하는 현상을 이용하여 목적성분을 정량하는 방법이다.
- 비분산적외선분석법 : 시료 중의 특정성분에 의한 적외선의 흡수량 변화를 측정하여 목적성분을 정량하는 방법이다.

03 다음 원자흡광광도 측정에 사용되는 가연성 가스와 조연성 가스의 조합 중 불꽃의 온도가 높으므로 불꽃 중에서 해리하기 어려운 내화성 산화물을 만들기 쉬운 원소의 분석에 가장 적합한 것은?

① 아세틸렌-일산화이질소 ② 프로판-공기
③ 수소-공기 ④ 석탄가스-공기

해설 조연성 가스와 가연성 가스의 조합 가운데 아세틸렌-일산화이질소는 불꽃의 온도가 높기 때문에 불꽃 중에서 해리(解離)하기 어려운 내화성 산화물을 만들기 쉬운 원소의 분석에 적합하다.

 정답 01.① 02.③ 03.①

04 폐기물공정시험기준(방법)에 따라 폐기물 중의 카드뮴을 원자흡광광도계로 분석할 때 측정파장은?

① 123.6nm
② 228.8nm
③ 583.3nm
④ 880nm

해설 원자흡수분광광도법에 의한 카드뮴 분석의 측정파장은 228.8nm이며, 정량한계는 0.002mg/L이다.

05 다음은 수질오염공정시험기준상 6가 크롬의 흡광광도법 측정원리이다. 괄호 안에 알맞은 것은?

> 6가 크롬에 디페닐카르바지드를 작용시켜 생성하는 (㉠)의 착화합물의 흡광도를 (㉡)nm에서 측정하여 6가 크롬을 정량한다.

① ㉠ 적자색, ㉡ 253.7
② ㉠ 적자색, ㉡ 540
③ ㉠ 청색, ㉡ 253.7
④ ㉠ 청색, ㉡ 540

06 일반적으로 광원으로부터 나오는 빛을 단색화장치 또는 필터에 의하여 좁은 파장범위의 빛만을 선택하여 액층을 통과시킨 다음 광전측광으로 하여 목적성분의 농도를 정량하는 분석방법은?

① 가스크로마토그래피법
② 흡광광도법
③ 원자흡광광도법
④ 비분산 적외선분석법

07 촉매산화법으로 악취물질을 함유한 가스를 산화, 분해하여 처리하고자 할 때, 다음 중 가장 적합한 연소 온도 범위는?

① 100~150℃
② 250~450℃
④ 650~800℃
④ 850~1000℃

해설 촉매산화법은 250~450℃의 저온에서 백금, 코발트, 니켈 등의 촉매로 가스를 산화, 분해 처리하는 방법이다.

08 다음 중 선택적인 촉매환원법으로 질소산화물을 처리할 때 사용되는 환원제로 가장 적합한 것은?

① 수산화칼슘
② 암모니아
③ 염화수소
④ 불화수소

해설 선택적 촉매환원법에서 사용되는 환원제로는 암모니아(NH_3), 일산화탄소(CO), 탄화수소(HC) 등이 있다.

정답 04.② 05.② 06.② 07.② 08.②

09 질소산화물을 촉매환원법으로 처리하고자 할 때 사용되는 촉매는 무엇인가?

① K_2SO_4
② 백금
③ V_2O_5
④ HCl

해설 촉매환원법의 촉매로는 백금이, 선택적 촉매환원법(SCR)의 촉매로는 바나듐(V_2O_5), 비석(Zeolite) 등이 사용된다.

10 폐기물공정시험기준(방법)에 따라 폐기물 중의 카드뮴을 원자흡광광도계로 분석할 때 측정파장은?

① 123.3nm
② 228.8nm
③ 583.3nm
④ 880nm

11 대기오염공정시험기준상 굴뚝 배출가스 중 질소산화물을 분석하는데 사용되는 방법은?

① 페놀디술폰산법
② 중화적정법
③ 침전적정법
④ 아르세나조 Ⅲ법

해설 페놀디술폰산법은 꿀뚝 등에서 배출되는 배출가스 중 질소산화물(NO, NO_2)을 분석하는 방법이다.

12 다음 중 수질오염공정시험기준에 의거 페놀류를 측정하기 위한 시료의 보존방법(㉠)과 최대보존기간(㉡)으로 가장 적합한 것은?

① ㉠ 현장에서 용존산소 고정 후 어두운 곳 보관 ㉡ 8시간
② ㉠ 즉시 여과 후 4℃ 보관 ㉡ 48시간
③ ㉠ 20℃ 보관 ㉡ 즉시 측정
④ ㉠ 4℃보관, H_3PO_4로 pH 4 이하로 조정한 후 $CuSO_4$ 1g/L 첨가 ㉡ 28일

13 유해가스 흡수액에 흡수시켜 제거하려고 한다. 흡수효율에 영향을 미치는 인자로 가장 거리가 먼 것은?

① 기-액 접촉시간 및 접촉면적
② 흡수액에 대한 유해가스의 용해도
③ 유해가스의 분압
④ 동반가스(Carrier Gas)의 활성도

해설 유해가스 제거효율은 기-액 접촉면적과 접촉시간, 흡수액의 농도와 반응 속도, 흡수액에 대한 가스의 용해도에 영향을 받는다.

정답 09.② 10.② 11.① 12.④ 13.④

14 대기오염공정시험기준상 굴뚝 등에서 배출되는 배출가스 중 질소산화물을 분석하는데 사용하는 분석방법은?

① 페놀디술폰산법　　　② 중화적정법
③ 침전적정법　　　　　④ 아르세나조 Ⅲ법

> **해설** 페놀디술폰산법은 시료 중의 질소산화물을 산화흡수제(황산+과산화수소수)에 흡수시켜 질산이온으로 만들고 페놀디술폰산을 반응시켜 얻어지는 착색액의 흡광도로부터 이산화질소를 정량하는 방법으로서 배출가스 중의 질소산화물을 이산화질소로 계산한다.

15 대기오염공정시험기준상 각 오염물질에 대한 측정방법의 연결로 옳지 않은 것은?

① 일산화탄소 - 비분산 적외선 분석법　　　② 염소 - 질산은 적정법
③ 황화수소 - 메틸렌 블루법　　　　　　　④ 암모니아 - 인도페놀법

정답 14.① 15.②

09 유해가스 처리원리

[1] Stokes Law

스톡스의 법칙은 독립침전으로 침사지, 1차 침전지에 잘 적용된다.

$$V_s = \frac{g(\rho_s - \rho)d^2}{18\mu}$$

여기서, V_s : 침강속도 cm/sec
　　　　g : 가속도 cm/sec^2
　　　　ρ_s : 고형물의 비중 g/cm^3
　　　　ρ : 물의 비중 g/cm^3
　　　　d : 입자의 직경 cm
　　　　μ : 점성 g/cm·sec

01 정지 공기 중에서 침강하는 직경이 3μm 인 구형입자의 종말침강속도는?(단, 스톡스 법칙을 적용하며, 입자의 밀도는 5.2g/cm³, 점성계수는 1.85×10⁻⁵kg/m·s이다)

① 0.115cm/s   ② 0.138cm/s
③ 0.234cm/s   ④ 0.345cm/s

해설
$$V_s = \frac{g(\rho_s - \rho)d^2}{18\mu} \quad g = 980 cm/\sec^2, \quad \rho = 5.2 g/cm^3$$
$$d = 3\mu m \rightarrow 3 \times 10^{-4} cm, \quad \mu = 1.85 \times 10^{-5} kg/m \cdot \sec \rightarrow 1.85 \times 10^{-4} g/cm \cdot \sec$$
$$V_s = \frac{(3 \times 10^{-4} cm)^2}{} \left| \frac{5.2g}{cm^3} \right| \frac{980cm}{\sec^2} \left| \frac{1}{18} \right| \frac{cm \cdot \sec}{1.85 \times 10^{-4} g} = 0.1377 cm/\sec$$

02 중력집진장치에서 먼지의 침강속도 산정에 관한 설명으로 옳지 않은 것은?

① 중력가속도에 비례한다.
② 입경의 제곱에 비례한다.
③ 먼지와 가스의 비중차에 반비례한다.
④ 가스의 점도에 반비례한다.

03 Stokes의 법칙에 의한 침강속도에 영향을 미치는 요소로 가장 거리가 먼 것은?

① 침전물의 밀도   ② 침전물의 입경
③ 폐수의 밀도   ④ 대기압

04 물 속에서 입자가 침강하고 있을 때 스톡스(Stokes)의 법칙이 적용된다고 한다. 다음 중 입자의 침강속도에 가장 큰 영향을 주는 변화인자는?

① 입자의 밀도   ② 물의 밀도
③ 물의 점도   ④ 입자의 직경

해설 입자의 침강속도는 d^2에 비례한다.

05 침전지에서 입자가 100%제거되기 위해서 요구되는 침전속도를 의미하는 것은?

① 침강속도   ② 침전효율
③ 표면부하율   ④ 유입속도

해설 표면적부하 $V_0 = \frac{Q}{A}$

정답 01.②   02.③   03.④   04.④   05.③

06 중력집진장치의 침강실에서 입자상 오염물질의 최종 침강속도가 0.2m/s, 높이가 1.5m일 때, 이것을 완전 제거하기 위하여 소요되는 이론적인 중력 침강실의 길이(m)는?(단, 집진장치를 통과하는 가스의 속도는 2m/s이고 층류를 기준으로 한다)

① 5.0m
② 7.5m
③ 15.0m
④ 17.5m

해설 $V_s \cdot H = v \cdot L$

$\dfrac{H}{V_s} = \dfrac{L}{v}$ $\therefore L = \dfrac{v \cdot H}{V_s}$

$L = \dfrac{v \cdot H}{V_s} = \dfrac{2\text{m/s} \times 1.5\text{m}}{0.2\text{m/s}} = 15\text{m}$

정답 06.③

[2] 용해도

① 용매 100g에 녹을 수 있는 용질의 최대 g수를 나타낸다.
② 고체 및 액체의 용해도는 일반적으로 온도가 높을수록 커진다.
③ 기체의 용해도는 일반적으로 온도가 낮을수록, 압력이 높을수록 커진다.
④ 물에 대한 용해도

   $HCl > HF > NH_3 > SO_2 > Cl_2 > H_2S > CO_2 > O_2 > CO$

Question

01 흡수공정으로 유해가스를 처리할 때, 흡수액이 갖추어야 할 요건으로 옳지 않은 것은?

① 휘발성이 커야 한다.
② 점성이 작아야 한다.
③ 용해도가 커야 한다.
④ 용매의 화학적 성질과 비슷해야 한다.

해설 휘발성이 작아야 한다.

02 흡수법을 사용하여 오염물질을 제거하고자 한다. 헨리법칙에 잘 적용되는 물질과 가장 거리가 먼 것은?

① NO_2
② CO
③ SO_2
④ NO

해설 헨리법칙은 온도가 일정할 때 기체의 용해도는 기체의 압력에 비례한다. 일반적으로 난용성 기체는 잘 적용되나 수용성 기체는 헨리법칙의 적용이 곤란하다.

정답 01.① 02.③

03 수중 용존산소와 관련된 일반적인 설명으로 옳지 않은 것은?

① 온도가 높을수록 용존산소 값은 감소한다.
② 물의 흐름이 난류일 때 산소의 용해도는 높다.
③ 유기물질이 많을수록 용존산소 값은 커진다.
④ 일반적으로 용존산소값이 클수록 깨끗한 물로 간주할 수 있다.

해설 유기물질이 많을수록 용존산소 값은 작아진다.

04 다음 중 물에 대한 용해도가 가장 큰 기체는? (단, 온도는 30℃ 기준이며, 기타 조건은 동일하다.)

① SO_2　　　　　　　　② CO_2
③ HCl　　　　　　　　④ H_2

정답 03.③　04.③

[3] 보일-샤를의 법칙

기체의 압력, 온도, 부피 사이의 관계를 나타내는 보일-샤를의 법칙, 아보가드로의 법칙을 종합하여 만든 방정식이다.

$$\frac{P_1 V_1}{T_1} = \frac{P_2 V_2}{T_2}$$

부피 $= V \times \dfrac{273 + t℃}{273}$　　　무게 $= W \times \dfrac{273}{273 + t℃}$

여기서, P_1, P_2 : 처음 및 나중 상태의 압력(표준상태 1atm=760mmHg)
　　　　V_1, V_2 : 처음 및 나중 상태의 부피
　　　　T_1, T_2 : 처음 및 나중 상태의 절대온도(0℃, 1atm에서 273K)

Question

01 메탄(Methane) 1mol을 이론적으로 완전연소 시킬 때 0℃, 1기압하에서 필요한 산소의 부피(L)는? (단, 이 때 산소는 이상기체로 간주한다)

① 22.4L　　② 44.8L　　③ 67.2L　　④ 89.6L

 $CH_4 + 2O_2 \rightarrow CO_2 + 2H_2O$
　　1M : $2 \times 22.4L$
　　1M : x
　　∴ $x = 44.8L$

정답 01.②

02 30℃, 725mmHg 상태에서 CO_2 44g이 차지하는 부피는?

① 24.4L ② 25.6L ③ 26.1L ④ 27.8L

해설 CO_2 1M의 부피 $= \dfrac{44g \times 22.4L}{44g} = 22.4L$

$\dfrac{P_1 V_1}{T_1} = \dfrac{P_2 V_2}{T_2}$ 에서 $\dfrac{725 V_1}{273+30℃} = \dfrac{760 \times 22.4L}{273+0℃}$ ∴ $V_2 = 26.1L$

03 수중 용존산소의 양은 일반적으로 온도가 상승함에 따라 어떻게 변화하는가?

① 감소한다. ② 증가한다.
③ 변화없다. ④ 증가 후 감소한다.

정답 02.③ 03.①

[4] 헨리의 법칙

① 헨리의 법칙은 온도가 일정할 때 기체의 압력은 액중 용해가스의 농도에 비례한다.

$P = HC$

여기서, P : 기체분압(atm, $mmHg/760mmHg$)

H : 헨리상수($atm \cdot m^3/Kmol$)

C : 액상농도($Kmol/m^3$)

② 헨리의 법칙이 잘 적용되는 기체는 물에 용해도가 낮은 무극성 분자들 이다.

H_2, O_2, CO, N_2, CH_4 등

③ 헨리법칙이 적용되지 않는 기체는 수용성 기체(HF, HCl, Cl_2, NH_3 등)이다.

Question

01 다음 중 헨리의 법칙에 관한 설명으로 가장 적합한 것은?

① 기체의 용매에 대한 용해도가 높은 경우에만 헨리의 법칙이 성립한다.
② HCl, HF, SO_2 등은 헨리의 법칙이 잘 적용되는 가스이다.
③ 일정 온도에서 특정 유해가스의 압력은 용해가스의 액중 농도에 비례한다.
④ 헨리정수는 온도변화에 상관없이 동일성분 가스는 항상 동일한 값을 가진다.

정답 01.③

02 다음에서 설명하는 기체에 관한 법칙은?

> 일정온도에서 기체 중의 특정성분의 분압 P(atm)와 액체 중의 농도 C(kmol/m³) 사이에는 P=HC의 비례관계가 성립한다.

① 보일의 법칙
② 샤를의 법칙
③ 헨리의 법칙
④ 보일-샤를의 법칙

03 물 속에 녹는 산소의 양은 대기 중에 존재하는 산소의 분압에 의존한다는 것으로 겨울철보다 기압이 낮은 여름철에 강이나 호수에 살고 있는 어패류들의 질식현상이 자주 발생하는 원인을 설명할 수 있는 법칙은?

① 헨리의 법칙   ② 라울의 법칙   ② 보일의 법칙   ④ 헤스의 법칙

04 A기체와 물이 30℃에서 평형상태에 있다. 기상에서의 A의 분압이 40mmHg일 때, 수중에서의 A기체의 액중 농도는?(단, 30℃에서 A기체의 물에 대한 헨리상수는 1.60×10^1(atm·m³/kmol)이다)

① $2.29 \times 10^{-3} \text{kmol/m}^3$
② $3.29 \times 10^{-3} \text{kmol/m}^3$
③ $2.29 \times 10^{-2} \text{kmol/m}^3$
④ $3.29 \times 10^{-2} \text{kmol/m}^3$

해설 헨리의 법칙: 기체의 액체에 대한 용해도는 그 분압에 비례한다.
$P = HC$
$\frac{40}{760} = 16 \times C$ $\therefore C = 3.29 \times 10^{-3} \text{kmol/m}^3$

05 SO_2 기체와 물이 30℃에서 평형상태에 있다. 기상에서의 SO_2 분압이 44mmHg일 때 액상에서의 SO_2농도는?
(단, 30℃에서 SO_2 기체의 물에 대한 헨리상수는 $1.60 \times 10 \text{atm} \cdot \text{m}^3/\text{kmol}$이다.)

① $2.51 \times 10^{-4} \text{kmol/m}^3$
② $2.51 \times 10^{-3} \text{kmol/m}^3$
③ $3.62 \times 10^{-4} \text{kmol/m}^3$
④ $3.62 \times 10^{-3} \text{kmol/m}^3$

해설 헨리의 법칙 $P = HC$
$\frac{44}{760} = 1.60 \times 10 \times C$ $\therefore C = 3.62 \times 10^{-3} \text{kmol/m}^3$

06 다음 중 헨리의 법칙을 적용하기 가장 어려운 것은?

① CO   ② NO   ③ HF   ④ O_2

정답 02.③ 03.① 04.② 05.④ 06.③

10 유해가스 처리기술

[1] 흡착법

① **흡착** : 고체의 바깥 표면이나 안쪽 표면(모세관이나 갈라진 틈의 벽)으로 분자가 모이는 것을 말한다.

② **흡착제** : 기체나 녹아 있는 물질들을 흡착시키는 고체를 흡착제라 한다. 종류로는 활성탄, 알루미나, 제올라이트, 실리카겔, 분자체, 보크사이트 등이 있다.

③ **피흡착제** : 흡착되는 분자들을 보통 총칭해 피흡착제라 한다.

④ **흡수** : 어떤 물질이 결정이나 무정형 고체 덩어리 또는 액체의 내부로 스며드는 것을 말한다.

⑤ **수착**(收着) : 흡착이나 흡수를 구분하지 않고 기체나 액체가 고체에 붙는 현상을 수착(收着 sorption)이라고도 한다.

⑥ **물리적 흡착**
- 흡착제와 피흡착제 분자 사이의 인력(반 데르 발스 힘)에 의해 흡착한다.
- 가역적 흡착을 한다(재생가능).
- 흡착 시 발열반응을 한다.
- 온도가 낮을수록 흡착효율은 증가한다.
- 기체의 압력이 높을수록 흡착효율은 증가한다.
- 접촉시간이 길수록 흡착효율은 증가한다.
- 흡착제의 비표면적이 클수록 흡착효율은 증가한다.
- 분자량이 클수록 흡착효율은 증가한다.

⑦ **화학적 흡착**
- 화학적 힘에 의해 기체가 고체 표면에 달라붙는다.
- 비가역적 흡착을 한다(재생 불가능).
- 물리적 흡착이 일어나는 온도보다 훨씬 높은 온도에서 흡착된다.
- 일반적으로 물리적 흡착보다 서서히 진행된다.
- 화학반응과 같이 활성화 에너지와 관련이 있다.

⑧ **흡착제의 구비조건**
- 흡착률이 우수해야 한다.
- 압력손실이 작아야 한다.

- 흡착제의 강도가 있어야 한다.
- 흡착물질의 회수가 쉬워야 한다.
- 흡착제의 재생이 용이해야 한다.

Question

01 유해가스 처리를 위한 흡착제 선택 시 고려해야 할 사항으로 옳지 않은 것은?
① 흡착효율이 우수해야 한다.
② 흡착제의 회수가 용이해야 한다.
③ 흡착제의 재생이 용이해야 한다.
④ 기체의 흐름에 대한 압력손실이 커야 한다.

02 흡착법에 관한 설명으로 옳지 않은 것은?
① 물리적 흡착은 Van der Waals 흡착이라고도 한다.
② 물리적 흡착은 낮은 온도에서 흡착량이 많다.
③ 화학적 흡착인 경우 흡착과정이 주로 가역적이며 흡착제의 재생이 용이하다.
④ 흡착제는 단위질량당 표면적이 큰 것이 좋다.

03 화학흡착의 특성에 해당되는 것은?(단, 물리흡착과 비교)
① 온도범위가 낮다.
② 흡착열이 낮다.
③ 여러 층의 흡착층이 가능하다.
④ 흡착제의 재생이 이루어지지 않는다.

04 가스 중의 유해물질 또는 회수가치가 있는 가스를 흡착법으로 이용하고자 할 때, 다음 중 흡착제로 사용할 수 없는 것은?
① 활성탄   ② 알루미나
③ 실리카겔   ④ 석영

해설 흡착제에는 활성탄, 알루미나, 실리카겔, 제올라이트 등이 있다.

정답 01.④ 02.③ 03.④ 04.④

05 유동층 흡착장치에 관한 설명으로 옳지 않은 것은?

① 가스의 유속을 빠르게 할 수 있다.
② 다단의 유동층을 이용하여 가스와 흡착제를 향류로 접촉시킬 수 있다.
③ 흡착제의 마모가 적게 일어난다.
④ 조업조건에 따른 주어진 조건의 변동이 어렵다.

> **해설** 유동수송에 의한 흡착제의 마모가 크다.

06 오염가스를 흡착하기 위하여 사용되는 흡착제와 가장 거리가 먼 것은?

① 활성탄　　　　　　　　　② 활성망간
③ 마그네시아　　　　　　　④ 실리카겔

07 다음 용어 중 흡착과 가장 관련이 깊은 것은?

① 도플러효과　　　　　　　② VAL
③ 플랑크상수　　　　　　　④ 프로인들리히의 식

> **해설** Freundlich의 식은 흡착제를 이용한 흡착등온식이다.

08 가스상태의 오염물질을 물리적 흡착법으로 처리하려고 한다. 흡착효율을 높이기 위한 방법으로 옳은 것은?

① 접촉시간을 줄인다.　　　② 온도를 내린다.
③ 압력을 감소시킨다.　　　④ 흡착제의 표면적을 줄인다.

> **해설** 접촉시간, 압력, 비표면적이 클수록 흡착률은 증가한다.

09 물리흡착과 화학흡착에 대한 비교 설명 중 옳은 것은?

① 물리적 흡착과정은 가역적이기 때문에 흡착제의 재생이나 오염가스의 회수에 매우 편리하다.
② 물리적 흡착은 온도의 영향에 구애받지 않는다.
③ 물리적 흡착은 화학적 흡착보다 분자 간의 인력이 강하기 때문에 흡착과정에서의 발열량이 크다.
④ 물리적 흡착에서는 용질의 분자량이 적을수록 유리하게 흡착한다.

> **해설** 물리적 흡착은 온도의 영향이 크며, 용질의 분자량이 클수록 유리하게 흡착한다. 이에 반해, 화학적 흡착은 물리적 흡착보다 분자간의 인력이 강하다.

정답 05.③　06.②　07.④　08.②　09.①

[2] 흡수법

① 물에 용해성이 강한 유해가스를 제거한다.

② 흡수장치로는 분무탑, 충전탑, 싸이클론 스크러버, 제트 스크러버 등이 있다.

③ 헨리의 법칙은 온도가 일정할 때 기체의 압력은 액중 용해가스의 농도에 비례한다.

$$P = HC$$

여기서, P : 기체분압(atm, $mmHg/760mmHg$)

H : 헨리상수($atm \cdot m^3/Kmol$)

C : 액상농도($Kmol/m^3$)

④ 헨리법칙에 잘 적용되는 난용성 기체

H_2, O_2, CO, CO_2, N_2, NO, NO_2, CH_4 등

⑤ 헨리법칙 적용 곤란이 수용성 기체

SO_2, HF, HCl, Cl_2, NH_3 등

⑤ 충진층의 높이 $h = HOG \times NOG$

여기서, HOG: 기상총괄이동단위 높이

NOG: 기상총괄이동단위 수 $= \ln\left(\dfrac{1}{1-\eta}\right)$

⑥ 흡수액의 구비조건
- 흡수능력이 커야 한다.
- 용해도가 커야 한다.
- 휘발성이 낮아야 한다.
- 화학적으로 안정해야 한다.
- 부식성이 없어야 한다.
- 점도와 빙점이 낮아야 한다.
- 가격이 저렴하며 경제적이어야 한다.
- 재생이 용이해야 한다.

⑦ 충전물의 구비조건
- 공극률이 커야 한다.
- 단위 용적당 표면적이 커야 한다.
- 충전밀도가 커야 한다.
- 압력손실과 마찰저항이 작아야 한다.
- 내열성과 내식성이 커야 한다.
- 액의 홀더 업(Hold Up)이 커야 한다.

01 흡수법을 사용하여 오염물질을 처리하고자 할 때 흡수액의 구비조건으로 옳지 않은 것은?

① 휘발성이 적을 것
② 점성이 클 것
③ 부식성이 없을 것
④ 용해도가 클 것

02 흡수장치의 흡수액이 갖추어야 할 조건으로 옳지 않은 것은?

① 용해도가 작아야 한다.
② 점성이 작아야 한다.
③ 휘발성이 작아야 한다.
④ 화학적으로 안정해야 한다.

03 세정 집진장치의 특징으로 거리가 먼 것은?

① 고온의 가스를 처리할 수 있다.
② 폐수처리 장치가 필요하다.
③ 점착성 및 조해성 먼지를 처리할 수 없다.
④ 포집된 먼지의 재비산 염려가 거의 없다.

04 NO 가스를 산화 흡수법으로 제거시키고자 한다. 이 방법의 산화제로 적합하지 않은 것은?

① CO
② O_3
③ $KMnO_4$
④ $NaClO_2$

해설 산화제에는 O_3, $KMnO_4$, $NaClO_2$, $NaOCl$, H_2O_2, ClO_2, Cl_2 등이 있다.

05 흡수법을 사용하여 오염물질을 제거하고자 한다. 헨리법칙에 잘 적용되는 물질과 가장 거리가 먼 것은?

① NO_2
② CO
③ SO_2
④ NO

해설 헨리법칙은 온도가 일정할 때 기체의 용해도는 기체의 압력에 비례한다. 일반적으로 난용성 기체는 잘 적용되나 수용성 기체는 헨리법칙의 적용이 곤란하다.

정답 01.② 02.① 03.③ 04.① 05.③

06 다음에서 설명하는 기체에 관한 법칙은?

> 일정온도에서 기체 중의 특정성분의 분압 P(atm)와 액체 중의 농도 C(kmol/m^3) 사이에는 P=HC의 비례관계가 성립한다.

① 보일의 법칙 ② 샤를의 법칙
③ 헨리의 법칙 ④ 보일-샤를의 법칙

07 물속에 녹는 산소의 양은 대기 중에 존재하는 산소의 분압에 의존한다는 것으로 겨울철보다 기압이 낮은 여름철에 강이나 호수에 살고 있는 어패류들의 질식현상이 자주 발생하는 원인을 설명할 수 있는 법칙은?

① 헨리의 법칙 ② 라울의 법칙
③ 보일의 법칙 ④ 헤스의 법칙

정답 06.③ 07.①

[3] 촉매산화법
① 금, 코발트, 동, 니켈 등의 촉매를 사용한다.
② 직접연소보다 낮은 300℃~400℃의 저온영역에서 가연성 가스상 오염물질을 완전연소하는 방법이다.

[4] 촉매환원법
① 촉매제와 환원제를 사용하여 질소산화물(NO$_X$)을 질소로 환원하는 방법이다.
② 촉매로는 백금이, 선택적 촉매환원법(SCR)의 촉매로는 바나듐(V$_2$O$_5$), 비석(Zeolite) 등이 사용된다.
③ 환원제로는 수소(H$_2$), 암모니아(NH$_3$), 탄화수소(HC), 일산화탄소(CO) 등이 사용된다.
④ 질소산화물을 촉매환원법으로 처리하면 N$_2$와 H$_2$O로 된다.

[5] 질소산화물(NOₓ)의 억제방법

① 연소용 공기온도를 조절하여 저온에서 연소한다.
② 연소부분을 냉각한다.
③ 과잉공기량을 감소시켜 저산소 연소한다.
④ 2단 연소, 단계적 연소를 한다.
⑤ 배가스를 재순환 한다.
⑥ 버너 및 연소실의 구조를 개선한다.

Question

01 촉매산화법으로 악취물질을 함유한 가스를 산화, 분해하여 처리하고자 할 때, 다음 중 가장 적합한 연소 온도 범위는?

① 100~150℃
② 250~450℃
④ 650~800℃
④ 850~1000℃

> **해설** 촉매산화법은 250~450℃의 저온에서 백금, 코발트, 니켈 등의 촉매로 가스를 산화, 분해 처리하는 방법이다.

02 질소산화물을 촉매환원법으로 처리하는 방법에 관한 설명으로 옳지 않은 것은?

① 비선택적 환원제로는 메탄이 사용된다.
② 선택적 환원제로는 암모니아, 수소, 일산화탄소 등이 사용된다.
③ 선택적 촉매 환원법의 촉매로는 백금, 산화알루미늄계, 산화철계, 산화티타늄계 등이 사용된다.
④ 탄화수소, 수소, 일산화탄소는 산소가 공존하여도 선택적으로 질소산화물과 반응하며, 암모니아는 산소와 우선적으로 반응한다.

03 질소산화물을 촉매환원법으로 처리하고자 할 때 사용되는 촉매는 무엇인가?

① K_2SO_4
② 백금이
③ V_2O_5
④ HCl

정답 01.② 02.④ 03.②

04 다음 중 선택적인 촉매환원법으로 질소산화물을 처리할 때 사용되는 환원제로 가장 적합한 것은?

① 수산화칼슘 ② 암모니아
③ 염화수소 ④ 불화수소

05 질소산화물을 촉매환원법으로 처리할 때, 어떤 물질로 환원되는가?

① N_2 ② HNO_3
③ CH_4 ④ NO_2

06 다음 중 수세법을 이용하여 제거시킬 수 있는 오염물질로 가장 거리가 먼 것은?

① NH_3 ② SO_2
③ NO_2 ④ Cl_2

> 해설 NO_2는 소수성으로 촉매환원법을 이용하여 제거한다.

07 연소조절에 의하여 NOx 발생을 억제하는 방법 중 옳지 않은 것은?

① 연소시 과잉공기를 삭감하여 저산소 연소시킨다.
② 연소의 온도를 높여서 고온 연소를 시킨다.
③ 버너 및 연소실 구조를 개량하여 연소실내의 온도분포를 균일하게 한다.
④ 화로 내에 물이나 수증기를 분무시켜서 연소시킨다.

08 연소 시 연소상태를 조절하여 질소산화물 발생을 억제하는 방법으로 가장 거리가 먼 것은?

① 저온도 연소 ② 저산소 연소
③ 공급공기량의 과량 주입 ④ 수증기 분무

09 대기오염공정시험기준상 굴뚝 배출가스 중 질소산화물을 분석하는데 사용되는 방법은?

① 페놀디술폰산법 ② 중화적정법
③ 침전적정법 ④ 아르세나조 Ⅲ법

> 해설 페놀디술폰산법은 배출가스 중의 질소산화물을 이산화질소로 분석한다.

> 정답 04.② 05.① 06.③ 07.② 08.③ 09.①

10 과잉공기비(m)를 크게 하였을 때의 연소 특성으로 옳지 않은 것은?

① 연소실의 연소온도가 낮아진다.
② 통풍력이 강하여 배기가스에 의한 열손실이 크다.
③ 배기가스 중 질소산화물의 함량이 많아진다.
④ 연소가스 중의 CO 농도가 높아져 공해의 원인이 된다.

> **해설** 과잉공기비를 크게 하면 연소가스 중의 메탄(CH_4), 일산화탄소(CO) 농도는 감소한다.

11 휘발유, 디젤유 등의 연료를 사용하는 자동차에서 주로 배출되는 오염물질로 가장 거리가 먼 것은?

① 구리(Cu)
② 납(Pb)
③ 질소산화물(NO_X)
④ 일산화탄소(CO)

> **해설** 자동차 배기가스 주성분은 이산화탄소(CO_2), 질소산화물(NO_X), 이산화황(SO_2), 일산화탄소(CO), 탄화수소(HC), 납(Pb) 등이 있다.

12 소각시설의 연소온도가 너무 높을 때 주로 발생되는 대기오염물질은?

① 질소산화물
② 탄화수소류
③ 일산화탄소
④ 수증기와 재

> **해설** 소각에서 질소산화물(NO_X)의 발생은 고온, 과잉공기, 긴 체류시간이 원인이다.

13 오염물질별 배출관련업종을 연결한 것으로 옳지 않은 것은?

① 아황산가스(SO_2) : 황산 제조업, 제련소
② 황화수소(H_2S) : 석탄건류, 가스공업
③ 이황화탄소(CS_2) : 세라믹제조공업, 도금 공장
④ 질소산화물(NO_X) : 내연기관, 비료제조공업

> **해설** 이황화탄소(CS_2) : 이황화탄소 제조업, 비스코스섬유공장

정답 10.④ 11.① 12.① 13.③

[6] 배가스의 황산화물(SO_x) 탈황방법
① 석회석으로 흡수한다.
② 활성탄으로 흡수한다.
③ 산화마그네슘으로 흡수한다.

[7] 중유의 황산화물(SO_x) 탈황방법
① 접촉수소화 탈황은 실용적이며 많이 사용되는 탈황법이다.
② 방사선 화학적 탈황법
③ 금속산화물에 의한 흡착탈황
④ 미생물에 의한 생화학적 탈황

Question

01 황성분 1%인 중유를 20ton/hr로 연소시킬 때 배출되는 SO_2를 석고($CaSO_4$)로 회수하고자 할 때 회수하는 석고의 양은? (단, 24시간 역속 가동되며, 연소율 : 100%, 탈황율 : 80%, 원자량 S : 32, Ca : 40)

① 6.83kg/min
② 11.33kg/min
③ 12.75kg/min
④ 14.17kg/min

해설
$S + O_2 \rightarrow SO_2 \rightarrow CaSO_4$
$32kg$: $136kg$
$20 \times 10^3 kg/h \times 1/60min \times 0.01 \times 0.8$: x
∴ $x = 11.33 kg/min$

02 황(S) 성분이 1.6wt%인 중유가 2000kg/h 연소하는 보일러 배출가스를 NaOH 용액으로 처리할 때, 시간당 필요한 NaOH의 양(kg)은? (단, 황성분은 완전연소하여 SO_2로 되며, 탈황률은 95%이다)

① 76
② 82
③ 84
④ 89

해설
$S + O_2 \rightarrow SO_2 + 2NaOH \rightarrow Na_2SO_3 + H_2O$
$32kg$: $2 \times 40kg$
$0.016 \times 2000 \times 0.95$: x
∴ $x = 76 kg/h$

정답 01.② 02.①

03 다음 대기오염 물질 중 물리적 상태가 다른 하나는?

① 먼지　　　　　　　　　　② 매연
③ 검댕　　　　　　　　　　④ 황산화물

> **해설** 황산화물(SO_x)은 가스상 물질이다.

04 산성비의 원인 물질로만 올바르게 나열된 것은?

① SO_2, NO_2, NH_3　　　　② CH_4, NO_2, HCl
③ CH_4, NH_3, HCN　　　　④ SO_2, NO_2, HCl

> **해설** 산성비의 원인 물질은 질소산화물(NO_x), 황산화물(SO_x), 염산(HCl) 이다.

05 대기오염공정시험기준상 굴뚝 배출가스 중 질소산화물의 연속자동측정방법이 아닌 것은?

① 화학발광법　　　　　　　② 적외선흡수법
③ 자외선흡수법　　　　　　④ 용액전도율법

> **해설** 용액전도율법은 황산화물의 연속자동측정방법 이다.

06 다음에 해당하는 대기오염물질은?

> 보통 백화현상에 의해 맥간반점을 형성하고 지표식물로는 자주개나리, 보리, 담배 등이 있고, 강한 식물로는 협죽도, 양배추, 옥수수 등이 있다.

① 황산화물　　　　　　　　② 탄화수소
③ 일산화탄소　　　　　　　④ 질소산화물

> **해설** 아황산가스(SO_2)는 식물의 잎에 백화현상이나 맥간반점을 일으킨다.

07 황(S)함량이 2.0%인 중유를 시간당 5ton으로 연소시킨다. 배출가스 중의 SO_2를 $CaCO_3$로 완전히 흡수시킬 때 필요한 $CaCO_3$의 양을 구하면? (단, 중유중의 황성분은 전량 SO_2로 연소된다)

① 278.3kg/hr　　　　　　② 312.5kg/hr
③ 351.7kg/hr　　　　　　④ 379.3kg/hr

> **해설** $S + O_2 \rightarrow SO_2 \rightarrow CaSO_4$
> $32kg \quad\quad\quad : 100kg$
> $0.02 \times 5000kg : x$
> $\therefore x = \dfrac{100}{32} \times (0.02 \times 5,000) = 312.5 kg/h$

정답 03.④　04.④　05.④　06.①　07.②

08 SO_2 $100\mu g/m^3$을 ppm으로 환산하면?

① 0.035ppm ② 0.44ppm
③ 35ppm   ④ 44ppm

해설 $100\mu g/m^3 \rightarrow 0.1mg/m^3$

SO_2 : 부피
$64mg$: $22.4mL$
$0.1mg/m^3$: x ∴ $x = 0.035mL/m^3 ≒ 0.035ppm$

09 SO_2 0.06ppm을 $\mu g/m^3$으로 환산하면?

① $171\mu g/m^3$ ② $182\mu g/m^3$
③ $187\mu g/m^3$ ④ $190\mu g/m^3$

해설 $0.06ppm \rightarrow 0.06mL/m^3$

SO_2 : 부피
$64mg$: $22.4mL$
x : $0.06mL/m^3$ ∴ $x = 0.171mg/m^3 ≒ 171\mu g/m^3$

정답 08.① 09.①

11 유해가스 처리장치의 유지관리

[1] 후드

① 후드의 형식
- 포위형 : 발생원을 둘러싼 형태의 후드
- 포집형 : 작업 특성상 발생원에서 떨어져 설치하는 형태의 후드
- 수형: 열의 상승기류를 흡입하는 형태의 후드(예, 캐노피형 후드)

② 후드의 흡인요령
- 국부적인 흡인방식을 택한다.
- 가능한 한 후드를 발생원에 근접시킨다.
- 후드의 개구면적을 가능한 한 작게 한다.
- 충분한 제어속도를 유지한다.
- 에어커텐을 설치한다.
- 송풍기는 안전율을 감안하여 유지관리 한다.

[2] 닥트

① 유속

$$V = \sqrt{2gh}$$

여기서, V: 유속(m/sec)
g: 중력가속도(9.8m/sec^2)
h: 동압(kg/m^2)

② 단면적

$$A = \frac{Q}{V}$$

여기서, V: 유속(m/sec)
Q: 유량(m^3/sec)
A: 단면적(m^2)

③ 관경

원형관의 지름 $D = (\frac{4}{\pi}A)^{\frac{1}{2}}$

직사각형 관의 상당지름 $D_e = \frac{2ab}{a+b}$

여기서, a: 가로길이 b: 세로길이

④ 압력손실

원형관의 압력손실 $\triangle P = f \dfrac{L}{D} \times \dfrac{\gamma \cdot V^2}{2g}$

사각형 관의 압력손실 $\triangle P_e = f \dfrac{L}{D_e} \times \dfrac{\gamma \cdot V^2}{2g}$

여기서, f : 관의 마찰계수 L : 관의 길이
D : 관의 직경 γ : 공기의 비중량
V : 유속 g : 중력가속도
D_e : 직사각형 관의 상당지름

⑤ 송풍기의 동력

$$kw = \dfrac{\triangle P \cdot Q}{102\,\eta} \times \alpha$$

여기서, $\triangle P$: 압력손실(mmH$_2$O)
Q : 배가스 유량(m³/sec)
η : 송풍기 효율
α : 안전율

Question

01 다음 중 후드(Hood)를 이용하여 오염물질을 효율적으로 흡인하는 요령으로 거리가 먼 것은?

① 발생원에 후드를 가급적으로 접근시킨다.
② 국부적인 흡인방식으로 주발생원을 대상으로 한다.
③ 후드의 개구면적을 가급적으로 넓게 한다.
④ 충분한 포착속도를 유지한다.

해설 효율적으로 흡인하기 위하여 후드의 개구면적을 좁게 하여 흡인속도를 크게 한다.

02 후드(hood)는 여러 가지 생산공정에서 발생되는 열이나 대기오염물질을 함유하는 공기를 포획하여 환기시키는 장치이다. 이러한 후드의 형식(종류)에 해당하지 않는 것은?

① 배기형 후드
② 포위형 후드
③ 수형 후드
④ 포집형 후드

정답 01.③ 02.①

03 원형송풍관이 아닌 사각송풍관일 경우 원형송풍관의 지름에 해당하는 사각송풍관의 상당지름을 구하여 계산하는데, 가로 45cm, 세로 55cm인 직사각형 후드의 상당지름은?

① 37.5cm
② 44.5cm
③ 49.5cm
④ 50.5cm

해설 $D = \dfrac{2ab}{a+b} = \dfrac{2 \times 45 \times 55}{45+55} = 49.5\text{cm}$

04 배출 가스량과 이동속도를 감안한 덕트의 단면적과 관경을 산정하는 공식은?[단, A=관의 단면적(m^2), Q=배출 가스량(m^3/min), V=덕트 내 유속(m/s), D=덕트의 직경(m)]

① $A = \dfrac{Q}{V}, \quad D = \left(\dfrac{4A}{\pi}\right)^2$
② $A = \dfrac{Q}{V}, \quad D = \left(\dfrac{4A}{\pi}\right)^{1/2}$
③ $A = \dfrac{Q}{V \times 60}, \quad D = \left(\dfrac{4A}{\pi}\right)^2$
④ $A = \dfrac{Q}{V \times 60}, \quad D = \left(\dfrac{4A}{\pi}\right)^{1/2}$

05 A집진장치의 압력손실이 444mmH$_2$O, 처리가스량이 55m^3/s인 송풍기의 효율이 77%일 때, 이 송풍기의 소요동력은?

① 256kW
② 286kW
③ 298kW
④ 311kW

해설 송풍기의 소요동력 $KW = \dfrac{\Delta P \times Q}{102 \times \eta}$

$KW = \dfrac{444\text{mmH}_2\text{O} \times 55\text{m}^3/\text{s}}{102 \times 0.77} = 311kw$

06 1시간에 7200m^{3}이 발생되는 배기가스를 2m/s의 속도로 원형 송풍관을 통과시켜 전기집진장치로 보내려할 때, 이 원형 송풍관의 반지름(r)은 몇 cm로 해야 하는가?(단, 기타조건은 무시)

① 42.8
② 48.6
③ 56.4
④ 59.7

해설 $A = \dfrac{Q}{V}$ $\quad \therefore A = \dfrac{7200 m^3/h}{2m/s \times 3600} = 1m^2$

$D = \sqrt{\dfrac{4}{\pi} A}$ $\quad \therefore D = \sqrt{\dfrac{4}{\pi} \times 1} = 1.13m \,(\text{반지름}\, r = 56.4cm)$

정답 03.③ 04.④ 05.④ 06.③

[3] 굴뚝

① 최대착지농도 $C_{max} \propto \dfrac{1}{H^2} = H^{-2}$

② 굴뚝 유효높이 $H \propto \dfrac{1}{\sqrt{C_{max}}}$

③ 굴뚝 유효높이 $H = H_s(\text{실제 굴뚝높이}) + \triangle h(\text{연기 상승높이})$

④ 통풍력 $Z = h \times 273 \times \left(\dfrac{r_a}{273 + t_a} - \dfrac{r_g}{273 + t_g}\right)$

여기서, h : 굴뚝 높이
r_a : 대기의 비중량
r_g : 굴뚝 내 가스 비중량
t_a : 대기온도
t_g : 굴뚝 내 가스온도

⑤ 굴뚝 내 가스 평균온도 $t_m = \dfrac{t_1 - t_2}{2.3 \log\left(\dfrac{t_1}{t_2}\right)}$

[4] 배출가스 측정

① **유속측정** : 피토우관
② **유량측정** : 습식가스미터
③ **공기채취기** : 가스시료, 분진시료 등의 채취

Question

01 굴뚝의 유효 높이와 관련된 인자에 관한 설명으로 옳지 않은 것은?

① 배기가스의 유속이 빠를수록 증가한다.
② 외기의 온도차가 작을수록 증가한다.
③ 풍속이 작을수록 증가한다.
④ 굴뚝의 통풍력이 클수록 증가한다.

해설 외기의 온도 차이가 클수록 통풍력은 커진다.

정답 01.②

02 Sutton의 확산방정식에서 굴뚝의 유효높이(He)와 오염물질의 최대 착지농도(C~max~)와의 관계를 바르게 나타낸 것은?

① $C_{max} \propto He^2$
② $C_{max} \propto He^4$
③ $C_{max} \propto He^{-2}$
④ $C_{max} \propto He^{-4}$

03 굴뚝에서 배출되는 가스의 유속을 측정하고자 피토우관을 굴뚝에 넣었더니 동압이 5mmH₂O이었다. 이 때 배출가스의 유속은 얼마인가?(단, 피토우관 계수는 0.85 이고, 공기의 비중량은 1.3kg/m³이다.)

① 5.92m/s
② 7.39m/s
③ 8.84m/s
④ 9.49m/s

해설 피토우관의 유속

$$V = C \times \sqrt{\frac{2gh}{r}} = 0.85 \times \sqrt{\frac{2 \times 9.8 \times 5}{1.3}} = 7.38 \text{m/s}$$

여기서, V : 가스유속(m/s) $\quad C$: 피토우관 계수
$\quad\quad\quad h$: 피토우관에 대한 동압(mmH₂O) $\quad r$: 비중량(＝밀도)
$\quad\quad\quad g$: 중력가속도(=9.8m/s²)

04 유해가스 측정을 위한 시료채취장치가 순서대로 바르게 구성된 것은?

① 굴뚝-시료채취관-여과재-흡수병-건조제-흡인펌프-가스미터
② 굴뚝-건조제-흡인펌프-가스미터-시료채취관-여과재-흡수병
③ 굴뚝-시료채취관-가스미터-여과재-흡수병-건조제-흡인펌프
④ 굴뚝-가스미터-흡인펌프-건조제-흡수병-시료채취관-여과재

05 대기오염공정시험기준상 굴뚝 배출가스 중 질소산화물을 분석하는데 사용되는 방법은?

① 페놀디술폰산법
② 중화적정법
③ 침전적정법
④ 아르세나조 Ⅲ법

해설 페놀디술폰산법은 배출가스 중의 질소산화물을 이산화질소로 분석한다.

06 대기오염공정시험기준상 굴뚝 배출가스 중 질소산화물의 연속자동측정방법이 아닌 것은?

① 화학발광법
② 적외선흡수법
③ 자외선흡수법
④ 용액전도율법

해설 용액전도율법은 황산화물의 연속자동측정방법이다.

정답 02.③ 03.② 04.① 05.① 06.④

12 집진

[1] 집진원리

① **중력집진장치**
중력에 의하여 50㎛ 이상의 큰 입자를 제거하는데 유용하다.

② **관성력집진장치**
입자를 방해판에 충돌시켜 뉴톤의 관성력에 의해 포집한다.

③ **원심력집진장치**
원심력에 의하여 입자를 제거하며, 일반적인 형태는 사이클론이다.

④ **세정집진장치**
세정액을 분산시켜 함진가스의 관성력, 확산력, 응집력, 중력 등으로 포집한다.

⑤ **여과집진장치**
여과포에 가스를 통과시켜 입자를 분리, 포집하는 장치이다. 집진원리는 차단부착, 관성충돌, 확산작용, 중력작용, 정전기와 반발력 등이다.

⑥ **전기집진장치**
함진가스 중의 먼지에 -전하를 부여하여 대전시킨다.

[표] 집진장치의 압력손실 및 처리효율

구 분	처리입경	압력손실	집진효율
중력집진장치	50㎛ 이상	5~15mmH$_2$O	40~60%
관성력집진장치	10~100㎛	20mmH$_2$O 이상	50~70%
원심력집진장치	3~100㎛	50~150mmH$_2$O	85~95%
세정집진장치	0.1~100㎛	300~800mmH$_2$O	80~95%
여과집진장치	0.1~20㎛	100~200mmH$_2$O	90~99%
전기집진장치	0.05~20㎛	10~20mmH$_2$O	90~99.9%
벤튜리 스크러버	-	300~800 mmH$_2$O	-

01 다음 집진장치 중 일반적으로 압력손실이 가장 큰 것은?

① 중력집진장치　　　　　　② 원심력집진장치
③ 전기집진장치　　　　　　④ 벤튜리 스크러버

정답 01.④

02 집진장치에 관한 설명으로 옳지 않은 것은?

① 중력집진장치는 50㎛ 이상의 큰 입자를 제거하는데 유용하다.
② 원심력집진장치의 일반적인 형태가 사이클론이다.
③ 여과집진장치는 여과재에 먼지를 함유하는 가스를 통과시켜 입자를 분리, 포집하는 장치이다.
④ 전기집진장치는 함진가스 중의 먼지에 +전하를 부여하여 대전시킨다.

03 집진장치에 관한 설명으로 옳은 것은?

① 사이클론은 여과집진장치에 해당된다.
② 중력집진장치는 고효율 집진장치에 해당된다.
③ 여과집진장치는 수분이 많은 먼지처리에 적합하다.
④ 전기집진장치는 코로나 방전을 이용하여 집진하는 장치이다.

04 일반적으로 배기가스의 입구처리속도가 증가하면 제거효율이 커지는 것이 가장 알맞은 집진장치는?

① 중력집진장치
② 원심력집진장치
③ 전기집진장치
④ 여과집진장치

해설 원심력집진장치는 원심력과 관성력에 의하여 분진을 벽면에 충돌시켜서 포집하는 장치이다.

05 다음 집진장치 중 일반적으로 동력비가 가장 적게 드는 것은?

① 벤튜리 스크러버
② 사이클론
③ 살수탑
④ 중력집진장치

해설 중력집진장치는 설치비, 유지비, 동력비가 적게 든다.

06 다음과 같은 특성을 지닌 집진장치는?

- 고농도 함진가스의 전처리에 사용될 수 있다.
- 배출가스의 유속은 보통 0.3~3m/s 정도가 되도록 설계한다.
- 시설의 규모는 크지만 유지비가 저렴하다.
- 압력손실은 10~15mmH₂O 정도이다.

① 중력 집진장치
② 원심력 집진장치
③ 여과 집진장치
④ 전기 집진장치

정답 02.④ 03.④ 04.② 05.④ 06.①

[2] 집진율

① 총 집진율(η_t)

$$\eta_t = \left(1 - \frac{C_o}{C_i}\right) \times 100$$

여기서, C_o : 출구 더스트의 농도
C_i : 입구 더스트의 농도

$$\eta_t = 1 - (1-\eta_1)(1-\eta_2)$$

여기서, η_1 : 1차 집진장치의 집진율(%)
η_2 : 2차 집진장치의 집진율(%)

② 출구 더스트의 농도

$$C_o = C_i(1-\eta_1)(1-\eta_2)$$

$$\frac{C_o}{C_i} = (1-\eta_1)(1-\eta_2)$$

③ 먼지 통과율(P)

$$P(\%) = \frac{C_o}{C_i} \times 100$$

여기서, C_i : 입구가스 먼지농도(g/m³)
C_o : 출구가스 먼지농도(g/m³)

④ 출구의 함진농도 = $\dfrac{(1-\eta_1)}{(1-\eta_2)}$

---

01 2대의 집진장치가 직렬로 배치되어 있다. 1차 집진장치의 집진율은 80%이고 2차 집진장치의 집진율은 90%일 때 총 집진효율은?

① 85% ② 90%
③ 95% ④ 98%

해설 $\eta_T = 1 - (1-\eta_1)(1-\eta_2)$
∴ $\eta_T = 1 - (1-0.8)(1-0.9) = 0.98 = 98\%$

정답 01.④

02 집진율 99%로 운전되던 집진장치가 성능저하로 집진율이 97%로 떨어졌다. 집진장치 입구의 함진농도가 일정하다고 할 때 출구의 함진농도는 어떻게 변하겠는가?

① 3% 증가
② 3배 증가
③ 2% 증가
④ 2배 증가

해설 출구의 함진농도 $= \dfrac{(1-\eta_1)}{(1-\eta_2)} = \dfrac{(1-0.97)}{(1-0.99)} = 3$

03 집진율이 각각 90%와 98%인 두 개의 집진장치를 직렬로 연결하였다. 1차 집진장치 입구의 먼지농도가 5.9g/m³일 경우, 2차 집진장치 출구에서 배출되는 먼지 농도는?

① 11.8mg/m³
② 15.7mg/m³
③ 18.3mg/m³
④ 21.1mg/m³

해설 $C_o = C_i(1-\eta_1)(1-\eta_2)$
$C_o = 5.9(1-0.9)(1-0.98)$ ∴ $C_o = 0.0118 g/Sm^3 = 11.8 mg/Sm^3$

04 어떤 집진장치의 집진효율이 99%이고 집진시설 유입구의 먼지농도가 10.5g/Nm³일 때 출구농도는?

① 0.0105g/Nm³
② 105mg/Nm³
③ 1050mg/Nm³
④ 10.5g/Nm³

해설 집진효율 $\eta = \left(1 - \dfrac{C_o}{C_i}\right) \times 100$

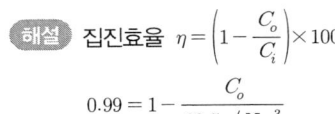

∴ $C_o = 10.5 g/Nm^3 \times (1-0.99) = 0.105 ≒ 105 mg/Nm^3$

05 직렬로 조합된 집진장치의 총집진율은 99%이었다. 2차 집진장치의 집진율이 96%라면 1차 집진장치의 집진율은?

① 75%
② 82%
③ 90%
④ 94%

해설 $\eta_t = 1 - (1-\eta_1)(1-\eta_2)$
$0.99 = 1 - (1-\eta_1)(1-0.96)$
$(1-\eta_1) = \dfrac{1-0.99}{(1-0.96)}$ ∴ $\eta_1 = 1 - 0.25 = 0.75 ≒ 75\%$

정답 02.② 03.① 04.② 05.①

06 집진장치 출구 가스의 먼지농도가 0.02g/m³, 먼지 통과율은 0.5%일 때, 입구 가스 먼지농도(g/m³)는?

① 3.5g/m³
② 4.0g/m³
③ 4.5g/m³
④ 8.0g/m³

해설 $P = \dfrac{C_o}{C_i}$

$0.005 = \dfrac{0.02}{C_i}$ ∴ $C_i = 4\text{g/m}^3$

07 A집진장치의 집진효율은 99%이다. 이 집진시설 유입구의 먼지농도가 13.5g/Sm³일 때, 집진장치의 출구농도는?

① 0.0135mg/Sm³
② 135mg/Sm³
③ 1350mg/Sm³
④ 13.5mg/Sm³

해설 집진효율 $\eta = \left(1 - \dfrac{C_o}{C_i}\right) \times 100$

$0.99 = 1 - \dfrac{C_o}{13.5g/Sm^3}$

∴ $C_o = 13.5g/Sm^3 \times (1-0.99) = 0.135 ≒ 135mg/Sm^3$

08 사이클론의 반지름 8cm, 가스유입속도 3m/s일 때 분리계수는?

① 11.5
② 12.5
③ 15.5
④ 20.5

해설 $S = \dfrac{V^2}{Rg}$ ∴ $S = \dfrac{(3m/\sec)^2}{0.08m \times 9.8m/\sec^2} = 11.5$

정답 06.② 07.② 08.①

[3] 중력집진장치

① 침강실 내 처리가스 속도가 작을수록 미립자가 포집된다.
② 침강실 내 배기가스 기류는 균일하여야 한다.
③ 침강실 입구폭이 클수록 유속이 느려지고, 미세한 입자가 포집된다.
④ 다단일 경우 단수가 증가될수록 압력손실은 커지나 효율은 증가한다.
⑤ 수평거리가 길수록 집진율이 높아진다.
⑥ 미세입자의 포집효율이 낮다.
⑦ 고부하 또는 고온의 가스처리에 용이하다.
⑧ 압력손실, 설치비용, 운전비용이 저렴하다.

01 중력집진장치의 효율향상 조건에 관한 설명으로 옳지 않은 것은?

① 침강실 내 처리가스 속도가 클수록 미립자가 포집된다.
② 침강실 내 배기가스 기류는 균일하여야 한다.
③ 침강실 입구폭이 클수록 유속이 느려지고, 미세한 입자가 포집된다.
④ 다단일 경우 단수가 증가될수록 압력손실은 커지나 효율은 증가한다.

02 중력 집진장치의 집진효율 향상조건으로 옳지 않은 것은?

① 침강실 내의 배기가스 기류는 균일해야 한다.
② 침강실 내의 처리가스 속도가 작을수록 미립자가 포집된다.
③ 침강실 높이가 높고, 길이가 짧을수록 집진효율이 높아진다.
④ 침강실 입구폭이 클수록 유속이 느려지며, 미세한 입자가 포집된다.

03 중력집진장치의 효율향상 조건이라 볼 수 없는 것은?

① 침강실 내의 처리가스 속도를 작게 한다.
② 침강실 내의 배기가스 기류를 균일하게 한다.
③ 침강실 높이는 작고, 길이는 길게 한다.
④ 침강실의 Blow down 효과를 유발하여 난류현상을 유발한다.

04 중력식 집진장치의 효율 향상 조건으로 거리가 먼 것은?

① 침강실의 입구 폭이 작을수록 미세한 입자가 포집된다.
② 침강실 내의 처리가스 속도가 작을수록 미립자가 포집된다.
③ 다단일 경우는 단수가 증가할수록 압력손실은 커지지만 효율은 향상된다.
④ 침강실의 높이가 낮고, 길이가 길수록 집진율이 높아진다.

해설 침강실의 입구 폭이 작을수록 유속이 증가하여 미세한 입자가 포집이 어렵다.

정답 01.① 02.③ 03.④ 04.①

05 중력집진장치의 침강실에서 입자상 오염물질의 최종 침강속도가 0.2m/s, 높이가 1.5m일 때, 이것을 완전 제거하기 위하여 소요되는 이론적인 중력 침강실의 길이(m)는?(단, 집진장치를 통과하는 가스의 속도는 2m/s이고 층류를 기준으로 한다)

① 5.0m
② 7.5m
③ 15.0m
④ 17.5m

해설 $V_s \cdot H = v \cdot L$ ∴ $\dfrac{H}{V_s} = \dfrac{L}{v}$

$L = \dfrac{v \cdot H}{V_s} = \dfrac{2\text{m/s} \times 1.5\text{m}}{0.2\text{m/s}} = 15\text{m}$

06 다음 중 중력 집진장치에 대한 설명으로 옳지 않은 것은?

① 침강실 입구 폭이 클수록 유속이 느려지며 미세한 입자가 포집된다.
② 취급입경은 0.1~10μm이며, 유지비용은 비싼 편이다.
③ 운전 시 압력손실은 5~15mmH$_2$O로 낮다.
④ 침강실의 높이가 낮고, 수평 길이가 길수록 집진율이 높아진다.

해설 취급입경은 50μm 이상이며, 유지비용은 싼 편이다.

07 중력집진장치에서 먼지의 침강속도 산정에 관한 설명으로 옳지 않은 것은?

① 중력가속도에 비례한다.
② 입경의 제곱에 비례한다.
③ 먼지와 가스의 비중차에 반비례한다.
④ 가스의 점도에 반비례한다.

해설 Stokes의 법칙 $V_s(\text{m/s}) = \dfrac{d^2(\rho_s - \rho)g}{18\mu}$

정답 05.③ 06.② 07.③

[4] 관성력집진장치

① 뉴턴의 관성법칙을 이용하여 함진가스를 포집하는 장치이다.
② 함진가스를 방해판에 충돌시켜 입자를 관성력에 의하여 분리한다.
③ 미세입자의 포집효율이 낮다.
④ 고온의 가스처리에 용이하다.
⑤ 압력손실, 설치비용, 운전비용이 저렴하다.

[5] 원심력집진장치

① 원심력집진장치는 분진을 함유한 가스에 회전운동을 주어 원심력과 관성력에 의하여 분진을 포집하는 장치이다.
② 원통구조물 내에서 전체가스를 나선모양으로 흐르게 하여 입자를 제거하므로 입구처리속도가 증가하면 제거효율이 커진다.
③ 블로다운(Blow Down)은 원심력집진장치의 집진율을 높이기 위한 방법으로 원심력집진장치의 더스트 박스에서 처리배기량의 5~10%를 흡입함에 따라 사이클론 내 난기류 현상을 억제시킴으로서, 집진된 분진이 비산되어 분리된 분진이 빠져나가는 것을 방지하는 방법이다.
④ 한계입경은 100% 분리 포집되는 입자의 최소입경이다.
⑤ 원심력집진장치의 일반적인 형태는 사이클론이다.
⑥ 처리가능 입자는 3~100㎛이며, 저효율 집진장치 중 집진율이 우수하고, 경제적인 이유로 전처리 장치로 많이 사용된다.
⑦ 설치비와 유지비가 저렴한 편이다.
⑧ 점착성이나 딱딱한 입자가 함유된 배출가스에는 부적합하다.
⑨ 배기관경이 작을수록 입경이 작은 먼지를 제거할 수 있다.
⑩ 고농도일 경우는 병렬연결하여 사용하고, 응집성이 강한 먼지는 직렬연결하여 사용한다.
⑪ 침강먼지 및 미세먼지의 재비산을 막기 위해 스키머와 회전깃 등을 설치한다.
⑫ 분리계수 $S = \dfrac{V^2}{R \cdot g}$

여기서, V : 가스유입속도(m/s)
R : 사이클론의 반지름(m)
g : 중력가속도(9.8m/s^2)

Question

01 함진가스를 방해판에 충돌시켜 기류의 급격한 방향전환을 이용하여 입자를 분리·포집하는 집진장치는?

① 중력집진장치 ② 전기집진장치
③ 여과집진장치 ④ 관성력집진장치

해설 관성력 집진장치는 뉴턴의 관성의 법칙을 이용한 장치이다.

정답 01.④

02 관성력 집진장치에서 집진율 향상조건으로 옳지 않은 것은?
   ① 일반적으로 충돌직전 처리가스의 속도가 적고, 처리 후의 출구 가스속도는 빠를수록 미립자의 제거가 쉽다.
   ② 기류의 방향전환 각도가 작고, 방향전환 횟수가 많을수록 압력손실은 커지나 집진은 잘 된다.
   ③ 적당한 모양과 크기의 호퍼가 필요하다.
   ④ 함진 가스의 충돌 또는 기류의 방향전환 직전의 가스속도가 빠르고, 방향전환시의 곡률반경이 작을수록 미세입자의 포집이 가능하다.

   해설 일반적으로 충돌직전의 처리가스속도가 빠르고, 출구 가스속도가 느릴수록 미립자의 제거가 쉽다.

03 그림과 같은 집진원리를 갖는 집진장치는?

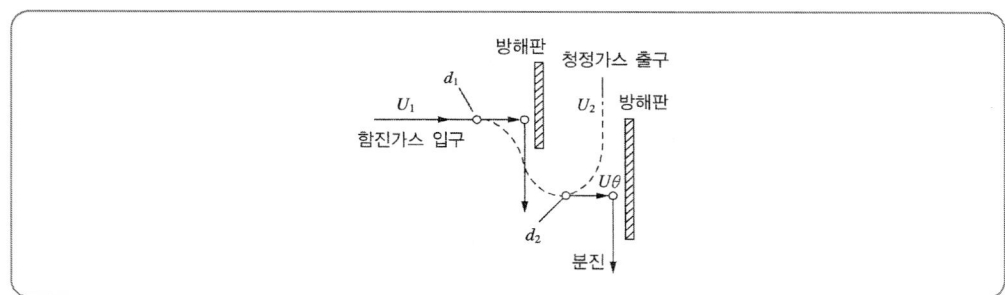

   ① 중력집진장치　　　　　　　　② 관성력집진장치
   ③ 전기집진장치　　　　　　　　④ 음파집진장치

04 싸이클론의 집진효율을 높이는 블로다운 효과를 위해 호퍼부에서 처리가스량의 몇 % 정도를 흡인하는가?
   ① 0.1~0.5%　　　　　　　　　② 5~10%
   ③ 100~120%　　　　　　　　　④ 150~180%

05 원심력집진장치에서 한계(또는 분리)입경이란 무엇을 말하는가?
   ① 50% 처리효율로 제거되는 입자입경
   ② 100% 분리 포집되는 입자의 최소입경
   ③ 블로다운 효과에 적용되는 최소입경
   ④ 분리계수가 적용되는 입자입경

   정답 02.① 03.② 04.② 05.②

06 원심력 집진장치에 관한 설명으로 옳지 않은 것은?

① 구조가 간단하고 취급이 용이한 편이다.
② 압력손실이 20mmH₂O 정도로 작고, 고집진율을 얻기 위한 전문적인 기술이 불필요하다.
③ 점(흡)착성 배출가스 처리는 부적합하다.
④ 블로우다운 효과를 사용하여 집진효율 증대가 가능하다.

해설 원심력 집진장치의 압력손실은 50~150mmH₂O 정도이다.

07 원심력집진장치에 관한 설명으로 옳지 않은 것은?

① Blow Down 현상이 발생하면 입자 재비산으로 인하여 효율이 저하된다.
② 배기관경(내관)이 작을수록 입경이 작은 입자를 제거할 수 있다.
③ 입구 유속에는 한계가 있지만 그 한계 내에서는 입구유속이 빠를수록 효율이 높은 반면에 압력손실도 커진다.
④ 적당한 Dust Box의 모양과 크기도 효율에 영향을 미친다.

해설 Blow Down 효과는 원심력집진장치의 집진율을 높이기 위한 방법으로 유효원심력 증가, 난류발생 방지, 재비산 방지, 집진효율 증대 등에 있다.

08 원심력 집진장치에서의 50%의 집진율을 보이는 입자의 크기를 일컫는 용어는?

① 극한 입경
② 절단 입경
③ 중간 입경
④ 임계 입경

해설 절단입경은 50%의 집진율을 보이는 입자의 크기를 나타내며, 50% 분리한계입경이라고도 한다.

09 원심력 집진장치의 집진효율을 높이는 방법으로 옳지 않은 것은?

① 배기관경이 클수록 입경이 작은 먼지를 제거할 수 있다.
② 한계 입구유속 내에서는 그 입구유속이 클수록 효율은 높은 반면 압력손실도 높아진다.
③ 고농도일 경우는 병렬연결하여 사용하고, 응집성이 강한 먼지는 직렬연결(단수 3단 이내)하여 사용한다.
④ 침강먼지 및 미세먼지의 재비산을 막기 위해 스키머와 회전깃 등을 설치한다.

해설 배기관경이 작을수록 원심력이 커지므로 입경이 작은 먼지를 제거할 수 있다.

정답 06.② 07.① 08.② 09.①

10 다음 중 일반적으로 배기가스의 입구처리속도가 증가하면 제거효율이 커지며, 블로다운 효과와 관련된 집진장치는?

① 중력집진장치　　　　　　　② 원심력집진장치
③ 전기집진장치　　　　　　　④ 여과집진장치

11 원심력 집진장치에 관한 설명으로 옳지 않은 것은?

① 처리가능 입자는 3~100㎛이며, 저효율 집진장치 중 집진율이 우수하고, 경제적인 이유로 전처리 장치로 많이 사용된다.
② 설치비와 유지비가 저렴한 편이다.
③ 점착성이나 딱딱한 입자가 함유된 배출가스에 적합하다.
④ 블로다운 효과와 관련이 있다.

해설　세정집진장치는 점착성 입자가 함유된 배출가스처리에 적합하다.

정답　10.②　11.③

[6] 세정집진장치

① 고온의 가스를 처리할 수 있다.
② 폐수처리 장치가 필요하다.
③ 점착성 및 조해성 먼지를 처리할 수 있다.
④ 포집된 먼지의 재비산 염려가 거의 없다.
⑤ 세정집진장치의 포집원리는 직접흡수, 관성충돌, 확산, 응집, 응결작용 등이다.
⑥ 고온가스, 가연성, 폭발성 먼지, 미스트를 처리할 수 있다.
⑦ 압력손실이 크며 동력비가 많이 소요된다.
⑧ 세정집진장치에는 충전탑, 분무탑, 제트스크러버, 벤튜리스크러버 등이 있다.

[7] 벤츄리 스크러버

① 소형으로 대용량의 가스처리가 가능하다.
② 목부의 처리가스 속도는 보통 60~70m/s 정도이다.
③ 압력손실은 300~400mmH$_2$O 정도이다.
④ 물방울 입경과 먼지의 입경비는 충돌 효율면에서 150 : 1 전후가 좋다.
⑤ 입구 유속으로 60~90m/sec 가 적합하다.
⑥ 압력은 300~800mmH$_2$O 이다.

Question

01 세정집진장치는 유수식, 가압수식, 회전식으로 분류될 수 있는데, 다음 중 유수식의 분류에 해당되는 것은?

① 분수형　　　　　　　　　② 벤튜리 스크러버
③ 충전탑　　　　　　　　　④ 분무탑

> **해설**
> - 유수식은 수중에 함진가스를 불어넣는 방식이다.
> - 가압수식은 함진가스에 물방울을 분출하는 방식이다.
> - 회전식은 팬을 회전시키며 액적, 액막, 기포를 분출하는 방식이다.

02 다음 세정집진장치 중 스로트부 가스속도가 60~90m/s 정도인 것은?

① 충전탑　　　　　　　　　② 분무탑
③ 제트스크러버　　　　　　④ 벤튜리스크러버

> **해설**
> - 벤튜리스크러버: 60~90m/s
> - 충전탑: 0.3~1m/s
> - 분무탑: 0.2~1m/s
> - 제트스크러버: 20~50m/s

03 세정식 집진장치의 유지관리에 관한 설명으로 옳지 않은 것은?

① 먼지의 성상과 처리가스 농도를 고려하여 액가스비를 결정한다.
② 목부는 처리가스의 속도가 매우 크기 때문에 마모가 일어나기 쉬우므로 수시로 점검하여 교환한다.
③ 기액분리기는 시설의 작동이 정지해도 잠시 공회전하여 부착된 먼지에 의한 산성의 세정수를 제거해야 한다.
③ 벤튜리형 세정기에서 집진효율을 높이기 위하여 될 수 있는 한 처리가스 온도를 높게 하여 운전하는 것이 바람직하다.

> **해설** 벤튜리형 세정기는 집진효율을 높이기 위하여 될 수 있는 한 처리가스 온도를 낮게 하여 운전하는 것이 바람직하다.

04 대기오염방지시설 중 세정집진장치의 처리원리로 가장 거리가 먼 것은?

① 관성충돌　　　　　　　　② 확산작용
③ 응집작용　　　　　　　　④ 여과작용

> **해설** 세정집진장치의 원리는 관성충돌, 확산작용, 직접흡수, 응결, 응집작용 등 이다.

정답　01.①　02.④　03.③　04.④

05 세정 집진장치에서 입자의 포집원리로 거리가 먼 것은?

① 액적에 입자가 충돌하여 부착한다.
② 미립자 확산에 의하여 액적과의 접촉을 쉽게 한다.
③ 입자는 증기의 응결에 따라 입자의 응집성을 감소시킨다.
④ 배기증습에 의하여 입자가 서로 응집한다.

> 해설 입자는 증기의 응결에 따라 입자의 응집성을 촉진시킨다.

06 다음 중 벤츄리 스크러버의 입구 유속으로 가장 적합한 것은?

① 60~90m/sec
② 5~10m/sec
③ 1~2m/sec
④ 0.3~1m/sec

07 벤튜리 스크러버의 특징으로 옳지 않은 것은?

① 소형으로 대용량의 가스처리가 가능하다.
② 목부의 처리가스 속도는 보통 60~70m/s 정도이다.
③ 압력손실은 300~400mmH$_2$O 정도이다.
④ 물방울 입경과 먼지의 입경비는 충돌 효율면에서 3 : 1 전후가 좋다.

> 해설 물방울 입경과 먼지의 입경비는 충돌 효율면에서 150 : 1 전후가 좋다.

08 다음 세정집진장치 중 스로트부 가스속도가 60~90m/s 정도인 것은?

① 충전탑
② 분무탑
③ 제트스크러버
④ 벤츄리스크러버

정답 05.③ 06.① 07.④ 08.④

[8] 여과집진장치

① 가스 온도에 따라 여재의 사용이 제한된다.
② 수분이나 여과속도에 대한 적용성이 낮다.
③ 여과재의 교환으로 유지비가 고가이다.
④ 250℃ 이상의 고온에 부적당하다.
⑤ 폭발성, 점착성, 흡습성의 먼지는 여재가 막힐 우려가 있어 먼지제거가 곤란하다.
⑥ 집진원리는 차단부착, 관성충돌, 확산작용, 중력작용, 정전기와 반발력 등이다.
⑦ 넓은 설치공간이 요구된다.
⑧ 집진율을 높이기 위하여 낮은 여과속도와 간헐식 탈진을 한다.
⑨ 여과포의 사용온도
 목면 80℃, 양모 80℃, 카네카론 100℃, 글라스화이버 250℃
⑩ **여과포의 표면여과속도** $V = \dfrac{풍량}{필터\ 전체면적} = \dfrac{Q}{A_f}$

Bag filter의 개수 $n = \dfrac{필터\ 전체면적}{필터\ 1개\ 면적} = \dfrac{A_f}{A}$

[9] 전기집진장치

① 대량의 가스 처리가 가능하다.
② 전압변동과 같은 조건변동에 적응하기 어렵다.
③ 초기 설비비가 고가이다.
④ 압력손실이 적어 소요동력이 적다.
⑤ 미세입자의 포집효율이 높다.
⑥ 압력손실이 낮다.
⑦ 집진극은 부착된 먼지를 털어내기 쉽고 전기장 강도가 균일하며, 열, 부식성 가스에 강하고 먼지의 탈진 시 재비산이 없어야 한다.
⑧ 먼지의 전기저항을 낮추기 위하여 물, 염화물, 유분(Oil), SO_3 등을 사용하며, 먼지의 전기저항을 높이기 위하여 암모니아를 사용한다.
⑨ 전기집진장치의 집진효율

Deutsch-Anderson식 $n = 1 - \exp\left(-\dfrac{A \cdot W_e}{Q}\right)$

여기서, Q : 처리가스량(m^3/s) A : 집진면적(m^2)
 W_e : 이동속도(m/s) η : 제거효율(%)

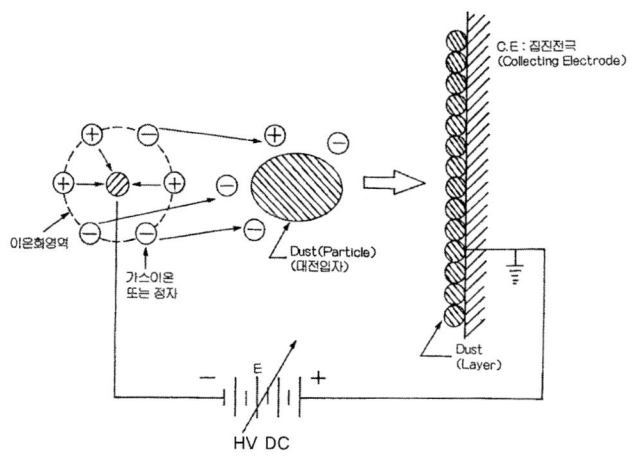

Question

01 다음 중 여과집진장치에 관한 설명으로 옳은 것은?

① 350℃ 이상의 고온의 가스처리에 적합하다.
② 여과포의 종류와 상관없이 가스상 물질도 효과적으로 제거할 수 있다.
③ 압력손실이 약 20mmH$_2$O 전후이며, 다른 집진장치에 비해 설치면적이 작고, 폭발성 먼지 제거에 효과적이다.
④ 집진원리는 직접 차단, 관성 충돌, 확산 등의 형태로 먼지를 포집한다.

02 여과집진장치에 사용되는 다음 여포재료 중 가장 높은 온도에서 사용이 가능한 것은?

① 목면
② 양모
③ 카네카론
④ 글라스화이버

03 여과집진장치의 특징으로 가장 거리가 먼 것은?

① 폭발성, 점착성 및 흡습성의 먼지제거에 매우 효과적이다.
② 가스 온도에 따라 여재의 사용이 제한된다.
③ 수분이나 여과속도에 대한 적응성이 낮다.
④ 여과재의 교환으로 유지비가 고가이다.

정답 01.④ 02.④ 03.①

04 여과집진장치의 주된 집진원리와 가장 거리가 먼 것은?

① 중습
② 관성충돌
③ 확산
④ 차단

해설 여과집진 원리는 중력작용, 관성충돌, 차단부착, 확산작용, 정전기, 반발력 등이다.

05 다음 중 여과집진장치의 효율 향상조건으로 거리가 먼 것은?

① 간헐식 털어내기 방식은 높은 집진율을 얻은 경우에 적합하고, 연속식 털어내기 방식은 고농도의 함진가스 처리에 적합하다.
② 필요에 따라 유리섬유에 실리콘 처리 등을 하여 적합한 여포재를 선택하도록 한다.
③ 겉보기 여과속도가 클수록 미세한 입자를 포집한다.
④ 여포의 파손 및 온도, 압력 등을 상시 파악하여 기능의 손상을 방지한다.

해설 겉보기 여과속도가 작을수록 미세입자를 포집한다.

06 다음 여과집진장치의 탈진방법으로 가장 거리가 먼 것은?

① 진동형
② 세정형
③ 역기류형
④ Pulse Jet형

해설 여과집진장치의 탈진방법에는 진동방식, 역기류 방식, 충격기류(Pulse Jet) 방식이 있다.

07 여과식 집진장치에서 지름이 0.3m, 길이가 3m인 원통형 여과포 18개를 사용하여 유량이 30m³/min인 가스를 처리할 경우에 여과포의 표면 여과속도는 얼마인가?

① 0.39m/min
② 0.59m/min
③ 0.79m/min
④ 0.99m/min

해설 $v_f = \dfrac{Q}{\pi DHn}$ $\therefore v_f = \dfrac{30 \text{m}^3/\text{min}}{3.14 \times 0.3\text{m} \times 3\text{m} \times 18} = 0.589 \text{m/min}$

08 전기집진장치의 집진극이 갖추어야 할 조건으로 옳지 않은 것은?

① 부착된 먼지를 털어내기 쉬울 것
② 전기장 강도가 불균일하게 분포하도록 할 것
③ 열, 부식성 가스에 강하고 기계적인 강도가 있을 것
④ 부착된 먼지의 탈진 시 재비산이 잘 일어나지 않는 구조를 가질 것

정답 04.① 05.③ 06.② 07.② 08.②

09 전기집진장치에 관한 설명으로 가장 거리가 먼 것은?

① 대량의 가스처리가 가능하다.
② 전압변동과 같은 조건변동에 쉽게 적응할 수 있다.
③ 초기 설비비가 고가이다.
④ 압력손실이 적어 소요동력이 적다.

10 전기집진장치에 관한 설명으로 옳지 않은 것은?

① $0.1\mu m$ 이하의 미세입자까지 포집이 가능하다.
② 압력손실이 커서 동력비가 많이 소요된다.
③ 약 350℃ 전후의 고온가스를 처리할 수 있다.
④ 전압변동과 같은 조건에 쉽게 적응하기 어렵다.

[해설] 전기집진장치는 압력손실이 10~20mmH$_2$O 정도로 작다.

11 전기집진장치에서 먼지의 전기저항을 낮추기 위하여 사용하는 방법으로 거리가 먼 것은?

① SO$_3$ 주입
② 수증기 주입
③ NaCl 주입
④ 암모니아가스 주입

[해설] 물, 염화물, 유분(油), SO$_3$ 등은 먼지의 전기저항을 낮추기 위하여 사용하며 암모니아는 먼지의 전기저항을 높이기 위하여 사용한다.

12 전기 집진장치의 장점으로 가장 적합한 것은?

① 고온가스(약 350℃ 정도)의 처리가 가능하다.
② 설치면적이 작고, 설치비용도 적은 편이다.
③ 주어진 조건에 따른 부하변동 적응이 쉽다.
④ 압력손실이 150mmH$_2$O 정도로 높아 집진율이 우수하다.

[해설] 전기 집진장치는 설치면적이 넓고, 설치비용이 고가이며 운전변화에 적응이 어렵다. 압력손실은 20~30mmH$_2$O 정도로 낮다.

정답 09.② 10.② 11.④ 12.①

13 A전기집진장치의 집진극 면적/처리유량이 $\frac{A}{Q}$=200(m/s)$^{-1}$로 운전되고 있다. 입구먼지농도 C_i=100g/m³, 출구먼지농도 C_o=0.3g/m³일 때, 이 먼지의 겉보기 이동속도 W_e(m/s)는? (단, Deutsch Anderson식($\eta = 1 - \exp\left(\frac{-A \times W_e}{Q}\right)$)이용)

① 0.013m/s   ② 0.018m/s   ③ 0.029m/s   ④ 0.036m/s

해설 처리효율 $\eta = \left(1 - \frac{C_o}{C_i}\right) \times 100 = \left(1 - \frac{0.3}{100}\right) \times 100 = 99.7\%$

$\eta = 1 - \exp\left(\frac{-A \times W_e}{Q}\right)$ ∴ $0.997 = 1 - \exp(-200We)$

$\exp(-200We) = 1 - 0.997$

$We = \frac{\ln(1-0.997)}{-200} = 0.029 m/\sec$

14 전기 집진장치의 집진효율을 Deutsch-Anderson식으로 구할 때 직접적으로 필요한 인자가 아닌 것은?

① 집진극 면적   ② 입자의 이동속도
③ 처리가스량   ④ 입자의 점성력

해설 Deutsch–Anderson식 $\eta = 1 - \exp(-\frac{A \cdot W_e}{Q})$

여기서, Q : 처리가스량(m³/s) A : 집진면적(m²)
       W_e : 이동속도(m/s) η : 제거효율(%)

15 효율 90%인 전기집진기를 효율 99.9%가 되도록 개조 하고자 한다. 개조 전보다 집진극의 면적을 몇 배로 늘려야 하는가?(단, Deutsch Anderson식 $\eta = 1 - \exp\left(-\frac{AW_e}{Q}\right)$ 적용하고, 기타조건은 고려않는다)

① 2배   ② 3배   ③ 6배   ④ 9배

해설 $\eta = 1 - \exp\left(-\frac{AW_e}{Q}\right)$ → $\exp(-\frac{AW_e}{Q}) = 1 - \eta$

$-\frac{AW_e}{Q} = \ln(1-\eta)$ → $A = -\frac{Q}{W_e} \times \ln(1-\eta)$

∴ $\frac{A_2(개조후)}{A_1(개조전)} = \frac{-\frac{Q}{W_e} \times \ln(1-0.999)}{-\frac{Q}{W_e} \times \ln(1-0.9)} = 3배$

정답 13.③ 14.④ 15.②

13 연소

[1] 개요
① 연료는 C, H, O, N, S, 수분, 회분 등으로 구성되어 있다.
② 연소는 가연성분이 산소와 화합하면서 빛과 열을 발생한다.
③ 가연성분에는 C, H, S 성분이 있다.
④ 연소를 도와주는 조연성분에는 O 성분이 있다.
⑤ 불연성분에는 N, H_2O, Ash 등이 있다.

[2] 연소
① 연소란 연료와 공기가 혼합되어 일정 온도와 일정 시간이 유지되면 열과 빛이 발생하는 현상을 말한다.
② **완전연소를 위한 3가지 조건(3T)**
　　시간(Time), 온도(Temperature), 혼합(Turbulence)
③ **연소의 3대 조건** : 연료, 산소, 불꽃
④ **연소의 종류**
　• **증발연소**: 연료 자체가 증발하여 연소한다(휘발유, 등유, 알코올 등).
　• **분해연소**: 물질의 열분해로 발생하는 가연성 가스가 연소한다(목재, 석탄 등).
　• **표면연소**: 고체표면이 공기 중 산소와 반응하여 빨간 빛을 내며 연소한다(목탄, 석탄, 코크스 등).
　• **확산연소**: 공기의 확산에 의한 불꽃이동 연소이다.
　• **자기연소(내부연소)**: 물질자체의 결합산소와 반응하여 연소한다(니트로글리세린 등).
⑤ **인화점**
　가연성 물질에 불꽃을 접근시키면 인화하게 되는데, 이 때 필요한 최저온도이다.
⑥ **착화점**
　• 가연성 물질이 열의 축적으로 점화되지 않아도 수시로 연소가 개시되는 온도이다.
　• 분자구조가 복잡할수록 착화온도는 낮아진다.
　• 화학결합의 활성도가 클수록 착화온도는 낮아진다.
　• 화학반응성이 클수록 착화온도는 낮아진다.
　• 화학적 발열량이 클수록 착화온도는 낮아진다.
　• 산소농도와 압력이 높을수록 착화온도는 낮아진다.

- 비표면적이 클수록 착화온도는 낮아진다.

[3] 연료
① 연료란 공기 중의 산소와 반응하여 열을 발생하는 물질이다.
② 연소효율은 탄화수소의 비(C/H)가 낮을 수록 높으며, 탄화수소의 비(C/H)가 높을수록 매연발생이 심하다.

  중유 > 경유 > 등유 > 가솔린
  고체 > 액체 > 기체연료

③ 액화천연가스(LNG): 메탄(CH_4)
  액화석유가스(LPG): 프로판(C_3H_8)+부탄(C_4H_{10})

Question

01 다음은 연소의 종류에 관한 설명이다. 괄호 안에 알맞은 것은?

> 목재, 석탄, 타르 등은 연소 초기에 가연성 가스가 생성되고, 이것이 긴 화염을 발생시키면서 연소하는데 이러한 연소를 ( )라 한다.

① 표면연소　　　　　　　　② 분해연소
③ 확산연소　　　　　　　　④ 자기연소

02 소각로에서 완전연소를 위한 3가지 조건(3T)으로 옳은 것은?

① 시간-온도-혼합　　　　　② 시간-온도-수분
③ 혼합-수분-시간　　　　　④ 혼합-수분-온도

03 A도시 쓰레기 성분 중 안타는 성분이 중량비로 약 60% 차지하였다. 지금 밀도가 400kg/m³인 쓰레기가 8m³ 있을 때 타는 성분 물질의 양은?

① 1.28ton　　　　　　　　② 1.92ton
③ 3.2ton　　　　　　　　　④ 19.2ton

해설 가연성 성분=100-불연성 성분 60%=40%
∴ 가연성 성분 =400kg/m³×8m³×0.4=1280kg=1.28t

정답 01.② 02.① 03.①

[4] 발열량

① 연료를 완전연소 시켰을 때 발생하는 열량이다.

② 단위는 kcal/kg, kcal/Sm³으로 표시한다.

③ 연료는 가연성분(C, H, S)과 조연성분(O), 불연성분(N, H₂O, Ash)으로 구성되며 불연성분인 질소, 수분, 회분은 열량계산과 관계가 없다.

④ 발열량의 산정방법에는 추정식에 의한 방법, 단열계량계에 의한 방법, 원소분석에 의한 방법(Dulong의 원소분석법)이 있다.

[5] 고위발열량 및 저위발열량

① **고위발열량**(H_h, 총 발열량)

수분에 의하여 생성된 수분의 응축열(증발잠열)을 포함한 열량으로 열량계로 측정한다.

② **저위발열량**(H_l, 진발열량, 네트칼로리)

수분에 의하여 생성된 수분의 응축열(증발잠열)을 배제한 열량으로 소각로 건설의 기준이 된다.

③ **Dulong의 원소분석법**

$$H_h(\text{kcal/kg}) = 81\text{C} + 340(\text{H} - \frac{\text{O}}{8}) + 25\text{S}$$

*여기서, 원소의 단위는 퍼센트농도(%)이다.

④ **고체, 액체연료**

$$H_h(\text{kcal/kg}) = H_l + 6(9\text{H} + \text{W})$$

$$H_l(kcal/kg) = H_h - 6(9\text{H} + \text{W})$$

*여기서, 원소의 단위는 퍼센트농도(%)이다.

⑤ **기체연료**

$$H_h(kcal/Sm^3) = H_l + 480\sum H_2O$$

$$H_l(kcal/Sm^3) = H_h - 480\sum H_2O$$

*여기서, H_2O는 연료의 연소반응에서 생성된 물의 몰(M)이다.

Question

01 폐기물소각로의 설계기준이 되는 발열량은?

① 고위발열량
② 저위발열량
③ 고위발열량과 저위발열량의 산술평균
④ 고위발열량과 저위발열량의 기하평균

02 폐기물의 발열량에 대한 설명으로 옳지 않은 것은?

① 발열량은 연료의 단위량(기체연료는 1Sm³, 고체와 액체연료는 1kg)이 완전연소 할 때 발생하는 열량(kcal)이다.
② 고위발열량은 폐기물 중의 수분 및 연소에 의해 생성된 수분의 응축열을 포함하는 열량이다.
③ 열량계로 측정되는 열량은 저위발열량이다.
④ 실제 연소시설에서는 고위발열량에서 응축열을 공제한 잔여열량이 유효하게 이용된다.

해설 열량계로 측정되는 열량은 고위발열량이다.

03 중량비로 수소가 15%, 수분이 1% 함유되어 있는 중유의 고위발열량이 13000kcal/kg이다. 이 중유의 저위발열량은?

① 12184 kcal/kg
② 13184 kcal/kg
③ 15100 kcal/kg
④ 15180 kcal/kg

해설 $H_l = H_h - 6(9H + W)$
∴ $H_l = 13000 - 6(9 \times 15 + 1) = 12184 kcal/kg$

04 중량비로 수소가 15%, 수분이 1% 함유되어 있는 액체 연료의 저위발열량은 12184 kcal/kg이다. 이 연료의 고위발열량은 얼마인가?

① 12000 kcal/kg
② 13000 kcal/kg
③ 14000 kcal/kg
④ 15000 kcal/kg

해설 $H_h = H_l + 600(9H + W)$
∴ $H_h = 12184 + 600(9 \times 0.15 + 0.011) = 13000 kcal/kg$

정답 01.② 02.③ 03.① 04.②

05 메탄(CH_4)의 고위발열량이 9150kcal/Sm^3일 때, 저위발열량은?

① 9020kcal/Sm^3
② 8540kcal/Sm^3
③ 8190kcal/Sm^3
④ 7250kcal/Sm^3

해설 $H_l(kcal/Sm^3) = H_h - 480\sum H_2O(mol)$
$CH_4 + 2O_2 \rightarrow CO_2 + 2H_2O$
$\therefore H_l = 9150kcal/Sm^3 - (480 \times 2) = 8190kcal/Sm^3$

06 도시 쓰레기의 조성을 분석하였더니 탄소 30%, 수소 10%, 산소 45%, 질소 5%, 황 0.5%, 회분 9.5%일 때, 듀롱(Dulong)식을 이용한 고위발열량은?

① 약 2450kcal/kg
② 약 3940kcal/kg
③ 약 4440kcal/kg
④ 약 5360kcal/kg

해설 $H_h = 8100C + 34250(H - \dfrac{O}{8}) + 2250S$
$H_h = (8100 \times 0.3) + 34250(0.1 - \dfrac{0.45}{8}) + (2250 \times 0.005)$
$= 3939.7 kcal/kg$

정답 05.③ 06.②

14 연소

[1] 고체 액체연료의 이론산소량(O_o)

① 무게기준(연료 1kg을 연소할 경우)

$$O_o(kg/kg) = \frac{32}{12}C + \frac{16}{2}(H - \frac{O}{8}) - \frac{32}{32}S$$

$$\therefore O_o(kg/kg) = 2.667C + 8(H - \frac{O}{8}) + S$$

② 부피기준(연료 1Sm³를 연소할 경우)

$$O_o(Sm^3/kg) = (\frac{22.4}{12}C + \frac{11.2}{2}(H - \frac{O}{8}) + \frac{22.4}{32}S$$

$$\therefore O_o(Sm^3/kg) = 1.867C + 5.6(H - \frac{O}{8}) + 0.7S$$

③ 고체, 액체연료의 연소반응은 다음과 같다.

$$C + O_2 \rightarrow CO_2$$

$$H_2 + \frac{1}{2}O_2 \rightarrow H_2O$$

$$S + O_2 \rightarrow SO_2$$

[2] 고체 액체연료의 이론공기량(A_0)

중량단위 $A_0 = \frac{1}{0.23}O_o$

부피단위 $A_0 = \frac{1}{0.21}O_o$

[3] 고체 액체연료의 실제공기량(A)

$$A = m(공기비) \times A_o(이론공기량)$$

$$m = \frac{A}{A_0} = \frac{21}{21 - O_2}$$

$$m(불완전연소) = \frac{N_2(\%)}{N_2(\%) - 3.76(O_2 - 0.5CO\%)}$$

[4] 기체연료의 이론산소량(O_o)

완전연소 기본식

$$C_mH_n + (m + \frac{n}{4})O_2 \rightarrow mCO_2 + \frac{n}{2}H_2O$$

$$CH_4 + (1 + \frac{4}{4})O_2 \rightarrow 1CO_2 + \frac{4}{2}H_2O$$

$$\therefore CH_4 + 2O_2 \rightarrow CO_2 + 2H_2O$$

$$C_2H_6 + 3.5O_2 \rightarrow 2CO_2 + 3H_2O$$

$$C_3H_8 + 5O_2 \rightarrow 3CO_2 + 4H_2O$$

$$C_4H_{10} + 6.5O_2 \rightarrow 4CO_2 + 5H_2O$$

[5] 기체연료의 이론공기량(A_0)

중량단위 $A_0 = \dfrac{1}{0.23} O_o$

부피단위 $A_0 = \dfrac{1}{0.21} O_o$

[6] 기체연료의 실제공기량(A)

공기비 $m = \dfrac{A}{A_o}$

$m = \dfrac{A}{A_o} = \dfrac{21}{21 - O_2}$

$\therefore A = mA_o$

Question

01 완전 연소를 위한 이론공기량을 산출하는 식으로 옳은 것은?(단, 부피기준임)

① 이론공기량=이론산소량×0.21
② 이론공기량=이론산소량÷0.21
③ 이론공기량=이론산소량×0.79
④ 이론공기량=이론산소량÷0.79

정답 01.②

02 실제공기량(A)을 바르게 나타낸 식은? (단, A_o: 이론공기량, m: 공기비, $m > 1$)

① $A = mA_o$ ② $A = (m+1)A_o$
③ $A = (m-1)A_o$ ④ $A = \dfrac{A_o}{m}$

해설 공기비 $m = \dfrac{A}{A_o}$

03 연료를 연소시킬 때 실제 공급된 공기량을 A, 이론공기량을 A_o라 할 때, 과잉공기율을 옳게 나타낸 것은?

① $\dfrac{A - A_o}{A}$ ② $\dfrac{A - A_o}{A_o}$ ③ $\dfrac{A}{A_o} + 1$ ④ $\dfrac{A_o}{A} - 1$

해설 공기비(m) = $\dfrac{\text{실제공기량}}{\text{이론공기량}} = \dfrac{A}{A_o}$

과잉공기율(%) = $(m-1) \times 100 = \left(\dfrac{A}{A_o} - 1\right) \times 100 = \dfrac{A - A_o}{A_o}$

04 소각로에 적용하는 공기비(m)에 관한 설명으로 가장 적합한 것은?

① 실제공기량과 이론공기량의 비
② 연소가스량과 이론공기량의 비
③ 연소가스량과 실제공기량의 비
④ 실제공기량과 실제공기량의 비

05 2Sm³의 기체연료를 연소시키는 데 필요한 이론공기량은 18Sm³이고 실제 사용한 공기량은 21.6Sm³이다. 이때의 공기비는?

① 0.6 ② 1.2 ③ 2.4 ④ 3.6

해설 공기비 $m = \dfrac{\text{실제공기량}(A)}{\text{이론공기량}(A_o)} = \dfrac{21.6}{18} = 1.2$

06 탄소 12kg이 완전연소 하는데 필요한 이론공기량(Sm³)은?

① 22.4 ② 32.4 ③ 86.7 ④ 106.7

해설 $C + O_2 \rightarrow CO_2$
$12kg : 1 \times 22.4 Sm^3$
$12kg : x$

이론산소량 $O_o(x) = 22.4 Sm^3 \times \dfrac{12kg}{12kg} = 22.4 Sm^3$

∴ 이론공기량 $A_o = \dfrac{\text{이론산소량}}{0.21(\text{산소 부피})} = \dfrac{22.4 Sm^3}{0.21} = 106.7 Sm^3$

정답 02.① 03.② 04.① 05.② 06.④

07 중량비가 C : 86%, H : 4%, O : 8%, S : 2%인 석탄을 연소할 경우 필요한 이론 산소량은?

① 약 1.6Sm³/kg
② 약 1.8Sm³/kg
③ 약 2.0Sm³/kg
④ 약 2.26Sm³/kg

해설 $O_o(Sm^3/kg) = 1.867C + 5.6(H - \dfrac{O}{8}) + 0.7S$

∴ $O_o(Sm^3/kg) = 1.867 \times 0.86 + 5.6(0.04 - \dfrac{0.08}{8}) + 0.7 \times 0.02 = 1.8$

08 A중유 연소 가열로의 연소 배출가스를 분석하였더니, 용량비로 질소 80%, 탄산가스 12%, 산소 8%의 결과치를 얻었다. 이때 공기비는?

① 약 1.6
② 약 1.4
③ 약 1.2
④ 약 1.1

해설 $m = \dfrac{A}{A_o} = \dfrac{21}{21 - O_2} = \dfrac{N_2(\%)}{N_2(\%) - 3.76(O_2 - 0.5CO\%)}$

∴ $m = \dfrac{80}{80 - 3.76(8 - 0.5 \times 0)} = 1.6$

09 황화수소(H₂S) 2Sm³을 연소 시 필요한 이론산소량은?

① 1Sm³
② 2Sm³
③ 3Sm³
④ 4Sm³

해설 $H_2S + \dfrac{3}{2}O_2 \rightarrow SO_2 + H_2O$

$1M \quad : 1.5M$
$2Sm^3 : x \qquad \therefore x = 3Sm^3$

10 메탄 5Sm³를 공기비 1.2로 완전연소시킬 때, 필요한 이론공기량(Sm³)은?

① 47.6
② 50.3
③ 53.9
④ 57.1

해설 $CH_4 \ + \ 2O_2 \ \rightarrow \ CO_2 \ + \ 2H_2O$

$1M \ : \ 2M$
$5Sm^3 : \ x$

$x = 10\,Sm^3$

∴ 이론공기량 = $\dfrac{10Sm^3}{0.21} = 47.6\,Sm^3$

정답 07.② 08.① 09.③ 10.①

11 메탄올 4kg이 완전연소하는데 필요한 이론공기량은?(단, 표준상태 기준)

① $5Sm^3$ ② $10Sm^3$ ③ $15Sm^3$ ④ $20Sm^3$

해설 $CH_3OH + \dfrac{3}{2}O_2 \rightarrow CO_2 + 2H_2O$

$32kg : \dfrac{3}{2} \times 22.4 Sm^3$
$4kg : x$

∴ 이론공기량 $A_o = \dfrac{\dfrac{3}{2} \times 22.4 \times 4}{32 \times 0.21} = 20\,Sm^3$

12 에탄가스 $1Sm^3$의 완전연소에 필요한 이론공기량은?

① $8.67Sm^3$ ② $10.67Sm^3$
③ $12.67Sm^3$ ④ $16.67Sm^3$

해설 $C_2H_6 + \dfrac{7}{2}O_2 \rightarrow 2CO_2 + 3H_2O$

$1M : 3.5M$
$1Sm^3 : x$

∴ 이론공기량 $= \dfrac{\text{이론산소량}}{\text{대기 산소 비율}} = \dfrac{3.5Sm^3}{0.21} = 16.7Sm^3$

13 일반식이 C_mH_n인 탄화수소 기체 $1Sm^3$를 연소하는데 필요한 이론공기량(Sm^3)은 얼마인가?

① $\dfrac{1}{0.21}(n+\dfrac{m}{4})$ ② $\dfrac{1}{0.21}(m+\dfrac{n}{4})$
③ $\dfrac{1}{0.23}(n+\dfrac{m}{4})$ ④ $\dfrac{1}{0.23}(m+\dfrac{n}{4})$

해설 $C_mH_n + (m+\dfrac{n}{4})O_2 \rightarrow mCO_2 + (\dfrac{n}{2})H_2O$
            이론산소량

$A_o = \left(\dfrac{m+\dfrac{n}{4}}{0.21}\right) = \dfrac{1}{0.21}(m+\dfrac{n}{4})$

14 실제공기량(A)을 바르게 나타낸 식은? (단, A_o: 이론공기량, m: 공기비, $m > 1$)

① $A = mA_o$ ② $A = (m+1)A_o$
③ $A = (m-1)A_o$ ④ $A = \dfrac{A_o}{m}$

정답 11.④ 12.④ 13.② 14.①

15 소각로에 적용하는 공기비(m)에 관한 설명으로 가장 적합한 것은?

① 실제공기량과 이론공기량의 비
② 연소가스량과 이론공기량의 비
③ 연소가스량과 실제공기량의 비
④ 실제공기량과 실제공기량의 비

> **해설** 공기비$(m) = \dfrac{\text{실제공기량}}{\text{이론공기량}}$

16 2Sm³의 기체연료를 연소시키는 데 필요한 이론공기량은 18Sm³이고 실제 사용한 공기량은 21.6Sm³이다. 이때의 공기비는?

① 0.6
② 1.2
③ 2.4
④ 3.6

> **해설** 공기비 $m = \dfrac{\text{실제공기량}(A)}{\text{이론공기량}(A_o)} = \dfrac{21.6}{18} = 1.2$

17 이론공기량 6.5Sm³/kg, 공기비 1.2일 때 실제로 공급된 공기량은?

① 4.3Sm³/kg
② 5.4Sm³/kg
③ 7.8Sm³/kg
④ 8.3Sm³/kg

> **해설** 실제공기량 $= 1.2 \times 6.5 Sm^3/kg = 7.8 Sm^3/kg$

18 프로판(C_3H_8)의 연소반응식은 아래와 같다. 다음 식에서 x, y값을 옳게 나타낸 것은?

$$C_3H_8 + xO_2 \rightarrow 3CO_2 + yH_2O$$

① $x=2,\ y=2$
② $x=3,\ y=4$
③ $x=4,\ y=3$
④ $x=5,\ y=4$

> **해설** 완전연소 기본식
> $$C_mH_n + (m+\dfrac{n}{4})O_2 \rightarrow mCO_2 + \dfrac{n}{2}H_2O$$
> $$C_3H_8 + (3+\dfrac{8}{4})O_2 \rightarrow 3CO_2 + \dfrac{8}{2}H_2O$$

정답 15.① 16.② 17.③ 18.④

15 공기연료비(AFR)

[1] 공기연료비 이론
① 공기연료비(AFR, Air Fuel Ratio)는 연료를 완전연소 시 그때 넣은 공기와 연료의 부피(mole)비 또는 무게(kg)비를 나타낸다.
② AFR이 크면 과잉의 공기로 CO의 발생과 연소온도는 저하한다.
③ AFR이 작아지면 공기의 저하로 CO의 발생은 증가한다.

[2] 공기연료비
① 부피(mole)기준

$$AFR = \frac{공기(mole)}{연료(mole)} = \frac{\frac{산소(mole)}{0.21}}{연료(mole)}$$

② 무게(kg)기준

$$AFR = \frac{공기(kg)}{연료(kg)} = \frac{\frac{산소(kg)}{0.23}}{연료(kg)}$$

Question

01 과잉공기비(m)를 크게 하였을 때의 연소 특성으로 옳지 않은 것은?
① 연소실의 연소온도가 낮아진다.
② 통풍력이 강하여 배기가스에 의한 열손실이 크다.
③ 배기가스 중 질소산화물의 함량이 많아진다.
④ 연소가스 중의 CO 농도가 높아져 공해의 원인이 된다.

02 연료의 연소 시 공기비가 클 경우에 나타는 현상으로 가장 거리가 먼 것은?
① 연소실내의 온도가 낮아짐
② 배기가스 중 NOx양 증가
③ 배기가스에 의한 열손실의 증대
④ 불완전 연소에 의한 매연 증대

해설 공기비가 너무 적을 경우 불완전 연소에 의한 매연이 증대한다.

정답 01.④ 02.④

03 과잉공기비 m을 크게(m > 1) 하였을 때, 연소 특성으로 옳지 않은 것은?

① 연소가스 중 CO농도가 높아져 산업공해의 원인이 된다.
② 통풍력이 강하여 배기가스에 의한 열손실이 크다.
③ 배기가스의 온도저하 및 SO_x, NO_x 등의 생성물이 증가한다.
④ 연소실의 냉각효과를 가져온다.

해설 과잉공기비(m)의 증가는 완전연소가 촉진되어 CO농도는 저하하고, CO_2농도는 높아진다.

04 C_8H_{18}을 완전연소 시킬 때 부피 및 무게에 대한 이론 AFR로 옳은 것은?

① 부피 : 59.5, 무게 : 15.1
② 부피 : 59.5, 무게 : 13.1
③ 부피 : 35.5, 무게 : 15.1
④ 부피 : 35.5, 무게 : 13.1

해설
$C_8H_{18} + 12.5O_2 + \rightarrow 8CO_2 + 9H_2O$
$1M$: $12.5 \Rightarrow mole$ 기준
$114kg$: $12.5 \times 32 \Rightarrow kg$ 기준

$$AFR = \frac{공기(mole)}{연료(mole)} = \frac{\frac{12.5}{0.21}}{1} = 59.5$$

$$AFR = \frac{공기(kg)}{연료(kg)} = \frac{\frac{12.5 \times 32}{0.23}}{114} = 15.2$$

05 옥탄(C_8H_{18}) 연료의 이론적 완전연소 시, 부피기준에서의 AFR(Moles Air/Mole Fuel)은?

① 12.5
② 41.5
③ 59.5
④ 74.5

해설
$C_8H_{18} + 12.5O_2 + \rightarrow 8CO_2 + 9H_2O$
$1M$: $12.5M$
$$AFR = \frac{공기(mole)}{연료(mole)} = \frac{12.5M/0.21}{1M} = 59.5$$

정답 03.① 04.① 05.③

16 연소가스량

[1] 이론 습연소가스량(Gow)

① 이론공기량으로 연소시켰을 때 발생하는 가스량에 수증기를 포함한다.
② 이론공기량(A_o) 중에서 불연성분인 질소는 이론 습연소가스량에 포함되어 배출되기 때문에 질소 배출가스를 합해야 한다.

　　연소가스량 = 이론공기 중 질소량 + Σ연소생성물

③ 기체연료

$$Gow(\frac{Sm^3}{Sm^3}) = (1-0.21)A_o + \sum CO_2 + H_2O$$

④ 고체연료

$$Gow(\frac{Sm^3}{kg}) = A_o + 5.6H + 0.7O + 0.8N + 1.244W$$

[2] 이론 건연소가스량(God)

① 이론공기량으로 연소시켰을 때 발생하는 가스량에서 수증기는 제외한다.
② 이론공기량(A_o) 중에서 불연성분인 질소는 이론 건연소가스량에 포함되어 배출되기 때문에 질소 배출가스를 합해야 한다.

　　연소가스량 = 이론공기 중 질소량 + Σ연소생성물

③ 기체연료

$$God(\frac{Sm^3}{Sm^3}) = (1-0.21)A_o + \sum CO_2$$

④ 고체연료

$$God(\frac{Sm^3}{kg}) = A_o - 5.6H + 0.7O + 0.8N$$

[3] 실제 습연소가스량(Gw)

① 실제공기량으로 연소시켰을 때, 발생하는 연소가스에 수증기를 포함한 연소가스량을 실제 습연소가스량이라 한다.
② 실제 연소에서 이론공기량(A_o) 이상의 과잉공기량(A')이 요구되기 때문에 실제 습연소가스량은 이론공기량의 불연성분인 질소 배출가스와 과잉공기량을 합해야 한다.

　　G = 이론공기 중 질소량 + 과잉공기량 + Σ연소생성물

=실제공기 중 질소량 + 과잉공기 중 산소량 + Σ연소생성물

③ 기체연료

$$Gw(\frac{Sm^3}{Sm^3}) = (m-0.21)A_o + \sum CO_2 + H_2O$$

④ 고체연료

$$Gw(\frac{Sm^3}{kg}) = mA_o + 5.6H + 0.7O + 0.8N + 1.244W$$

[4] 실제 건연소가스량(Gd)

① 실제공기량으로 연소시켰을 때, 발생하는 연소가스에 수증기를 제외한 연소가스량을 실제 건연소가스량이라 한다.

② 실제 연소에서 이론공기량(A_o) 이상의 과잉공기량(A')이 요구되기 때문에 실제 건연소가스량은 이론공기량의 불연성분인 질소 배출가스와 과잉공기량을 합해야 한다.

　　G=이론공기 중 질소량 + 과잉공기량 + Σ연소생성물
　　　=실제공기 중 질소량 + 과잉공기 중 산소량 + Σ연소생성물

③ 기체연료

$$Gd(\frac{Sm^3}{Sm^3}) = (m-0.21)A_o + \sum CO_2$$

④ 고체연료

$$Gd(\frac{Sm^3}{kg}) = mA_o - 5.6H + 0.7O + 0.8N$$

[5] 최대탄산가스율($CO_{2\max}\%$)

① 최대 탄산가스율이란 가연물질을 완전연소 시킬 때, 최대로 발생하는 CO_2의 비율을 말한다.

② $CO_{2max}\%$가 최대가 되도록 공기비를 조절하면 이상적인 연소가 된다.

$$CO_{2\max}\% = \frac{CO_2 발생량}{God} \times 100$$

$$CO_{2\max} = \frac{21 \times CO_2\%}{21 - O_2\%}$$

$$CO_{2\max} = m \times CO_2\%$$

Question

01 메탄 1Sm³을 완전연소 시킬 경우 이론 습연소가스량(Sm³)은?

① 약 9.1 ② 약 10.5
③ 약 11.3 ④ 약 12.4

해설 $CH_4 + 2O_2 \rightarrow CO_2 + 2H_2O$

$A_o = \dfrac{O_o}{0.21} = \dfrac{2Sm^3}{0.21} = 9.52 Sm^3$

$Gow = (1-0.21) \times 9.52 + \sum 1+2 = 10.52 Sm^3$

02 C_3H_8 1Sm³를 연소시킬 때 이론 건연소가스량은?

① 17.8 Sm³/Sm³ ② 19.8 Sm³/Sm³
③ 21.8 Sm³/Sm³ ④ 23.8 Sm³/Sm³

해설 $C_3H_8 + 5O_2 \rightarrow 3CO_2 + 4H_2O$

$A_o = \dfrac{O_o}{0.21} = \dfrac{5Sm^3}{0.21} = 23.8 Sm^3$

$God = (1-0.21) \times 23.8 + \sum 3 = 21.8 Sm^3/Sm^3$

03 프로판(C_3H_8) 1Sm³를 공기비 1.2로 완전연소 시킬 때 발생되는 실제 습연소가스량(Sm³)은?

① 18 ② 22 ③ 27 ④ 31

해설 $C_3H_8 + 5O_2 \rightarrow 3CO_2 + 4H_2O$

$A_o = \dfrac{O_o}{0.21} = \dfrac{5Sm^3}{0.21} = 23.8 Sm^3$

$Gw = (1.2-0.21) \times 23.8 + \sum 3+4 = 30.56 Sm^3$

04 프로판(C_3H_8) 1Sm³를 공기비 1.2로 완전연소시킬 때 발생되는 실제 건연소가스량(Sm³)은?

① 26.6 ② 31.4 ③ 38.9 ④ 43.7

해설 $C_3H_8 + 5O_2 \rightarrow 3CO_2 + 4H_2O$

$A_o = \dfrac{5Sm^3}{0.21} = 23.8 Sm^3/Sm^3$

$Gd(\dfrac{Sm^3}{Sm^3}) = (1.2-0.21)23.8 + \sum 3 = 26.5 Sm^3$

정답 01.② 02.③ 03.④ 04.①

05 공기비를 1.3으로 하는 어떤 연료를 연소시킬 때 배출가스 조성을 분석한 결과 CO_2가 11% 이었다면 $(CO_2)_{max}$%는?

① 8.6%   ② 9.7%
③ 14.3%   ④ 17.5%

해설 $CO_{2\max} = m \times CO_2\% = 1.3 \times 11\% = 14.3\%$

06 CO 100kg을 연소시킬 때 필요한 산소량(부피)과 이 때 생성되는 CO_2부피는?

① 20 Sm^3 O_2, 40 Sm^3 CO_2
② 40 Sm^3 O_2, 80 Sm^3 CO_2
③ 60 Sm^3 O_2, 120 Sm^3 CO_2
④ 80 Sm^3 O_2, 160 Sm^3 CO_2

해설 $CO + 1/2 O_2 \rightarrow CO_2$
28 : 0.5×22.4 : 22.4
100 : x_1 : x_2 ∴ $x_1 = 40 Sm^3 . O_2$ $x_2 = 80 Sm^3 . CO_2$

정답 05.③ 06.②

제 4 부
소음진동방지

Craftsman Environmental

제4부 소음진동방지

01 음의 성질

① 소음
- 인간이 원하지 않은 소리이다.
- 가청주파수: 20 ~ 20000Hz
  1000Hz에서 가청 음압실효치 $2 \times 10^{-5} N/m^2$
- 초음파: 20000Hz 이상
- 사람의 목소리: 100 ~ 10000Hz

② 진동
어떤 물체가 좌우(종파, P파), 상하(횡파, S파)로 흔들리는 현상으로써, 인간이 느끼는 진동치는 55±5dB이다.

③ 주파수
1초 동안에 Cycle수를 나타낸다(Cycle수 / sec).

④ 주기
1 Cycle에 필요한 시간(초)를 나타낸다(sec / Cycle).

⑤ 진폭
신호의 높이 즉, 주기적인 진동에서 진동의 중심으로부터 최대로 움직인 거리로 나타낸다.

⑥ 파장
1주기 동안 波가 진행한 거리를 나타낸다(m / Cycle).

⑦ 음선
음의 진행방향을 나타내는 선이다.

⑧ 회절

파동이 좁은 틈을 통과할 때 그 뒤편까지 파가 전달되는 현상을 말하며, 회절하는 정도는 파장에 비례한다.

⑨ 굴절

파동이 서로 다른 매질(媒質)의 경계면을 지나면서 진행방향이 바뀌는 현상을 말한다.

⑩ 흡음

물체가 소리를 빨아들이는 현상을 말한다.

⑪ 공명

두 개의 진동체의 고유진동수가 같을 때 한 쪽을 울리면 다른 쪽도 울리는 현상이다.

⑫ 반사

빛이 직진 중 다른 매질을 만나게 되면 그 경계면에서 일부 빛이 반사되는 현상이다.

⑬ 간섭

둘 또는 그 이상의 빛이 겹쳐질 때 빛의 세기가 커지거나 작아지는 현상이다.

⑭ 종파(소밀파, 음파)

음파(소리) 또는 지진 P파(primary)와 같이 좌우로 진동하며 매질과 파동의 진행방향이 평행할 경우에 발생한다.

⑮ 횡파(고정파)

물결파, 전자기파, 지진 S파(secondary)와 같이 상하로 출렁거리며 매질과 파동의 진행방향이 수직인 경우에 발생한다.

⑯ 소음의 평가

- SIL(speech interference level) 대화방해레벨
- NNI(noise and number index) 항공기소음지수
- NC(noise criteria) 실내 암소음 평가방법의 기준
- TNI 도로교통소음지수

Question

01 다음 중 소음·진동에 관련한 용어의 정의로 옳지 않은 것은?

① 반사음은 한 매질 중의 음파가 다른 매질의 경계면에 입사한 후 진행방향을 변경하여 본래의 매질 중으로 되돌아오는 음을 말한다.
② 정상소음은 시간적으로 변동하지 아니하거나 또는 변동폭이 작은 소음을 말한다.
③ 등가소음도는 임의의 측정시간 동안 발생한 변동 소음의 총에너지를 같은 시간 내의 정상소음의 에너지로 등가하여 얻어진 소음도를 말한다.
④ 지발발파는 수 시간 내에 시간차를 두고 발파하는 것을 말한다.

해설 지발발파는 일정한 시간 간격으로 발파하는 것을 말한다.

02 두 개의 진동체의 고유진동수가 같을 때 한 쪽을 울리면 다른 쪽도 울리는 현상을 무엇이라 하는가?

① 공명
② 진폭
③ 회절
④ 굴절

03 다음 지반을 전파하는 파에 관한 설명 중 옳은 것은?

① 종파는 파동의 진행방향과 매질의 진동방향이 서로 수직이다.
② 종파는 매질이 없어도 전파된다.
③ 음파는 종파에 속한다.
④ 지진파의 S파는 파동의 진행방향과 매질의 진동방향이 서로 평행하다.

해설
• 종파는 파동의 진행 방향과 매질의 진동방향이 서로 평행이다.
• 종파는 매질이 있어야 전파된다.
• 지진파의 S파는 파동의 진행방향과 매질의 진동방향이 서로 수직이다.

04 다음 중 종파(소밀파)에 해당하는 것은?

① 물결파
② 전자기파
③ 음파
④ 지진파의 S파

해설 종파(소밀파, 음파)는 파동이 나아가는 방향과 같은 방향으로 진동한다.

정답 01.④ 02.① 03.③ 04.③

02 음의 감각기관

01 귀의 구조
① **외이** : 귓바퀴와 외이도로 구성되며 공기로 음을 전달한다.
② **중이** : 공기로 채워지며 뼈로 음을 전달한다. 중이에는 고막, 난원창, 이소골이 있다.
③ **내이** : 진동판이 액체로 음을 전달하며, 기압을 조절하는 유스타키오관이 있다.
④ **고막** : 음파를 진동시키는 기관이다.
⑤ **난원창** : 고막의 진동을 증폭해서 외림프에 전달하는 기관이다.
⑥ **이소골** : 고막의 진동을 증폭시켜 내이로 전달한다.
⑦ **유스타키오관** : 귀의 내부구조 중 외이와 중이의 기압을 조정하는 기관이다.

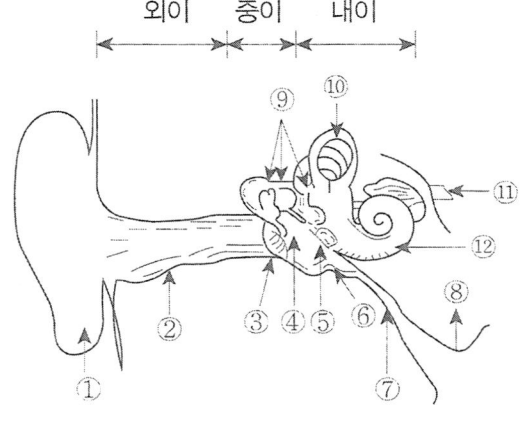

① 이개(귀바퀴)
② 외이도
③ 고막
④ 고실
⑤ 난원창(전정창)
⑥ 원형창(고실창)
⑦ 이판
⑧ 인두
⑨ 이소골
⑩ 평형기
⑪ 청신경
⑫ 와우각

02 소음영향
① 영구적 청력상실(4000Hz 부근)
② 노인성 난청(6000Hz 부근)
③ 난청은 중심 주파수 500~2000Hz 범위에서 25dB 이상
④ 일시적 청력상실
⑤ 심리적영향
⑥ 작업능률저하
⑦ 생리적인 영향

01 난청이란 4분법에 의한 청력손실이 옥타브밴드 중심 주파수 500~2000Hz 범위에서 몇 dB 이상인 경우인가?

① 5
② 10
③ 20
④ 25

해설 4분법에 의한 청력손실이 옥타브밴드로 분석한 중심 주파수 500~2000Hz 범위에서 25dB 이상인 경우를 난청이라 한다.

$$평균청력손실 = \frac{a + 2b + c}{4} dB$$

여기서, a: 옥타브밴드 500Hz에서의 청력손실
b: 옥타브밴드 1000Hz에서의 청력손실
c: 옥타브밴드 2000Hz에서의 청력손실

02 소음의 영향에 관한 설명으로 옳지 않은 것은?

① 노인성 난청은 고주파음(6000Hz)에서부터 난청에 시작된다.
② 영구적 청력손실은 4000Hz 정도에서부터 난청이 시작된다.
③ 가축의 산란율, 부화율, 우유량 등의 저하를 유발시킨다.
④ 신체적으로 혈당도, 혈중 백혈구 수, 혈중 아드레날린 등을 저하시킨다.

해설 신체적으로 혈당도, 혈중 백혈구 수, 혈중 아드레날린 등을 증가 시킨다.

03 소음의 영향으로 옳지 않은 것은?

① 소음성 난청은 소음이 높은 공장에서 일하는 근로자들에게 나타나는 직업병으로 4000Hz 정도에서부터 난청이 시작된다.
② 단순 반복작업보다는 보통 복잡한 사고 기억을 필요로 하는 작업에 더 방해가 된다.
③ 혈중 아드레날린 및 백혈구 수가 감소한다.
④ 말초혈관 수축, 맥박증가 같은 영향을 미친다.

해설 혈중 아드레날린 및 백혈구 수가 증가한다.

04 가청주파수의 범위로 알맞은 것은?

① 20Hz 이하
② 20~20000Hz
③ 20000Hz 이상
④ 200kHz 이하

정답 01.④ 02.④ 03.③ 04.②

05 귀의 내부구조 중 외이와 중이의 기압을 조정하는 기관에 해당하는 것은?
① 고막　　　　　　　　　② 유스타키오관
③ 난원창　　　　　　　　④ 이소골

06 다음 중 중이(中耳)에서 음의 전달매질은?
① 음 파　　　　　　　　② 공 기
③ 림프액　　　　　　　　④ 뼈

> **해설** 음의 전달매질은 외이에서는 공기, 중이에서는 이소골(뼈), 내이에서는 림프액(액체)이다.

07 1000Hz에서 정상적인 성인의 귀로 가청할 수 있는 최소 음압실효치는?
① $2 \times 10^{-5} \text{N/m}^2$　　　　　② $5 \times 10^{-5} \text{N/m}^2$
③ $2 \times 10^{-12} \text{N/m}^2$　　　　④ $5 \times 10^{-12} \text{N/m}^2$

08 사람의 귀는 외이, 중이, 내이로 구분할 수 있다. 다음 중 내이에 관한 설명으로 옳지 않은 것은?
① 음의 전달 매질은 액체이다.
② 이소골에 의해 진동음압을 20배 정도 증폭시킨다.
③ 음의 대소는 섬모가 받는 자극의 크기에 따라 다르다.
④ 난원창은 이소골의 진동을 와우각 중의 림프액에 전달하는 진동판이다.

> **해설** 음의 전달매질은 외이에서는 공기, 중이에서는 이소골(뼈), 내이에서는 림프액(액체)이다.

정답 05.② 06.④ 07.① 08.②

03 음의 회절

① 회절하는 정도는 파장에 비례한다.
② 슬릿의 폭이 좁을수록 회절하는 정도가 크다.
③ 장애물 뒤쪽으로 음이 전파되는 현상이다.
④ 장애물이 작을수록 회절이 잘된다.
⑤ 파장이 길수록, 틈구멍이 작을수록 회절이 잘 된다.

04 음의 굴절

① 음파가 한 매질에서 타 매질로 통과할 때 구부러지는 현상이다.
② 대기의 온도차에 의한 굴절은 온도가 낮은 쪽으로 굴절한다.
③ 음원보다 상공의 풍속이 클 때 풍상측에서는 상공으로 굴절한다.
④ 온도가 낮은 쪽으로 굴절하므로, 낮에는 상공쪽으로 굴절하며 밤에는 지표쪽으로 굴절한다. 따라서 밤에는 낮보다 거리감쇠가 작아져 소리가 크게 들린다.

Question

01 음의 회절에 관한 설명으로 옳지 않은 것은?

① 회절하는 정도는 파장에 반비례한다.
② 슬릿의 폭이 좁을수록 회절하는 정도가 크다.
③ 장애물 뒤쪽으로 음이 전파되는 현상이다.
④ 장애물이 작을수록 회절이 잘된다.

02 음은 파동에 의해 전파되므로 장애물 뒤쪽의 암역(Shadow Zone)에도 어느 정도 음이 전달된다. 이는 소리가 장애물의 모퉁이를 돌아 전해지기 때문인데 이 현상을 무엇이라 하는가?

① 반사   ② 굴절   ③ 회절   ④ 간섭

해설 회절은 파동이 좁은 틈을 통과할 때 그 뒤편까지 파가 전달되는 현상을 말한다.

정답 01.① 02.③

03 음의 굴절에 관한 다음 설명 중 틀린 것은?

① 음파가 한 매질에서 타 매질로 통과할 때 구부러지는 현상이다.
② 대기의 온도차에 의한 굴절은 온도가 낮은 쪽으로 굴절한다.
③ 음원보다 상공의 풍속이 클 때 풍 상측에서는 상공으로 굴절한다.
④ 밤(지표부근의 온도가 상공보다 저온)이 낮(지표부근의 온도가 상공보다 고온)보다 거리감쇠가 크다.

해설 음은 온도가 낮은 쪽으로 굴절한다. 따라서 낮에는 상공쪽으로 밤에는 지표쪽으로 굴절하기 때문에 밤에는 거리감쇠가 작아져 소리가 낮보다 크게 들린다.

정답 03.④

05 음의 파동

① 어떤 물리량이 주기적으로 변화면서 그 변화가 공간을 통해 전파되어 나가는 것을 파동이라 한다.

$$V = f \times \lambda, \quad \lambda = \frac{V}{f}$$

여기서, V : 전파속도(m/s)
f : 진동수(Hz)
λ : 파동의 파장(m)

② 파동에는 종파와 횡파가 있다.
③ 종파는 음파(소리) 또는 지진파의 P파와 같이 매질의 진동방향이 파동의 진행방향과 평행할 경우에 발생한다.
④ 횡파는 물결파, 전자기파, 지진파의 S파와 같이 매질의 진동방향이 파동의 진행방향과 수직(직각)인 경우에 발생한다.
⑤ 파동의 가장 높은 곳을 마루라 한다.
⑥ 진동의 중앙에서 마루 또는 골까지의 거리를 진폭이라 한다.
⑦ 마루와 마루 또는 골과 골 사이의 거리를 파장이라 한다.
⑧ 중심주파수 = 1.12×하한주파수
⑨ 상심주파수 = 1.26×하한주파수

Question

01 주파수가 100Hz, 전파속도가 20m/s인 파동의 파장은?

① 0.1m
② 0.2m
③ 0.3m
④ 0.4m

해설 $V = f \times \lambda$ $\lambda = \dfrac{V}{f} = \dfrac{20}{100} = 0.2\text{m}$

02 진동수가 250Hz이고 파장이 5m인 파동의 전파속도는?

① 50m/s
② 250m/s
③ 750m/s
④ 1250m/s

해설 $V = f \times \lambda = 250 \times 5 = 1250\text{m/s}$

03 진동수가 3300Hz이고, 속도가 330m/sec인 소리의 파장은?

① 0.1m
② 1m
③ 10m
④ 100m

해설 파동의 파장(λ) $= \dfrac{v}{f} = \dfrac{330\text{m/s}}{3300\text{Hz}} = 0.1\text{m}$

04 파동의 특성을 설명하는 용어로 옳지 않은 것은?

① 파동의 가장 높은 곳을 마루라 한다.
② 매질의 진동방향과 파동의 진행방향이 직각인 파동을 횡파라고 한다.
③ 마루와 마루 또는 골과 골 사이의 거리를 주기라 한다.
④ 진동의 중앙에서 마루 또는 골까지의 거리를 진폭이라 한다.

05 다음 중 종파에 해당되는 것은?

① 광파
② 음파
③ 수면파
④ 지진파의 S파

정답 01.② 02.④ 03.① 04.③ 05.②

06 진동 감각에 대한 인간의 느낌을 설명한 것으로 옳지 않은 것은?

① 진동수 및 상대적인 변위에 따라 느낌이 다르다.
② 수직 진동은 주파수 4~8Hz에서 가장 민감하다.
③ 수평 진동은 주파수 1~2Hz에서 가장 민감하다.
④ 인간이 느끼는 진동가속도의 범위는 0.01~10Gal이다.

해설 인간이 느끼는 최소 진동가속도 범위는 0.01~10Gal(55±5dB) 정도이다.

07 1초당 10회 진동하는 파동의 파장이 5m이면, 이 파동의 전파속도는 몇 m/s 인가?

① 2m/s
② 50m/s
③ 500m/s
④ 1000m/s

해설 $V = f \cdot \lambda = 10 \times 5 = 50 \text{m/s}$

08 다음 그림에서 파장은 어느 부분인가? 단, 가로축은 시간, 세로축은 변위

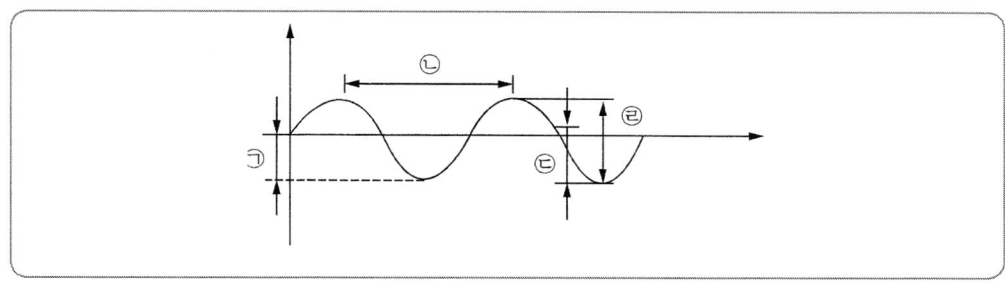

① ㉠
② ㉡
③ ㉢
④ ㉣

정답 06.④ 07.② 08.②

06 소음의 감쇄

① **도플러 효과(Doppler Effect)**
발음원이 이동할 때 그 진행 방향쪽에서는 원래 발음원의 음보다 고음으로, 진행방향 반대쪽에서는 저음으로 되는 현상을 말한다.

② **마스킹 효과**
음파의 간섭에 의해 저음이 고음을 잘 마스킹한다. 두 음의 주파수가 비슷할 때는 마스킹 효과가 대단히 커지나, 두음의 주파수가 거의 같을 때는 맥동이 생겨 마스킹 효과가 감소한다.

③ **호이겐스 원리**
하나의 파면상의 모든 점이 파원이 되어 각각 2차적인 구면파를 사출하여 그 파면들을 둘러싸는 면이 새로운 파면을 만드는 현상

④ **거리감쇄**
선음원은 거리가 2배로 되면 거리감쇄가 3dB 감쇠한다.
자유공간 또는 점음원은 거리가 2배로 되면 거리감쇄가 6dB 감쇠한다.

⑤ **공기의 흡수에 의한 감쇄**
⑥ **땅의 흡음에 의한 감쇄**
⑦ **바람의 영향과 소음원의 지향성에 의한 감쇄**

Question

01 발음원이 이동할 때 그 진행 방향쪽에서는 원래 발음원의 음보다 고음으로, 진행 반대쪽에서는 저음으로 되는 현상을 무엇이라 하는가?
① 도플러 효과　　② 회절
③ 지향효과　　④ 마스킹 효과

02 하나의 파면상의 모든 점이 파원이 되어 각각 2차적인 구면파를 사출하여 그 파면들을 둘러싸는 면이 새로운 파면을 만드는 현상을 의미하는 것은?
① 도플러 효과　　② 마스킹 효과
③ 비트 효과　　④ 호이겐스 원리

정답 01.①　02.④

03 선음원의 거리감쇠에서 거리가 2배로 되면 음압레벨의 감쇠치는?

① 1dB ② 2dB
③ 3dB ④ 4dB

해설 선음원은 거리가 2배로 되면 거리감쇄가 3dB 감쇠한다.
점음원은 거리가 2배로 되면 거리감쇄가 6dB 감쇠한다.

정답 03.③

07 지향계수 및 지향지수

① 지향성은 음원으로부터 방사되어 나가는 소리의 세기로써, 방향에 따라 변한다.
② 무지향성은 전음향 출력이 같은 상태를 말한다.
③ 지향계수(Q)는 음원의 지향성을 수치로 나타내기 위하여 무지향성 점음원을 기준으로 한다.
④ 지향지수(DI)는 지향계수를 dB단위로 나타낸다.
⑤ 자유음장이란 반사가 전혀 없는 자유공간에서 음의 전파는 음원으로부터 거리가 2배로 될 때마다 음압레벨이 6dB씩 감소되는 특징을 가진다.
⑥ 무지향성 점음원을 두면이 접하는 구석에 위치시켰을 때의 지향지수는 ±6dB 이며, 무지향성 점음원을 세면이 접하는 구석에 위치시켰을 때의 지향지수는 ±9dB 이다.

지향지수 $DI = 10 \log Q$

[표] 지향계수와 지향지수

무지향성 점음원	접한 변의 수(n)	지향계수(Q)	지향지수(DI)
자유공간	0	1	0
반 자유공간(지면 위)	1	2	3
2면이 접한 구석	2	4	6
3면이 접한 구석	3	8	9

01 무지향성 점음원을 두 면이 접하는 구석에 위치시켰을 때의 지향지수는?

① 0   ② ±3dB
③ ±6dB   ④ ±9dB

 • 무지향성 점음원을 두면이 접하는 구석에 위치시켰을 때의 지향지수는 ±6dB 이다.
• 지향성 점음원을 세면이 접하는 구석에 위치시켰을 때의 지향지수는 ±9dB 이다.

02 방음대책을 음원대책과 전파경로대책으로 구분할 때, 다음 중 전파경로대책에 해당하는 것은?

① 강제력 저감   ② 방사율 저감
③ 파동의 차단   ④ 지향성 변환

 • 음원대책 : 발생원의 저소음화, 발생원인 제거, 차음(음의 전달차단), 방진, 제진(진동억제), 소음기 설치
• 전파경로대책 : 거리감쇠, 차폐효과, 방음벽 설치(흡음), 지향성 변환(전파경로 변환)

03 원음장 중 음원에서 거리가 2배로 되면 음압레벨이 6dB씩 감소되는 음장은?

① 근접음장   ② 자유음장
③ 잔향음장   ④ 확산음장

자유음장이란 반사가 전혀 없는 자유공간에서 음의 전파는 음원으로부터 거리가 2배로 될 때마다 음압레벨이 6dB씩 감소되는 특징을 가진다.

정답 01.③ 02.④ 03.②

08 음의 세기

음의 세기란 음파의 진행방향에 수직인 단위면적을 단위시간에 통과한 에너지를 말한다.

$$I(W/m^2) = \frac{P^2}{\rho v} = \frac{W}{2\pi r^2}$$

여기서, P : 음압(N/m^2) W : 음향파워 watt
ρ : 공기밀도 r : 거리
v : 음속

01 소음원의 형태가 점음원의 경우 음원으로부터 거리가 2배 멀어질 때, 음압레벨의 감쇠치는?

① 1dB ② 3dB
③ 6dB ④ 9dB

해설
- 점음원의 경우 음원으로부터 거리가 2배 멀어질 때 6dB 감쇠한다.
- 선음원의 경우 음원으로부터 거리가 2배 멀어질 때 3dB 감쇠한다.

02 60phon의 소리는 50phon의 소리에 비해 몇 배(sone) 크게 들리는가?

① 2배 ② 3배 ③ 4배 ④ 5배

해설
- 1000Hz=40dB=40phon=1sone
- 음의 감각량 sone $=2^{\left(\frac{phon-40}{10}\right)}$
- sone $60=2^{\left(\frac{60-40}{10}\right)}=2^2=4$
- sone $50=2^{\left(\frac{50-40}{10}\right)}=2^1=2$

∴ 60phon이 50phon보다 2배 더 크게 들린다.

03 다음은 소음의 표현이다. 괄호 안에 알맞은 것은?

( )은 1000Hz 순음의 음세기레벨 40dB의 음크기를 말한다.

① SIL ② PNL
③ sone ④ NNI

해설 1000Hz=40dB=40phon=1sone

04 음향출력 100W인 점음원이 반자유공간에 있을 때, 10m 떨어진 지점의 음의 세기(W/m²)는?

① 0.08 ② 0.16
③ 1.59 ④ 3.18

해설 음의 세기 $I=\dfrac{W}{2\pi r^2}$

$\therefore I=\dfrac{100}{2\times\pi\times 10^2}=0.159\text{W/m}^2$

정답 01.③ 02.① 03.③ 04.②

09 소음레벨

[1] 소음통계레벨(L_N)
① L_N은 총 측정시간의 N(%)를 초과하는 소음레벨이다.
② L_{10}, L_{90}은 총 측정시간의 10%, 90%를 초과하는 소음레벨을 뜻한다.
③ 소음통계레벨(L_N)이 작을수록 큰 소음레벨을 나타낸다. 즉 L_{10}은 L_{90}보다 큰 값을 나타낸다.

[2] 음향파워레벨(PWL)
음향파워레벨(PWL, sound power level)은 음원의 강도를 나타내는 물리량으로 log규모로 표시한다.

$$PWL = 10\log\left(\frac{W}{W_o}\right)$$

여기서, PWL : 음향파워레벨(dB)
W : 임의의 음향파워(Watt) W_o : 기준음의 파워(10^{-12}Watt)

[3] 음압레벨(SPL)
음압레벨(SPL, sound pressure level)이란 음은 음을 전달하는 물질(매질)의 압력변화를 수반하는 데 압력의 변화부분을 음압, 음의 세기를 음압레벨이라 한다.

$$SPL = 20\log\left(\frac{P}{P_o}\right)$$

여기서, SPL : 음압레벨(dB)
P_o : 기준음압(2×10^{-5}N/m^2) P : 최소 실효치 음압

[4] 합성소음레벨
합성소음레벨이란 여러 개의 음원이 있을 때, n개의 음원이 동시에 작동할 때, 음의 세기를 말한다.

- **합성소음레벨** $dB = 10\log\{10^{L_1/10} + 10^{L_2/10} \cdots + 10^{L_n/10}\}$
- **소음레벨의 차** $dB = 10\log\{10^{L_1/10} - 10^{L_2/10} \cdots - 10^{L_n/10}\}$
- **평균파워레벨** $dB = 10\log\left\{\frac{1}{n} \times (10^{L_1/10} + 10^{L_2/10} \cdots + 10^{L_n/10})\right\}$

여기서, L_1, L_2 : 각각의 음향파워레벨
n : 음향파워레벨 개수

Question

01 소음통계레벨(L_N)에 관한 설명으로 옳지 않은 것은?

① L_{50}은 중앙치라고 한다.
② L_{10}은 80% 레인지 상단치라고 한다.
③ 총 측정시간의 N(%)를 초과하는 소음레벨을 의미한다.
④ L_{90}은 L_{10}보다 큰 값을 나타낸다.

해설 소음통계레벨(L_N)의 N(%)가 적을수록 큰 소음레벨을 나타낸다.

02 음향파워가 0.01watt 이면 PWL은 얼마인가?

① 1dB ② 10dB
③ 100dB ④ 1000dB

해설 $PWL = 10\log(\dfrac{W}{W_0})$

W_o : 기준음의 파워(10^{-12}Watt)

∴ $PWL = 10\log(\dfrac{0.01}{10^{-12}}) = 100dB$

03 음향파워레벨(PWL)이 100dB일 때 음향출력(W)은?

① 0.01Watt ② 0.02Watt
③ 0.10Watt ④ 0.20Watt

해설 $PWL = 10\log(\dfrac{W}{W_0})$ $\quad 100dB = 10\log(\dfrac{W}{10^{-12}})$

$\dfrac{100}{10} = \log(\dfrac{W}{10^{-12}})$ $\quad 10^{10} = \dfrac{W}{10^{-12}}$

∴ $W = 10^{10} \times 10^{-12} = 0.01\ Watt$

04 측정음압 1P일 때 음압레벨은 몇 dB인가?

① 50dB ② 77dB ③ 84dB ④ 94dB

해설 $SPL = 20\log(\dfrac{P}{P_o})$

P_o : 기준음압 ($2 \times 10^{-5} N/m^2$)

∴ $SPL = 20\log(\dfrac{1P}{2 \times 10^{-5} N/m^2}) = 93.98 dB$

정답 01.④ 02.③ 03.① 04.④

05 점음원에서 5m 떨어진 지점의 음압레벨이 60dB이다. 이 음원으로부터 10m 떨어진 지점의 음압레벨은?

① 30dB
② 44dB
③ 54dB
④ 58dB

해설 $SPL_1 - SPL_2 = 20\log(\frac{r_2}{r_1})$　　$SPL_2 = SPL_1 - 20\log(\frac{r_2}{r_1})$

$SPL_2 = 60dB - 20\log(\frac{10}{5})$

∴ $SPL_2 = 60dB - 6.02dB = 53.98dB$

06 음압이 10배가 되면 음압레벨은 몇 dB 증가하는가?

① 10dB
② 20dB
③ 30dB
④ 40dB

해설 $SPL = 20\log(\frac{P}{P_o}) = 20\log 10 = 20 dB$

07 출력이 0.1W인 작은 점음원으로부터 65m 떨어진 지점에서의 SPL은 약 몇 dB인가?(단, $SPL = PWL - 20\log\ r - 11\, dB$)

① 86
② 71
③ 63
④ 58

해설 $PWL = 10\log(\frac{W}{W_0})$, 　W_o 기준음의 파워($10^{-12}W$)

$PWL = 10\log(\frac{0.1}{10^{-12}}) = 110 dB$

∴ $SPL = 110 - 20\log(65m) - 11 = 62.7\, dB$

08 각각 음향파워레벨이 89dB, 91dB, 95dB인 음의 평균파워레벨은?

① 92.4dB
② 95.5dB
③ 97.2dB
④ 101.7dB

해설 평균파워레벨 $= 10\log\left\{\frac{1}{n}\times(10^{L_1/10} + 10^{L_2/10} \ldots + 10^{L_n/10})\right\}$

$= 10\log\left\{\frac{1}{3}\times(10^{89/10} + 10^{91/10} \ldots + 10^{95/10})\right\}$

$= 10\log\left\{\frac{1}{3}\times(10^{8.9} + 10^{9.1} \ldots + 10^{9.5})\right\} = 92.4\, dB$

정답 05.③　06.②　07.③　08.①

09 음세기 레벨이 80dB인 전동기 3대가 동시에 가동된다면, 합성 소음레벨은?

① 약 81dB ② 약 83dB
③ 약 85dB ④ 약 89dB

해설 합성 소음레벨 $L = 10\log(10^{\frac{80}{10}} + 10^{\frac{80}{10}} + 10^{\frac{80}{10}})$
$= 10\log(3 \times 10^8)$
$= 84.77 dB$

10 음압레벨 90dB인 기계 1대가 가동 중 이다. 여기에 음압레벨 88dB인 기계 1대를 추가로 가동시킬 때 합성음압레벨은?

① 92dB ② 94dB
③ 96dB ④ 98dB

해설 합성음압 레벨 $L = 10\log(10^{L_1/10} + 10^{L_2/10} + \cdots + 10^{L_n/10})$
$\therefore L = 10\log(10^{90/10} + 10^{88/10}) = 92.12\ dB$

11 다음 중 표시 단위가 다른 것은?

① 투과율 ② 음압레벨
③ 투과손실 ④ 음의 세기레벨

해설 dB: 음압레벨, 투과손실, 음의 세기레벨
%: 투과율

정답 09.③ 10.① 11.①

10 소음 방지

[1] 소음 대책

① **음원대책**

발생원의 저소음화, 발생원인 제거, 차음(음의 전달차단), 방진, 제진(진동억제), 소음기 설치

② **전파경로대책**

거리감쇠, 차폐효과, 방음벽 설치(흡음), 지향성 변환(전파경로 변환)

③ **거리감쇠**

선음원은 거리가 2배로 되면 거리감쇠가 3dB 감쇠한다.

점음원은 거리가 2배로 되면 거리감쇠가 6dB 감쇠한다.

④ **고체음의 발생대책**

가진력 억제, 공명방지, 방사면 축소 및 제진처리, 방진 등이 있다.

[2] 다공질 흡음재

① 다공질 흡음재는 구멍이 많은 흡음재로서 벽과 마찰저항, 점성저항, 공기저항, 음에너지의 일부가 열에너지로 변환되어 흡음되는 특성을 가진 재료이다.

② 종류에는 Glass Wool(유리솜), Rock Wool(암면), 광물면, 식물섬유류, 발포수지재료(폴리우레탄폼) 등이 있다.

[3] 흡음재료 선택 시 유의사항

① 다공질 재료는 산란되기 쉬우므로 표면을 얇은 직물로 피복한다.

② 다공질 재료의 표면을 도장하면 고음역에서 흡음율이 저하한다.

③ 실의 모서리나 가장자리 부분에 흡음재를 부착하면 효과가 좋아진다.

④ 막(판)진동형의 것은 도장해도 차이가 없다.

⑤ 벽면 부착시 한 곳에 집중시키기 보다는 전체 내벽에 분산시켜 부착한다.

⑥ 흡음재는 전면을 접착재로 부착하는 것보다는 못으로 시공하는 것이 좋다.

⑦ 다공질재료는 산란하기 쉬우므로 표면에 얇은 직물로 피복하는 것이 바람직하다.

⑧ 다공질재료의 흡음률을 높이기 위해 표면에 종이를 바르는 것은 피해야 한다.

⑨ 음원의 지향성이 수음측 방향으로 클 때에는 벽에 의한 감쇠치가 계산치보다 크게 된다.

Question

01 방음대책을 음원대책과 전파경로대책으로 구분할 때 음원대책에 해당하는 것은?
① 거리감쇠
② 소음기 설치
③ 방음벽 설치
④ 공장건물 내벽의 흡음처리

02 방진대책을 발생원, 전파경로, 수진측 대책으로 분류할 때, 다음 중 전파경로 대책에 해당하는 것은?
① 가진력을 감쇠시킨다.
② 진동원의 위치를 멀리하여 거리감쇠를 크게 한다.
③ 동적흡진한다.
④ 수진측의 강성을 변경시킨다.

03 선음원의 거리감쇠에서 거리가 2배로 되면 음압레벨의 감쇠치는?
① 1dB
② 2dB
③ 3dB
④ 4dB

04 소음제어를 위한 방법 중 기류음(공기음)의 발생대책이 아닌 것은?
① 분출유속의 저감
② 관의 곡률 완화
③ 밸브의 다단화
④ 가진력 억제

05 다음 중 다공질 흡음재가 아닌 것은?
① 암면
② 비닐시트
③ 유리솜
④ 폴리우레탄폼

해설 다공질 흡음재 즉, 구멍이 많은 흡음재에는 폴리우레탄폼, 유리솜, 암면 등이 있다.

06 방음벽 설계 시 유의점으로 옳지 않은 것은?
① 벽의 투과손실은 회절감쇠치보다 적어도 5dB 이상 크게 하는 것이 바람직하다.
② 방음벽 설계 시 음원의 지향성과 크기에 대한 상세한 조사가 필요하다.
③ 벽의 길이는 점음원일 때 벽 높이의 5배 이상, 선음원 일 때 음원과 수음점 간의 직선거리의 2배 이상으로 하는 것이 바람직하다.
④ 음원의 지향성이 수음측 방향으로 클 때에는 벽에 의한 감쇠치가 계산치보다 작게 된다.

정답 01.② 02.② 03.③ 04.② 05.② 06.④

07 흡음재료의 선택 및 사용상의 유의점에 관한 설명으로 옳지 않은 것은?

① 벽면 부착시 한 곳에 집중시키기 보다는 전체 내벽에 분산시켜 부착한다.
② 흡음재는 전면을 접착재로 부착하는 것보다는 못으로 시공하는 것이 좋다.
③ 다공질재료는 산란하기 쉬우므로 표면에 얇은 직물로 피복하는 것이 바람직하다.
④ 다공질재료의 흡음률을 높이기 위해 표면에 종이를 바르는 것이 권장되고 있다.

08 흡음재료 선택 및 사용상 유의점으로 거리가 먼 것은?

① 다공질 재료는 산란되기 쉬우므로 표면을 얇은 직물로 피복하는 행위는 금해야 한다.
② 다공질 재료의 표면을 도장하면 고음역에서 흡음율이 저하한다.
③ 실의 모서리나 가장자리 부분에 흡음재를 부착하면 효과가 좋아진다.
④ 막진동이나 판진동형의 것은 도장해도 차이가 없다.

정답 07.④ 08.①

[4] 평균흡음률 및 잔향시간

① 평균흡음률 $a = \dfrac{\sum S_i \cdot a_i}{\sum S_i} = \dfrac{바닥, 벽, 천장면적당 흡음률의 합}{바닥, 벽, 천장면적의 합}$

여기서, S_i : 면의 넓이
a_i : 각 재료의 흡음률

② 잔향시간(Sabine식) $T = 0.161 \dfrac{V}{S\alpha}$

여기서, V : 실용적(m^3) S : 실내 표면적(m^2)
α : 실내의 평균흡음률 $\alpha = 1 - \left(\dfrac{n-1}{n+1}\right)^2$
n : Sine파의 정재파 비

[5] 투과손실

투과손실이란 차음재료의 차음성능을 나타내는 지표로서 음의 투과를 방지하는 정도를 나타낸다.

$$TL = 10\log\left(\dfrac{1}{\tau}\right)$$

여기서, TL : 투과손실
τ : 투과율(=투과음의 세기/입사음의 세기)

01 길이 10m, 폭이 10m, 높이 10m 인 실내의 바닥, 천장, 벽면의 흡음율이 모두 0.0161일 때 Sabine의 식을 이용하여 잔향시간(s)을 구하면?

① 0.17 ② 1.7 ③ 16.7 ④ 167

해설 잔향시간(Sabine식) $T = 0.161 \dfrac{V}{S\alpha}$

$T = 0.161 \times \dfrac{10 \times 10 \times 10}{(10 \times 10) \times 6 \times 0.061} = 16.7$

02 가로×세로×높이가 각각 3m×5m×2m이고, 바닥, 벽, 천장의 흡음률이 각각 0.1, 0.2, 0.6일 때, 이 방의 평균흡음률은?

① 0.13 ② 0.19
③ 0.27 ④ 0.31

해설 평균흡음률 = $\dfrac{\text{바닥, 벽, 천장면적당 흡음률의 합}}{\text{바닥, 벽, 천장면적의 합}}$

∴ 평균흡음률 = $\dfrac{(15\text{m}^2 \times 0.1) + (15\text{m}^2 \times 0.6) + (32\text{m}^2 \times 0.2)}{15\text{m}^2 + 15\text{m}^2 + 32\text{m}^2} = 0.2645$

03 정재파 관내법을 사용하여 시료의 흡음성능을 측정하였더니 1000Hz 순음인 Sine파의 정재파 비가 1.5이었다면, 이 흡음재의 흡음률은 얼마인가?

① 0.86 ② 0.90 ③ 0.92 ④ 0.96

해설 흡음률 $\alpha = 1 - \left(\dfrac{n-1}{n+1}\right)^2 = 1 - \left(\dfrac{1.5-1}{1.5+1}\right)^2 = 1 - 0.04 = 0.96$

04 투과율이 0.05인 건축재료의 투과손실은?

① 8dB ② 10dB ③ 13dB ④ 15dB

해설 $TL = 10 \log\left(\dfrac{1}{\tau}\right)$

∴ $TL = 10 \log\left(\dfrac{1}{0.05}\right) = 13\text{dB}$

05 아파트 벽의 음향투과율이 0.1% 라면 투과손실은?

① 10dB ② 20dB ③ 30dB ④ 50dB

해설 투과손실 $TL = 10 \log \dfrac{1}{\tau} = 10 \log \dfrac{1}{0.001} = 10 \log 10^3 = 30\text{dB}$

정답 01.③ 02.③ 03.④ 04.③ 05.③

06 어느 벽체의 투과손실이 32dB이라면, 이 벽체의 투과율(τ)은?

① 6.3×10^{-4}
② 7.3×10^{-4}
③ 8.3×10^{-4}
④ 9.3×10^{-4}

해설 $TL = 10 \log\left(\dfrac{1}{\tau}\right)$

$32 = 10 \log\left(\dfrac{1}{\tau}\right) \rightarrow \dfrac{32}{10} = \log\left(\dfrac{1}{\tau}\right)$

$3.2 = \log\left(\dfrac{1}{\tau}\right) \rightarrow 10^{3.2} = \dfrac{1}{\tau}$

$\therefore \tau = \dfrac{1}{10^{3.2}} = 6.3 \times 10^{-4}$

07 어느 벽체의 입사음의 세기가 10^{-2}W/m²이고, 투과음의 세기가 10^{-4}W/m²이었다. 이 벽체의 투과율과 투과손실은?

① 투과율=10^{-2}, 투과손실=20dB
② 투과율=10^{-2}, 투과손실=40dB
③ 투과율=10^{2}, 투과손실=20dB
④ 투과율=10^{2}, 투과손실=40dB

해설 투과율(τ) = $\dfrac{\text{투과음의 세기}}{\text{입사음의 세기}}$

$\therefore \tau = \dfrac{10^{-4}\text{W/m}^2}{10^{-2}\text{W/m}^2} = 10^{-2}$

투과손실 $TL = 10 \log\left(\dfrac{1}{\tau}\right) = 10 \log\left(\dfrac{1}{10^{-2}}\right) = 10 \log 10^2 = 20\text{dB}$

08 음파가 난입사하고 질량법칙이 적용되는 경우, 교실의 단일벽 면 밀도가 330kg/m²이면 0.15kHz에서의 투과손실은? (단, $TL(dB) = 18 \log(m \cdot f) - 44$)

① 26.6dB
② 36.6dB
③ 40.5dB
④ 56.6dB

해설 $TL(dB) = 18 \log(m \cdot f) - 44$

$TL(dB) = 18 \log(330 kg/m^2 \times 150 Hz) - 44 = 40.5 dB$

정답 06.① 07.① 08.③

11 소음측정

[1] 소음계 구성
① **마이크로폰** : 음파의 미약한 압력변화(음압)를 전기신호로 변환한다.
② **증폭기** : 마이크로폰에 의해 음향에너지를 전기에너지로 증폭시킨다.
③ **교정장치** : 소음측정기의 감도를 점검 및 교정하는 장치이다.
④ **청감보정회로** : 인체의 청감각 주파수는 소음계의 A특성에 고정하여 측정하여야한다.
⑤ **동특성조절기** : 지시계기의 반응속도를 빠름 또는 느림으로 조절한다.

[2] 소음계 성능기준
① 레벨레인지 변환기의 전환오차는 0.5dB 이내이어야 한다.
② 측정가능 주파수 범위는 31.5Hz~8kHz 이상이어야 한다.
③ 측정가능 소음도 범위는 35~130dB 이상이어야 한다.
④ 지시계기의 눈금오차는 0.5dB 이내이어야 한다.

[3] 소음측정
① 손으로 소음계를 잡고 측정할 경우 소음계는 측정자의 몸으로부터 0.5m이상 떨어져야 한다.
② 풍속이 2m/s 이상일 때에는 방풍망을 부착하며, 5m/s를 초과할 때에는 측정을 하지 않는다.
③ 일반지역의 경우 측정점 반경 3.5m 이내에 장애물이 없는 지점의 지면 위 1.2~1.5m로 한다.
④ 소음계의 마이크로폰은 받침대를 설치하여 측정하는 것이 원칙이다.
⑤ 소음레벨(SL : Sound Level)은 소음계의 보정회로(A, B, C)에 놓고 측정한 값이다.
⑥ 소음계의 청감보정회로는 A특성에 고정하여 측정하여야한다.

[4] 평가 소음도
① **대상소음도**
측정소음도에서 배경소음을 보정한 후 얻어지는 소음도를 말한다.
② **배경소음도**
한 장소에 있어서의 특정의 음을 대상으로 생각할 경우 대상소음이 없을 때 그 장소의 소음을 대상소음에 대한 배경소음이라 한다.

③ 등가소음도

임의의 측정시간 동안 발생한 변동소음의 총 에너지를 같은 시간 내의 정상소음의 에너지로 등가하여 얻어진 소음도를 말한다.

④ 평가소음도

대상소음도에 보정치를 보정한 후 얻어진 소음도를 말한다.

- 측정소음레벨이 배경소음보다 10dB 이상 클 때
  대상소음레벨 = 측정소음레벨 − 배경소음레벨
- 측정소음레벨과 배경소음레벨의 차이가 3일 때
  대상소음레벨 = 측정소음레벨 − 3
- 측정소음레벨과 배경소음레벨의 차이가 4~5일 때
  대상소음레벨 = 측정소음레벨 − 2
- 측정소음레벨과 배경소음레벨의 차이가 6~9일 때
  대상소음레벨 = 측정소음레벨 − 1

Question

01 소음계의 구성요소 중 음파의 미약한 압력변화(음압)를 전기신호로 변환하는 것은?
① 정류회로　　　　　　　　② 마이크로폰
③ 동특성조절기　　　　　　④ 청감보정회로

02 소음계의 성능기준으로 옳지 않은 것은?
① 레벨레인지 변환기의 전환오차는 5dB 이내이어야 한다.
② 측정가능 주파수 범위는 31.5Hz~8kHz 이상이어야 한다.
③ 측정가능 소음도 범위는 35~130dB 이상이어야 한다.
④ 지시계기의 눈금오차는 0.5dB 이내이어야 한다.

해설　레벨레인지 변환기의 전환오차는 0.5dB 이내이어야 한다.

03 손으로 소음계를 잡고 측정할 경우 소음계는 측정자의 몸으로부터 얼마 이상 떨어져야 하는가?
① 0.1m 이상　　　　　　　② 0.2m 이상
③ 0.3m 이상　　　　　　　④ 0.5m 이상

정답　01.②　02.①　03.④

04 환경기준 중 소음측정 점 및 측정조건에 관한 설명으로 옳지 않은 것은?

① 손으로 소음계를 잡고 측정할 경우 소음계는 측정자의 몸으로부터 0.5m이상 떨어져야 한다.
② 소음계의 마이크로폰은 주소음원 방향으로 향하도록 한다.
③ 옥외측정을 원칙으로 한다.
④ 일반지역의 경우 장애물이 없는 지점의 지면 위 0.5m 높이로 한다.

05 다음 중 소음레벨에 관한 설명으로 가장 적합한 것은?

① 변동하는 소음의 에너지 평균값으로 어떤 시간대에서 변동하는 소음 에너지를 같은 시간 동안의 정상소음 에너지로 치환한 값이다.
② 소음에 의해 대화에서 방해되는 정도를 표현하기 위해 사용한다.
③ 소음계의 주파수 보정회로를 A에 놓고 측정하였을 때의 지시값을 말한다.
④ 항공기에 의해 어느 지역에 장시간 동안 노출되는 소음을 평가하는 척도이다.

06 소음의 배출허용기준 측정방법에서 소음계의 청감보정회로는 어디에 고정하여 측정하여야 하는가?

① A특성　　② B특성　　③ D특성　　④ F특성

07 측정소음레벨이 84dB(A)이고, 배경소음레벨이 75dB(A)일 때, 대상소음레벨은?

① 33dB　　② 53dB　　③ 83dB　　④ 93dB

해설 대상소음레벨 = 측정소음레벨 − 배경소음레벨 = 84 − 75 = 9dB
∴ 대상소음레벨 = 84 − 1 = 83dB

08 소음과 관련된 용어의 정의 중 "측정소음도에서 배경소음을 보정한 후 얻어지는 소음도"를 의미하는 것은?

① 대상소음도　　② 배경소음도　　③ 등가소음도　　④ 평가소음도

09 다음 괄호 안에 알맞은 것은?

> 한 장소에 있어서의 특정의 음을 대상으로 생각할 경우 대상소음이 없을 때 그 장소의 소음을 대상소음에 대한 (　　)이라 한다.

① 고정소음　　② 기저소음　　③ 정상소음　　④ 배경소음

정답 04.④　05.③　06.①　07.③　08.①　09.④

12 진동

[1] 진동레벨

① 진동레벨은 1~90Hz 범위의 주파수 대역별 진동가속도레벨에 주파수 대역별 인체의 진동감각특성(수직 또는 수평감각)을 보정한 후의 값들을 dB 합산한 것이다.

② 진동레벨계의 성능기준
- 측정가능 주파수 범위 : 1~90Hz 이상
- 측정가능 진동레벨 범위 : 45~120dB 이상
- 레벨렌지 변환기의 전환오차 : 0.5dB 이내
- 지시계기의 눈금오차 : 0.5dB 이내

③ 진동레벨 중 가장 많이 쓰이는 수직진동레벨의 단위는 dB(V)가 가장 보편적으로 사용된다.

④ 측정된 진동레벨이 배경진동레벨보다 10dB 높으면 배경진동의 영향을 무시할 수 있다.

⑤ 진동 가속도 레벨(VAL)

$$VAL = 20\log\left(\frac{a}{a_o}\right)dB$$

여기서, VAL : 진동가속도레벨(Vibration Acceleration Level)

a : 측정대상 진동의 가속도 실효치 $\left(=\dfrac{\text{가속도진폭}}{\sqrt{2}}\right)$

a_o : 진동가속도레벨의 기준치(10^{-5}m/s^2)

Question

01 가속도 진폭의 최대값이 0.01m/s^{2}인 정현진동의 진동가속도 레벨은? (단, 기준 10^{-5}m/s^2)

① 28dB ② 30dB
③ 57dB ④ 60dB

해설 $a = \dfrac{0.01\text{m/s}^2}{\sqrt{2}} = 0.00707\text{m/s}^2$

진동가속도레벨의 기준치($a_o = 10^{-5}$m/s^2)

$\therefore VAL = 20\log\left(\dfrac{a}{a_o}\right)dB = 20\log\left(\dfrac{0.00707}{10^{-5}}\right) = 57\text{dB}$

정답 01.③

02 진동발생원의 진동을 측정한 결과 가속도 진폭이 0.02m/s²이었다. 이를 진동가속도레벨 (VAL)로 나타내면 몇 dB인가?

① 57dB ② 60dB ③ 63dB ④ 67dB

해설 $VAL = 20\log(\frac{a}{a_o})dB$

$a = \frac{0.02 \text{m/s}^2}{\sqrt{2}} = 0.014 \text{m/s}^2$

$a_o = 10^{-5} \text{m/s}^2$

$\therefore VAL = 20\log\left(\frac{0.014}{10^{-5}}\right) = 20\log(1.4 \times 10^3) = 62.9 dB$

03 다음은 진동과 관련한 용어설명이다. 괄호 안에 알맞은 것은?

( )은(는) 1~90Hz 범위의 주파수 대역별 진동가속도레벨에 주파수 대역별 인체의 진동 감각특성(수직 또는 수평감각)을 보정한 후의 값들을 dB 합산한 것이다.

① 진동레벨 ② 등감각곡선
③ 변위진폭 ④ 진동수

04 다음 중 진동레벨계의 성능기준으로 옳지 않은 것은?

① 측정가능 주파수 범위 : 1~90Hz 이상
② 측정가능 진동레벨 범위 : 45~120dB 이상
③ 레벨렌지 변환기의 전환오차 : 0.5dB 이내
④ 지시계기의 눈금오차 : 1dB 이내

해설 진동레벨계의 성능기준으로 지시계기의 눈금오차는 0.5dB 이내 이다.

05 다음 중 배경진동의 보정없이 측정진동레벨을 대상진동레벨로 하는 것은 측정진동레벨이 배경진동레벨보다 최소 몇 dB 이상 큰 경우인가?

① 5 ② 7 ③ 9 ④ 10

해설 측정진동레벨이 배경진동레벨보다 10dB 이상 크면 배경진동의 보정 없이 측정진동레벨을 대상진동레벨로 한다.

06 진동레벨 중 가장 많이 쓰이는 수직진동레벨의 단위로 옳은 것은?

① dB(A) ② dB(V) ③ dB(L) ④ dB(C)

정답 02.③ 03.① 04.④ 05.④ 06.②

[2] 공해진동
① 일반적으로 공해진동의 주파수의 범위는 1~90Hz이다.
② 사람에게 불쾌감을 주는 진동을 말한다.
③ 공해진동레벨은 60dB부터 80dB까지가 많다.
④ 수직진동은 4~8Hz 범위에서 영향이 크다.
⑤ 수평진동은 1~2Hz 범위에서 가장 민감하다.

[3] 진동픽업 설치장소
① 진동픽업은 진동신호를 전기신호로 바꾸어 주는 장치이다.
② 경사 또는 요철이 없는 장소
③ 완충물이 없고 충분히 다져서 단단히 굳은 장소
④ 복잡한 장소, 회절현상이 없는 지점
⑤ 온도, 전자기 등의 외부 영향을 받지 않는 곳

[4] 공기 스프링
① 지지하중이 크게 변하는 경우에는 높이 조정변에 의해 그 높이를 조절할 수 있어 기계높이를 일정레벨로 유지시킬 수 있다.
② 하중의 변화에 따라 고유진동수를 일정하게 유지할 수 있다.
③ 부하 능력이 광범위하나 사용진폭이 적은 것이 많으므로 별도의 댐퍼가 필요한 경우가 많은 방진재이다.
④ 자동제어가 가능하다.
⑤ 설계 시 스프링의 높이, 내하력, 스프링정수를 각각 독립적으로 광범위하게 설정할 수 있다.

[5] 금속스프링
① 환경요소(온도, 부식, 용해 등)에 대한 저항성이 크다.
② 최대변위가 허용된다.
③ 저주파 차진에 좋다.
④ 단점으로 공진 시 진동전달률이 매우 크다.
⑤ 고주파 진동 시 단락된다.

01 공해진동에 관한 설명으로 옳지 않은 것은?

① 진동수 범위는 1000~4000Hz 정도이다.
② 문제가 되는 진동레벨은 60dB부터 80dB 까지가 많다.
③ 사람이 느끼는 최소진동역치는 55±5dB 정도이다.
④ 사람에게 불쾌감을 준다.

해설 일반적으로 공해진동의 주파수의 범위는 1~90Hz이다.

02 다음 중 공해진동에 관한 설명으로 옳지 않은 것은?

① 일반적으로 공해진동의 주파수의 범위는 1~90Hz이다.
② 사람에게 불쾌감을 주는 진동을 말한다.
③ 공해진동레벨은 60dB부터 80dB까지가 많다.
④ 수직진동은 50Hz 이상에서 영향이 크다.

해설 수직진동은 4~8Hz, 수평진동은 1~2Hz 범위에서 민감하다.

03 레이노씨 현상(Raynaud's Phenomenon)은 주로 어떤 원인으로 인해 발생하는가?

① 소음   ② 진동   ③ 빛   ④ 먼지

해설 레이노씨 현상(Raynaud's Phenomenon)은 진동에 의하여 손가락 또는 발가락에 혈액순환이 되지 않아 창백하게 되는 현상이다.

04 진동측정시 진동픽업을 설치하기 위한 장소로 옳지 않은 것은?

① 경사 또는 요철이 없는 장소
② 완충물이 있고 충분히 다져서 단단히 굳은 장소
③ 복잡한 반사, 회절현상이 없는 지점
④ 온도, 전자기 등의 외부 영향을 받지 않는 곳

05 하중의 변화에도 기계의 높이 및 고유진동수를 일정하게 유지시킬 수 있으며, 부하능력이 광범위하나 사용진폭이 적은 것이 많으므로 별도의 댐퍼가 필요한 경우가 많은 방진재는?

① 방진고무   ② 탄성블럭
③ 금속스프링   ④ 공기스프링

정답 01.① 02.④ 03.② 04.② 05.④

06 다음의 조건에 해당되는 방진재로 가장 적합한 것은?

> · 지지하중이 크게 변하는 경우에는 높이 조정변에 의해 그 높이를 조절할 수 있어 기계높이를 일정레벨로 유지시킬 수 있다.
> · 하중의 변화에 따라 고유진동수를 일정하게 유지할 수 있다.
> · 부하 능력이 광범위하다.

① 공기스프링　　　　② 방진고무
③ 금속스프링　　　　④ 진동절연

해설 공기스프링은 자동제어, 일정레벨유지, 고유진동수의 일정, 설계 시 스프링의 높이, 내하력, 스프링정수의 독립적 설정, 부하능력을 광범위하게 설정할 수 있다.

07 다음 중 표시 단위가 다른 것은?

① 투과율　　　　　　② 음압레벨
③ 투과손실　　　　　④ 음의 세기레벨

해설 dB: 음압레벨, 투과손실, 음의 세기레벨
　　　 %: 투과율

08 금속스프링의 장점이라 볼 수 없는 것은?

① 환경요소(온도, 부식, 용해 등)에 대한 저항성이 크다.
② 최대변위가 허용된다.
③ 공진 시에 전달률이 매우 크다.
④ 저주파 차진에 좋다.

해설 금속스프링의 단점은 공진 시에 진동 전달률이 매우 크다.

정답 06.①　07.①　08.③

[6] 진동 측정

① **배경진동** : 한 장소에 있어서 특정의 진동을 대상으로 생각할 경우 대상진동이 없을 때 그 장소의 진동을 대상진동에 대한 배경진동이라 한다.
② **정상진동** : 시간적으로 변동하지 아니하거나 또는 변동폭이 작은 진동을 말한다.
③ **측정진동레벨** : 소음진동 공정시험기준에 정한 측정방법으로 측정한 진동레벨을 말한다.
④ **충격진동** : 단조기의 사용, 폭약의 발파 시 등과 같이 극히 짧은 시간 동안에 발생하는 높은 세기의 진동을 말한다.

[7] 진동 대책

① **발생원 대책** : 가진력 감쇄, 불평형력 균형, 동적흡진, 탄성지지, 기초중량 부가 및 경감
② **전파경로 대책** : 거리감쇄, 방진구를 수진점 근방에 판다. 수진측 대책, 탄성지지, 강성변경
③ **수진측 대책** : 수진측의 탄성지지, 수진측의 강성변경

Question

01 진동측정에 사용되는 용어의 정의로 틀린 것은?

① 배경진동 : 한 장소에 있어서 특정의 진동을 대상으로 생각할 경우 대상진동이 없을 때 그 장소의 진동을 대상진동에 대한 배경진동이라 한다.
② 정상진동 : 시간적으로 변동하지 아니하거나 또는 변동폭이 작은 진동을 말한다.
③ 측정진동레벨 : 대상진동레벨에 관련시간대에 대한 평가진동레벨 발생시간의 백분율, 시간별, 지역별 등의 보정치를 보정한 후 얻어진 진동레벨을 말한다.
④ 충격진동 : 단조기의 사용, 폭약의 발파 시 등과 같이 극히 짧은 시간 동안에 발생하는 높은 세기의 진동을 말한다.

02 방진대책을 발생원, 전파경로, 수진측 대책으로 분류할 때, 다음 중 전파경로 대책에 해당하는 것은?

① 가진력을 감쇄시킨다.
② 진동원의 위치를 멀리하여 거리감쇄를 크게 한다.
③ 동적흡진한다.
④ 수진측의 강성을 변경시킨다.

해설 전파경로 대책에는 거리감쇄, 방진구를 수진점 근방에 판다. 수진축 대책, 탄성지지, 강성변경 등이 있다.

정답 01.③ 02.②

제 5 부
CBT 컴퓨터기반시험 요약

Craftsman Environmental

제5부 CBT 컴퓨터기반시험 요약

01 폐수처리

01 지구상의 담수 중 가장 큰 비율을 차지하고 있는 것은?
① 호수
② 하천
③ 빙설 및 빙하
④ 지하수

02 우리나라 강수량 분포의 특성으로 가장 거리가 먼 것은?
① 월별 강수량의 차이가 큰 편이다.
② 하천수에 대한 의존량이 큰 편이다.
③ 6월과 9월 사이에 연 강수량의 약 2/3 정도가 집중되는 경향이 있다.
④ 세계 평균과 비교 시 연간 총 강수량은 낮으나, 인구 1인당 가용수량 높다

> 해설 세계 평균과 비교 시 연간 총 강수량은 1.3배 많으나, 높은 인구밀도로 인해 인구 1인당 가용수량은 낮다.

03 물의 특성으로 옳지 않은 것은?
① 물의 밀도는 4℃에서 최소가 된다.
② 분자량이 유사한 다른 화합물에 비해 비열이 큰 편이다.
③ 화학 구조적으로 극성을 띠어 많은 물질들을 녹일 수 있다.
④ 상온에서 알칼리금속이나 알칼리토금속 또는 철과 반응하여 수소를 발생시킨다.

정답 01.③ 02.④ 03.①

04 물 분자의 화학적 구조에 관한 설명으로 옳지 않은 것은?

① 물 분자는 1개의 산소원자와 2개의 수소 원자가 공유결합하고 있다.
② 물 분자에는 2개의 고립 전자쌍이 산소원자에 남아 있다.
③ 산소는 전기음성도가 매우 커서 공유결합을 하고 있으나 극성을 갖지는 않는다.
④ 물 분자의 산소는 음성전하를 가지며, 수소는 양성전하를 가지고 있어 인접한 분자사이에 수소결합을 하고 있다.

> **해설** 산소는 전기음성도가 크며 공유결합을 하고 극성을 띤다.

05 물의 성질에 관한 설명으로 옳지 않은 것은?

① 물 분자 안의 수소는 부분적으로 양전하(δ^+)를, 산소는 부분적으로 음전하(δ^-)를 갖는다.
② 물은 분자량이 유사한 다른 화합물에 비하여 비열은 작고, 압축성이 크다.
③ 물은 4℃ 부근에서 최대 밀도를 나타낸다.
④ 일반적으로 물의 점도는 온도가 높아짐에 따라 작아진다.

> **해설** 물은 비열이 크고 압축성이 작다.

06 다음 중 지표수의 특성으로 가장 거리가 먼 것은?(단, 지하수와 비교)

① 지상에 노출되어 오염의 우려가 큰 편이다.
② 용존산소 농도가 높고 경도가 큰 편이다.
③ 철, 망간 성분이 비교적 적게 포함되어 있고, 대량 취수가 용이한 편이다.
④ 수질 변동이 비교적 심한 편이다.

> **해설** 지표수는 지하수보다 용존산소는 높고 경도는 낮다.

07 수자원에 대한 일반적인 설명으로 틀린 것은?

① 호수는 미생물의 번식이 있고, 수온변화에 따른 성층이 형성된다.
② 지표수는 무기물이 풍부하고 지하수보다 깨끗하며 연중 수온이 일정하다.
③ 수량면에서 무한하지만 사용 목적이 극히 한정적인 수자원은 바닷물이다.
④ 호수는 물의 움직임이 적어 한 번 오염이 되면 회복이 어렵다.

> **해설** 지하수는 무기물이 풍부하고 지표수보다 깨끗하며 연중 수온이 일정하다.

정답 04.③ 05.② 06.② 07.②

08 지표수와 비교 시 지하수의 수질특성에 대한 설명 중 옳지 않은 것은?

① 지질특성에 영향을 받는다.
② 환경변화에 대한 반응이 느리다.
③ 미생물에 의한 생화학적 자정작용이나 화학적 자정능력이 약하다.
④ 수온변화가 심하다.

09 해수의 특성에 관한 설명으로 옳지 않은 것은?

① 해수의 pH는 약 8.2 정도로 약 알칼리성을 지닌다.
② 해수의 주요 성분 농도비는 거의 일정하다.
③ 염분은 적도해역에서는 높고, 남북 양극 해역에서는 다소 낮다.
④ 해수의 Mg/Ca비는 300~400 정도로 담수보다 크다.

> 해설 해수의 Mg/Ca비는 3~4정도로 담수 0.1~0.3에 비해 매우 크다.

10 비점오염원의 특징으로 거리가 먼 것은?

① 지표수 유출이 거의 없는 갈수 시, 하천수 수질악화에 큰 영향을 미친다.
② 기상조건, 지질, 지형 등의 영향이 크다.
③ 빗물, 지하수 등에 의하여 희석되거나 확산되면서 넓은 장소로부터 배출된다.
④ 일간, 계절간의 배출량 변화가 크다.

> 해설 비점오염원은 도시, 도로, 농지, 산지, 공사장 등 불특정 장소에서 배출되는 강우 등의 자연적 요인으로 배출량의 변화가 심하여 예측이 곤란하다.

11 아연과 성질이 유사한 금속으로 체내 칼슘균형을 깨뜨려 골연화증의 원인이 되며 이따이이따이병으로 잘 알려진 것은?

① Hg
② Cd
③ PCB
④ Cr^{6+}

12 다음 오염물질에 따른 인체의 피해현상으로 가장 거리가 먼 것은?

① PCB – 황달, 피부장애
② 페놀 – 불쾌한 맛과 취기
③ 시안 – 칼슘 대사장애
④ 메틸수은 – 중추 신경장애

정답 08.④ 09.④ 10.① 11.② 12.③

13 유기물의 호기성 분해 시 최종산물은?

① 물과 이산화탄소
② 일산화탄소와 메탄
③ 이산화타소와 메탄
④ 물과 일산화탄소

해설 유기물 + O_2 → CO_2 + H_2O + energy

14 다음 중 수질오염지표에 관한 설명으로 옳지 않은 것은?

① pH : 산성 또는 알칼리성의 정도
② SS : 수중에 부유하고 있는 물질량
③ DO : 수중에 용해되어 있는 산소량
④ COD : 생화학적 산소요구량

해설 COD는 화학적 산소요구량을, BOD는 생물학적 산소요구량을 나타낸다.

15 탈산소계수가 0.1/day인 어떤 유기물질의 BOD_5가 200ppm이었다. 2일 후에 남아있는 BOD값은?(단, 상용대수 적용)

① 192.3mg/L
② 189.4mg/L
③ 184.6mg/L
④ 179.3mg/L

해설 $BOD_5 = BOD_\mu (1 - 10^{-k_1 \cdot t})$
$200 = BOD_\mu (1 - 10^{-0.1 \times 5})$
$BOD_\mu = \dfrac{200}{1 - 10^{-0.1 \times 5}} = 292.5 mg/L$
잔류 $BOD_t = BOD_\mu \cdot 10^{-kt}$
∴ $BOD_2 = 292.5 \times 10^{-0.1 \times 2} = 184.6 mg/L$

16 수질오염 지표에서 수중의 DO농도가 증가하는 것은?

① 동물의 호흡 작용
② 불순물의 산화 작용
③ 유기물의 분해 작용
④ 조류의 광합성 작용

해설 조류(Algae)는 CO_2를 탄소원으로 빛을 에너지원으로 세포로 합성하고 DO를 생성한다.

17 C_2H_5OH의 완전산화시 ThOD/TOC의 비는?

① 1.92
② 2.67
③ 3.31
④ 4

해설 $C_2H_5OH + 3O_2 \rightarrow 2CO_2 + 3H_2O$
$ThOD = 3 \times 32 = 96g$
$TOC = 12 \times 2 = 24g$

정답 13.① 14.④ 15.③ 16.④ 17.④

18 유기물 과다 유입에 따른 수질오염현상으로 가장 거리가 먼 것은?

① DO 농도의 감소 ② 혐기상태로 변화
③ 어패류의 폐사현상 ④ BOD 농도의 감소

해설 BOD 농도는 증가한다.

19 산성 과망간산칼륨 적정에 의한 화학적 산소요구량(COD_{Mn}) 시험방법에 관한 설명으로 옳지 않은 것은?

① 시료를 황산산성으로 하여 과망간산칼륨 일정과량을 넣고 30분간 수욕상에서 가열 반응시킨다.
② 염소이온은 과망간산에 의해 정량적으로 산화되어 음의 오차를 유발하므로 황산칼륨을 첨가하여 염소이온의 간섭을 제거한다.
③ 가열과정에서 오차가 발생할 수 있으므로 물중탕의 온도와 가열시간을 잘 지켜야 한다.
④ 아질산염은 아질산성 질소 1mg 당 1.1mg의 산소를 소모하여 COD값의 오차를 유발한다.

해설 염소이온은 과망간산칼륨에 의해 정량적으로 산화되어 양의 오차를 유발하므로 황산은을 첨가하여 염소이온의 간섭을 제거한다.

20 다음 중 "고상폐기물"을 정의할 때 고형물의 함량기준 은?

① 3% 이상 ② 5% 이상 ③ 10% 이상 ④ 15% 이상

해설
• 액상 폐기물 : 고형물 함량 5% 미만인 것
• 반고상 폐기물 : 고형물 함량이 5% 이상 15% 미만인 것
• 고상 폐기물 : 고형물 함량이 15% 이상인 것

21 부유물질(Suspended Solids)에 관한 설명으로 옳지 않은 것은?

① 부유물질은 물에 녹는 고형물질로서 유리섬유 거름종이(GF/C)를 통과하는 고형물질의 양을 mg/L로 표시한다.
② 부유물질의 농도는 하폐수의 특성이나 처리장의 처리효율을 평가하는데 이용된다.
③ 침강성 고형물질은 하수처리장의 1차 침전지에서 침강에 필요한 유속을 결정하는 기초자료가 된다.
④ 부유물질이 많을 경우에는 물 속 어류의 아가미에 부착되어 어류를 질식시키는 원인이 된다.

해설 부유물질은 물에 녹지 않는 고형물질로서 유리섬유여과지(GF/C)를 통과하지 않는 고형물질의 양을 mg/L(ppm) 단위로 표시한다.

정답 18.④ 19.② 20.④ 21.①

22 경도(Hardness)에 관한 설명으로 거리가 먼 것은?

① Na^+은 농도가 높을 때는 경도와 비슷한 작용을 하여 유사경도라 한다.
② 2가 이상의 양이온 금속의 양을 수산화칼슘으로 환산하여 ppm 단위로 표시한다.
③ 센물 속의 금속이온들은 세제나 비누와 결합하여 세탁 효과를 떨어뜨린다.
④ 경도 중 CO_3^{2-}, HCO^{3-} 등과 결합한 형태로 있을 때 이를 탄산경도라고 하고, 이 성분은 물을 끓일 때 침전제거 되므로 일시경도라 한다.

해설 경도라 함은 물속에 용해되어 있는 Ca^{2+}, Mg^{2+}, Mn^{2+} 등 2가 양이온 금속의 함량을 이에 대응하는 $CaCO_3$ ppm으로 환산표시한 값으로 정의, 즉 물의 세기정도를 말한다.

23 Ca^{2+}의 농도가 40mg/L, Mg^{2+}의 농도가 24mg/L인 물의 경도(mg/L as $CaCO_3$)는? (단, Ca의 원자량은 40, Mg의 원자량은 24이다)

① 100 ② 150 ③ 200 ④ 250

해설 물의 경도 $=(\frac{40mg/L}{40g/2} \times 50g) + (\frac{24mg/L}{24g/2} \times 50g) = 200mg/L$ as $CaCO_3$

24 알칼리도에 관한 설명으로 가장 거리가 먼 것은?

① 산이 유입될 때 이를 중화시킬 수 있는 능력의 척도이다.
② 0.01N NaOH로 적정하여 소비된 양을 탄산칼슘의 당량으로 환산하여 mg/L로 나타낸다.
③ 중탄산염이 많이 포함된 물을 가열하면 CO_2가 대기 중으로 방출되어 물속에 OH^-가 존재하므로 알칼리성을 띠게 한다.
④ 일반적으로 자연수에 존재하는 이온 중 알칼리도에 기여하는 물질의 강도는 $OH^- > CO_3^{2-} > HCO_3^-$ 순이다.

해설 P 또는 M-알칼리도는 수중의 OH^-, CO_3^{2-}, HCO_3^-의 성분을 H_2SO_4로 적정하여 이에 대응하는 탄산칼슘의 량으로 환산하여 mg/L 단위로 나타낸다.

25 수중 용존산소와 관련된 일반적인 설명으로 옳지 않은 것은?

① 온도가 높을수록 용존산소 값은 감소한다.
② 물의 흐름이 난류일 때 산소의 용해도는 높다.
③ 유기물질이 많을수록 용존산소 값은 커진다.
④ 일반적으로 용존산소값이 클수록 깨끗한 물로 간주할 수 있다.

해설 유기물질이 많을수록 용존산소 값은 작아진다.

정답 22.② 23.③ 24.② 25.③

26 용존산소가 충분한 조건의 수중에서 미생물에 의한 단백질 분해순서를 올바르게 나타낸 것은?

① $NO_3^- \to NO_2 \to NH_4^+ \to Amino\ Acid$
② $NH_4^+ \to NO_2^- \to NO_3^- \to Amino\ Acid$
③ $Amino\ Acid \to NO_3^- \to NO_2^- \to NH_4^+$
④ $Amino\ Acid \to NH_4^+ \to NO_2^- \to NO_3^-$

> **해설** 단백질→아미노산(Amino Acid)→암모늄(NH_4^+)→질산화과정($NO_2^- \to NO_3^-$)

27 수질관리를 위해 대장균군을 측정하는 주목적으로 가장 타당한 것은?

① 유기물질의 오염농도를 측정하기 위하여
② 수질의 미생물 성장가능 여부를 알기 위하여
③ 공장폐수의 유입여부를 알기 위하여
④ 다른 수인성 병원균의 존재 가능성을 알기 위하여

> **해설** 대장균은 지표미생물로써, 자체는 아무런 해가 없으나 수인성 병원균의 존재 가능성을 알 수 있다.

28 10^{-5}mol/L HCl 용액의 pH는?(단, HCl은 100% 이온화 한다.)

① 2　　　　　　　　　　　② 3
③ 4　　　　　　　　　　　④ 5

> **해설** $HCl \rightleftharpoons H^+ + Cl^-$
> $10^{-5}M \quad 1\times10^{-5}M \quad 10^{-5}M$
> $pH = -\log[H^+] = -\log[1\times10^{-5}] = 5$

29 pH 4인 용액 200mL와 pH 8인 용액 50mL 혼합용액의 pH는?

① 4.09　　　② 5.0　　　③ 6.0　　　④ 9.91

> **해설** pH 4의 산 농도는 $10^{-4}M = 10^{-4}N$
> pH 8의 염기농도는 $10^{-6}M = 10^{-6}N$
> $N = \dfrac{N_1V_1 - N_2V_2}{V_1 + V_2} = \dfrac{10^{-4}\times200 - 10^{-6}\times50}{200+50} = 7.98\times10^{-5}N$
> $pH = -\log[H^+] \Rightarrow [H^+] = 7.98\times10^{-5}M$ (잔류 산의 농도)
> $pH = -\log[7.98\times10^{-5}] = 4.09$

정답　26.④　27.④　28.④　29.①

30 pH 2인 용액은 pH 3인 용액보다 몇 배 더 산성인가?

① 1배 ② 2배 ③ 10배 ④ 20배

해설 $\dfrac{pH2}{pH3} = \dfrac{10^{-2}M}{10^{-3}M} = \dfrac{0.01M}{0.001M} = 10$배

31 다음 농도 표시 중에 가장 낮은 농도는?

① 0.44mg/L ② 0.44μg/mL
③ 0.44ppm ④ 44ppb

해설
① 0.44mg/L
② $\dfrac{0.44\mu g}{mL} \Big| \dfrac{10^3 mL}{L} \Big| \dfrac{mg}{10^3 \mu g} = 0.44\,mg/L$
③ $ppm = \dfrac{1mg}{L}$ ∴ $0.44ppm \times \dfrac{1mg}{L} = 0.44\,mg/L$
④ $ppb = \dfrac{1^{-3}mg}{L}$ ∴ $44ppb \times \dfrac{10^{-3}mg}{L} = 0.044\,mg/L$

32 117 ppm, NaCl 용액의 몰농도(mol/L)는?

① 0.2M ② 0.02M ③ 0.002M ④ 0.0002M

해설 $NaCl = \dfrac{117mg}{L} \Big| \dfrac{1g}{10^3 mg} \Big| \dfrac{1mol}{58.5g} = 0.002\,mol/L$

33 NaOH 0.8g을 물에 녹여 200mL로 하였을 때, N농도는?

① 0.0001N ② 0.001N
③ 0.01N ④ 0.1N

해설 $eq/L = \dfrac{0.8g}{200mL} \Big| \dfrac{1000mL}{1L} \Big| \dfrac{1eq}{40g(≒40/1)} = 0.1eq/L ≒ 0.1N$

34 1N-H₂SO₄ 용액으로 옳은 것은?

① 용액 1mL 중 H_2SO_4 98g 함유
② 용액 1000mL 중 H_2SO_4 98g 함유
③ 용액 1000mL 중 H_2SO_4 49g 함유
④ 용액 1mL 중 H_2SO_4 49g 함유

해설 $eq/L = \dfrac{1eq}{L} \Big| \dfrac{1L}{1000mL} \Big| \dfrac{49g(≒98/2)}{1eq} = 49g/1000mL$

정답 ▶ 30.③ 31.④ 32.③ 33.④ 34.③

35 대기오염공정시험방법상 시험의 기재 및 용어에 관한 설명으로 틀린 것은?

① "정확히 단다"라 함은 규정한 량의 검체를 취하여 분석용 저울로 0.1mg까지 다는 것을 뜻한다.
② 시험조작 중 "즉시"란 1분 이내에 표시된 조작을 하는 것을 뜻한다.
③ "항량이 될 때까지 건조한다 또는 강열한다"라 함은 따로 규정이 없는 한 보통의 건조방법으로 1시간 더 건조 또는 강열할 때 전후 무게의 차가 매 g당 0.3mg 이하일 때를 뜻한다.
④ "감압 또는 진공"이라 함은 따로 규정이 없는 한 15mmHg 이하를 뜻한다.

> **해설** "즉시"란 30초 이내에 표시된 조작을 하는 것을 뜻한다.

36 위플(Wipple)에 의한 하천의 자정과정을 오염원으로부터 하천유하거리에 따라 단계별로 옳게 구분한 것은?

① 분해지대 → 활발한 분해지대 → 회복지대 → 정수지대
② 분해지대 → 활발한 분해지대 → 정수지대 → 회복지대
③ 활발한 분해지대 → 분해지대 → 회복지대 → 정수지대
④ 활발한 분해지대 → 분해지대 → 정수지대 → 회복지대

37 성층이 형성될 경우 수면부근에서부터 하부로 내려갈수록 형성된 층의 구분으로 옳은 것은?

① 표수층 → 수온약층 → 심수층
② 심수층 → 수온약층 → 표수층
③ 수온약층 → 심수층 → 표수층
④ 수온약층 → 표수층 → 심수층

38 부영양화의 원인물질 또는 영양물질의 양을 측정하는 정량적 평가방법으로 가장 거리가 먼 것은?

① 경도 측정
② 투명도 측정
③ 영양염류 농도 측정
④ 클로로필-a 농도 측정

> **해설** 부영양화의 평가지표에는 TN, TP, 투명도, 클로로필-a농도가 대표적이다.

39 호소에서 주간에 조류가 성장하는 동안 조류가 수질에 미치는 영향으로 가장 적합한 것은?

① 수온의 상승
② 질소의 증가
③ 칼슘농도의 증가
④ 용존산소 농도의 증가

정답 35.② 36.① 37.① 38.① 39.④

40 다음 중 적조현상을 발생시키는 주된 원인물질은?

① Cl ② P
③ Mg ④ Fe

해설 적조현상을 발생시키는 주된 원인물질에는 질소(N)와 인(P) 등의 영양염류가 있다.

41 다음 하수처리 계통도 중 가장 적합한 것은?

① 침사지 → 1차 침전지 → 포기조 → 2차 침전지 → 염소소독 → 방류
② 염소소독 → 침사지 → 포기조 → 침전지 → 방류
③ 염소소독 → 침사지 → 포기조 → 소화조 → 저류조 → 방류
④ 1차 침전지 → 포기조 → 2차 침전지 → 급속여과조 → 활성탄 처리조 → 침사지 → 방류

42 신도시를 중심으로 설치되며 생활오수는 하수처리장으로, 우수는 별도의 관거를 통해 직접 수역으로 방류하는 배제방식은?

① 합류식 ② 분류식
③ 직각식 ④ 원형식

해설 합류식은 우수나 오수를 동일관으로 배제하는 데 반해, 분류식은 우수나 오수를 별도의 관으로 나누어 배제하는 방식이다.

43 다음 중 콘크리트 하수관거의 부식을 유발하는 오염물질로 가장 적합한 것은?

① NH_4^+ ② SO_4^{2-}
③ Cl^- ④ PO_4^{3-}

해설 $H_2S + 2O_2 \rightarrow H_2SO_4 \rightarrow 2H^+ + SO_4^{2-}$

44 폐수처리공정에서 유입폐수 중에 포함된 모래, 기타 무기성의 부유물로 구성된 혼합물을 제거하는데 사용되는 시설은?

① 응집조 ② 침사지
③ 부상조 ④ 여과조

정답 40.② 41.① 42.② 43.② 44.②

45 침사지의 수면적부하 1800m³/m² · day 수평유속 0.32m/s, 유효수심 1.2m인 경우, 침사지의 유효길이는?

① 14.4m　　② 16.4m
③ 18.4m　　④ 20.4m

해설 $\dfrac{H}{V_s} = \dfrac{L}{V}$　　∴ $L = \dfrac{H \cdot V}{V_s}$

$$L(m) = \dfrac{1.2m}{} \Big| \dfrac{0.32m}{sec} \Big| \dfrac{m \cdot day}{1800m^2} \Big| \dfrac{24 \times 3600 sec}{day} = 18.432m$$

46 다음 중 침전 효율을 높이기 위한 방법과 가장 거리가 먼 것은?

① 침전지의 표면적을 크게 한다.
② 응집제를 투여한다.
③ 침전지 내 유속을 빠르게 한다.
④ 침전된 침전물을 계속 제거 시켜준다.

47 스톡스(Stokes)의 법칙에 따라 물속에서 침전하는 원형입자의 침전속도에 관한 설명으로 옳지 않은 것은?

① 침전속도는 입자의 지름의 제곱에 비례한다.
② 침전속도는 물의 점도에 반비례한다.
③ 침전속도는 중력가속도에 비례한다.
④ 침전속도는 입자와 물간의 밀도차에 반비례한다.

해설 $V_s = \dfrac{d^2(\rho_s - \rho)g}{18\mu}$

48 침전지에서 지름이 0.1mm이고 비중이 2.65인 모래입자가 침전하는 경우에 침전속도는? (단, Stokes 법칙을 적용, 물의 점도 : 0.01g/cm.s)

① 0.625cm/s　　② 0.726cm/s
③ 0.792cm/s　　④ 0.898cm/s

해설 $V_s = \dfrac{d^2(\rho_s - \rho)g}{18\mu}$

$$cm/sec = \dfrac{(0.01cm)^2}{} \Big| \dfrac{(2.65-1)g}{cm^3} \Big| \dfrac{980cm}{sec^2} \Big| \dfrac{1}{18} \Big| \dfrac{cm \cdot sec}{0.01g} = 0.898cm/sec$$

정답　45.③　46.③　47.④　48.④

49 부유물의 농도와 부유물 입자의 특성에 따른 침전현상의 4가지 형태가 아닌 것은?
① 독립침전
② 응집침전
③ 지역침전
④ 분리침전

50 부상법으로 처리해야 할 폐수의 성상으로 가장 적합한 것은?
① 수중에 용존유기물의 농도가 높은 경우
② 비중이 물보다 낮은 고형물이 많은 경우
③ 수온이 높은 경우
④ 독성물질을 많이 함유한 경우

51 다음 오염물질 함유폐수 중 알칼리 조건하에서 염소처리(산화)가 필요한 것은?
① 시안(CN)
② 알루미늄(Al)
③ 6가 크롬(Cr^{6+})
④ 아연(Zn)

해설 CN 폐수는 일반적으로 알칼리염소법을 적용한다.

52 다음 중 응집침전을 위한 폐수처리에서 일반적으로 가장 널리 사용되는 응집제는?
① 염화칼슘
② 석회
③ 수산화나트륨
④ 황산알루미늄

해설 일반적으로 가장 널리 사용되는 응집제는 황산알루미늄, 염화제2철, 황산철 등이 있다.

53 다음 중 폐수를 응집침전으로 처리할 때 영향을 주는 주요인자와 가장 거리가 먼 것은?
① 수온
② pH
③ DO
④ Colloid의 종류와 농도

54 효과적인 응집을 위해 실시하는 약품교반 실험장치(Jar Tester)의 일반적인 실험순서가 바르게 나열된 것은?
① 정치 침전→ 상징수 분석→ 응집제 주입→ 급속교반→ 완속교반
② 급속교반→ 완속교반→ 응집제 주입→ 정치 침전 → 상징수 분석
③ 상징수 분석→ 정치 침전→ 완속교반→ 급속교반→ 응집제 주입
④ 응집제 주입→ 급속교반→ 완속교반→ 정치 침전→ 상징수 분석

정답 49.④ 50.② 51.① 52.④ 53.③ 54.④

55 폐수처리 과정 중 응집제를 넣어 완속교반하는 주된 목적은?

① 입자를 미세하게 하기 위하여
② 크고 무거운 Floc을 만들기 위해
③ 응집제와 폐수입자의 접촉을 위하여
④ 응집제를 확산시키기 위하여

56 다음은 폐수처리에서 일반적으로 많이 사용되고 있는 무기응집제인 황산알루미늄에 관한 설명이다. 옳지 않은 것은?

① 결정은 부식성이 없어 취급이 용이하다.
② 철염에 비해 적정 pH의 범위가 좁다.
③ 저렴하고 무독성으로 대량주입이 가능하다.
④ 철염에 비해 Floc이 무거워 침전이 잘된다.

57 산업폐수에 관한 일반적인 설명으로 거리가 먼 것은?

① 주로 악성폐수가 많다.
② 중금속 등의 오염물질 함량이 생활하수에 비해 높다.
③ 업종 및 생산방식에 따라 수질이 거의 일정하다.
④ 같은 업종일지라도 생산규모에 따라 배수량이 달라진다.

58 펜톤(Fenton) 산화반응에 대한 설명으로 옳은 것은?

① 황화수소 난분해성 유기물질 산화
② 오존의 난분해성 유기물질 산화
③ 과산화수소의 난분해성 유기물질 산화
④ 아질산의 난분해성 유기물질 산화

59 다음 중 6가크롬(Cr^{6+})함유 폐수를 처리하기 위한 가장 적합한 방법은?

① 아말감법　　　　　　　② 환원침전법
③ 오존산화법　　　　　　④ 충격법

해설 6가 크롬 → 3가로 환원 → 중화 → 수산화물 침전(pH 8~10 범위)

정답　55.②　56.④　57.③　58.③　59.②

60 상수처리에서 완속여과법과 비교한 급속여과법의 특징으로 가장 거리가 먼 것은?

① 실트, 조류, 금속산화물 등의 현탁물 외에 점토, 세균, 바이러스, 색도성분 등의 콜로이드성분이 제거가능하나 용해성분인 암모니아성 질소, 페놀류, 냄새성분 등에 대해서는 제거효율이 낮다.
② 여과속도에 따라 120~150m/d의 표준여과 및 200~300m/d 이상의 고속여과로 구분할 수 있다.
③ 잔류염소를 포함하지 않는 물을 여과하는 경우, 수온이 높은 시기에는 여재 표면에 증식한 미생물의 활동에 의해 암모니아성 질소 등의 용해성분 일부가 제거되는 경우도 있다.
④ 여과 시 손실수두가 작고, 원칙적으로 약품을 사용하지 않고 처리하는 방법이다.

해설 급속여과법은 여과속도가 빠르므로 손실수두가 크고, 응집제를 사용해 물을 여과하는 방법이다.

61 물리흡착과 화학흡착에 대한 비교 설명 중 옳은 것은?

① 물리적 흡착과정은 가역적이기 때문에 흡착제의 재생이나 오염가스의 회수에 매우 편리하다.
② 물리적 흡착은 온도의 영향에 구애받지 않는다.
③ 물리적 흡착은 화학적 흡착보다 분자 간의 인력이 강하기 때문에 흡착과정에서의 발열량이 크다.
④ 물리적 흡착에서는 용질의 분자량이 적을수록 유리하게 흡착한다.

해설 물리적 흡착은 온도의 영향이 크며, 용질의 분자량이 클수록 유리하게 흡착한다. 이에 반해, 화학적 흡착은 물리적 흡착보다 분자간의 인력이 강하다.

62 정수 시설에서 오존처리에 관한 설명으로 가장 거리가 먼 것은?

① 오존은 강력한 산화력이 있어 원수 중의 미량 유기물질의 성상을 변화시켜 탈색효과가 뛰어나다.
② 맛과 냄새 유발물질의 제거에 효과적이다.
③ 소독 효과가 우수하면서도 소독 부산물을 적게 형성한다.
④ 잔류성이 뛰어나 잔류 소독효과를 얻기 위해 염소를 추가로 주입할 필요가 없다.

해설 오존은 강력한 산화제로써 잔류성이 없다.

정답 60.④ 61.① 62.④

63 액체염소의 주입으로 생성된 유리염소, 결합잔류염소의 살균력의 크기를 바르게 나열한 것은?

① HOCl > Chloramines > OCl⁻
② OCl⁻ > HOCl > Chloramines
③ HOCl > OCl⁻ > Chloramines
④ OCl⁻ > Chloramines > HOCl

64 다음 중 염소살균의 가장 큰 장점은?

① 대장균을 선택적으로 살균한다.
② 낮은 농도에서도 효과적이며, 충분한 양 투여 시 지속적인 살균효과를 나타낸다.
③ 독성유해화학물질도 제거할 수 있고, 특히 냄새제거에 탁월한 효능을 나타낸다.
④ 플랑크톤 제거에 가장 효과적이다.

65 생태계의 생물적 요소 중 용존산소를 소비하는 분해자로 유기물과 영양물질이 풍부한 환경에서 잘 자라며, 물질순환과 자정작용에 중요한 역할을 하는 종으로 가장 적합한 것은?

① 조류
② 호기성 독립영양세균
③ 호기성 종속영양세균
④ 혐기성 종속영양세균

66 다음 중 회분식 배양조건에서 시간에 따른 박테리아의 성장곡선을 순서대로 옳게 나열한 것은?

① 유도기 → 사멸기 → 대수성장기 → 정지기
② 유도가 → 사멸기 → 정지기 → 대수성장기
③ 대수성장기 → 정지 → 유도기 → 사멸기
④ 유도기 → 대수성장기 → 정지기 → 사멸기

67 활성슬러지법으로 처리하고 있는 어떤 폐수처리시설 포기조의 운영관리 자료 중 적절하지 않은 것은?

① SV가 20~30%
② DO가 7~9mg/L
③ MLSS가 3000mg/L
④ pH가 6~8

해설 호기성 반응조에서 최저 0.5mg/L 이상, 통상 2.0mg/L 이상 유지함이 적당하다.

정답 63.③ 64.② 65.③ 66.④ 67.②

68 활성슬러지공법을 적용하고 있는 폐수종말처리시설에서 운전상 발생하는 점에 관한 설명으로 옳지 않은 것은?

① 슬러지 팽화는 플록의 침전성이 불량하여 농축이 잘 되지 않는 것을 말한다.
② 슬러지 팽화의 원인 대부분은 각종 환경조건이 악화된 상태에서 사상성 박테리아나 균류 등의 성장이 둔화되기 때문이다.
③ 포기조에서 암갈색의 거품은 미생물 체류시간이 길고 과도한 과포기를 할 때 주로 발생한다.
④ 침전성이 좋은 슬러지가 떠오르는 슬러지 부상문제는 주로 과포기나 저부하에 의해 포기조에서 상당한 질산화가 진행되는 경우 침전조에서 침전슬러지를 오래 방치할 때 탈질이 진행되어 야기된다.

69 200m³의 포기조에 BOD 370mg/L인 폐수가 1250m³/d의 유량으로 유입되고 있다. 이 포기조의 BOD용적부하는?

① 1.78kg/m³·d
② 2.31kg/m³·d
③ 2.98kg/m³·d
④ 3.12kg/m³·d

해설 BOD 용적부하 = $\dfrac{Q \times BOD농도}{V}$

$kg/m^3 \cdot day = \dfrac{370mg}{L} \Big| \dfrac{1250m^3}{day} \Big| \dfrac{1}{200m^3} \Big| \dfrac{10^{-6}kg}{1mg} \Big| \dfrac{1L}{10^{-3}m^3} = 2.31 kg/m^3 \cdot day$

70 MLSS 농도가 1000mg/L이고, BOD 농도가 200mg/L인 2000m³/day의 폐수가 포기조로 유입될 때 BOD/MLSS부하는?(단, 포기조의 용적은 1000m³이다.)

① 0.1kgBOD/kgMLSS·day
② 0.2kgBOD/kgMLSS·day
③ 0.3kgBOD/kgMLSS·day
④ 0.4kgBOD/kgMLSS·day

해설 $\dfrac{kg \cdot BOD}{kg \cdot MLSS \cdot day} = \dfrac{200mg}{L} \Big| \dfrac{2000m^3}{day} \Big| \dfrac{L}{1000mg} \Big| \dfrac{1}{1000m^3} = 0.4 \, BOD/MLSS \cdot day$

71 슬러지 침전성을 나타내는 값으로 SVI가 사용된다. 다음 중 침전성이 양호한 SVI의 범위로 가장 적합한 것은?

① 1000~2000
② 500~1000
③ 200~500
④ 50~150

정답 68.② 69.② 70.④ 71.④

72 활성슬러지공법에서 슬러지 반송의 주된 목적은?

① MLSS 조절 ② DO 공급
③ pH 조절 ④ 소독 및 살균

73 활성슬러지공법을 적용하고 있는 폐수종말처리시설에서 운전상 발생하는 점에 관한 설명으로 옳지 않은 것은?

① 슬러지 팽화는 플록의 침전성이 불량하여 농축이 잘 되지 않는 것을 말한다.
② 슬러지 팽화의 원인 대부분은 각종 환경조건이 악화된 상태에서 사상성 박테리아나 균류 등의 성장이 둔화되기 때문이다.
③ 포기조에서 암갈색의 거품은 미생물 체류시간이 길고 과도한 과포기를 할 때 주로 발생한다.
④ 침전성이 좋은 슬러지가 떠오르는 슬러지 부상문제는 주로 과포기나 저부하에 의해 포기조에서 상당한 질산화가 진행되는 경우 침전조에서 침전슬러지를 오래 방치할 때 탈질이 진행되어 야기된다.

74 탱크에 쇄석 등의 여재를 채우고 위에서 폐수를 뿌려 쇄석 표면에 번식하는 미생물이 폐수와 접촉하여 유기물을 섭취 분해하여 폐수를 생물학적으로 처리하는 방식은?

① 활성슬러지법 ② 호기성 산화지법
③ 회전원판법 ④ 살수여상법

75 소규모 분뇨처리시설인 임호프 탱크(Imhoff tank)의 구성 요소와 거리가 먼 것은?

① 침전실 ② 소화실
③ 스컴실 ④ 포기조

76 각 생물학적 처리방법에 관한 설명으로 옳지 않은 것은?

① 산화지법 - 수심 1m 이하의 경우 호기성 세균의 산소공급원은 조류와 균류이다.
② 접촉산화법 - 생물막을 이용한 처리방식의 일종으로 포기조에 접촉여재를 침적하여 포기, 교반시켜 처리한다.
③ 살수여상법 - 연못화에 따른 악취, 파리의 이상번식 등이 문제점으로 지적되고 있다.
④ 회전원판법 - 미생물 부착성장형으로서 슬러지의 반송이 필요 없다.

정답 72.① 73.② 74.④ 75.④ 76.①

77 166.6g의 $C_6H_{12}O_6$가 완전한 혐기성 분해를 한다고 가정할 때 발생 가능한 CH_4 가스용적으로 옳은 것은? (단, 표준상태 기준)

① 24.4L   ② 62.2L
③ 186.7L   ④ 1339.3L

해설
$C_6H_{12}O_6 \rightarrow 3CH_4 + 3CO_2$
$180g\ :\ 3 \times 22.4L$
$166.6\ :\ x$
$\therefore\ x = 62.2L$

78 슬러지의 혐기성 소화처리에 관한 설명으로 적절하지 않은 것은?

① 슬러지의 무게와 부피를 감소시킨다.
② 이용가치가 있는 부산물을 얻을 수 있다.
③ 병원균을 죽이거나 통제할 수 있다.
④ 호기성 소화보다 빠른 시간에 처리할 수 있다.

79 혐기성조/호기성조의 과정을 거치면서 질소 제거는 고려되지 않지만 하·폐수 내의 유기물 산화와 생물학적으로 인(P)을 제거하는 공법으로 가장 적합한 것은?

① A/O 공법   ② A_2/O공법
③ S/L 공법   ④ 4단계 Bardenpho 공법

해설
- A/O(Anaerobic/Oxic) 공법 : 유기물과 인 제거에 이용된다.
- A_2/O : 인(P)과 질소(N) 제거에 이용된다.
- 4단계 Bardenpho : 질소(N) 제거에 이용된다.

80 탈질(Denitrification)과정을 거쳐 질소 성분이 최종적으로 변환된 질소의 형태는?

① NO_2-N ② NO_3-N
③ NH_3-N ④ N_2

해설 질산화(Nitrification): $NH_3 \rightarrow NO_2^- \rightarrow NO_3^-$
탈질화(Denitrification): $NO_3^- \rightarrow NO_2^- \rightarrow N_2 \uparrow$

정답 77.② 78.④ 79.① 80.④

02 폐기물 처리

01 지정폐기물의 정의 및 그 특징에 관한 설명 중 틀린 것은?

① 생활폐기물 중 환경부령으로 정하는 폐기물을 의미한다.
② 유독성 물질을 함유하고 있다.
③ 2차 혹은 3차 환경오염의 유발 가능성이 있다.
④ 일반적으로 고도의 처리기술이 요구된다.

> **해설** 지정폐기물이란 사업장폐기물 중 폐유·폐산 등 주변 환경을 오염시킬 수 있거나 의료폐기물 등 인체에 위해(危害)를 줄 수 있는 해로운 물질로서 대통령령으로 정하는 폐기물을 말한다(폐기물관리법 제2조, 정의).

02 현행 폐기물관리법령상 지정폐기물 중 부식성 폐기물의 폐산(㉠)과 폐알칼리(㉡)의 판정기준은?(단, 액체상태의 폐기물이며, 기타 조건은 제외)

① ㉠ pH 2.0 이하   ㉡ pH 12.5 이상
② ㉠ pH 2.0 이하   ㉡ pH 12.0 이상
③ ㉠ pH 3.0 이하   ㉡ pH 12.5 이상
④ ㉠ pH 3.0 이하   ㉡ pH 12.0 이상

03 폐기물 분석시료를 얻기 위한 시료의 축소방법 중 다음에 해당하는 것은?

> ㉠ 대시료를 네모꼴로 얇게 균일한 두께로 편다.
> ㉡ 이것을 가로 4등분, 세로 5등분하여 20개의 덩어리로 나눈다.
> ㉢ 20개의 각 부분에서 균등량씩 취한 다음, 혼합하여 하나의 시료로 한다.

① 균일법   ② 구획법
③ 교호삽법   ④ 원추사분법

정답 01.① 02.① 03.②

04 다음은 폐기물의 강열감량 및 유기물함량 분석방법(기준)에 관한 설명이다. 괄호 안에 알맞은 것은?

> 백금제, 석영제 또는 사기제 도가니를 미리 (㉠)에서 (㉡)강열하고, 황산데시케이터 안에서 방냉한 다음, 그 무게를 정확히 달고 여기에 시료 적당량을 취하여 도가니와 시료의 무게를 정확히 단다. 여기에 (㉢)을 넣어 시료를 적시고, 천천히 가열하여 탄화시킨다.

① ㉠ 600±25℃, ㉡ 30분간, ㉢ 10% 황산은용액
② ㉠ 900±25℃, ㉡ 1시간, ㉢ 10% 황산은용액
③ ㉠ 600±25℃, ㉡ 30분간, ㉢ 25% 질산암모늄용액
④ ㉠ 900±25℃, ㉡ 1시간, ㉢ 25% 질산암모늄용액

05 도시폐기물을 개략분석(proximate analysis)시 구성되는 4가지 성분으로 거리가 먼 것은?

① 수분
② 질소분
③ 휘발성고형물
④ 고정탄소

해설 도시폐기물의 개략분석(Proximate Analysis)시 구성되는 4가지 성분으로 수분, 휘발분, 고정탄소, 불연성 물질이 있다.

06 폐기물 처리기술의 3대 기본원칙이 아닌 것은?

① 감량화
② 안정화
③ 파쇄화
④ 무해화

해설 폐기물 처리의 3대 기본원칙은 감량화, 안정화, 무해화에 있다.

07 폐기물의 재활용과 감량화를 도모하기 위해 실시할 수 있는 제도로 가장 거리가 먼 것은?

① 예치금 제도
② 환경영향평가
③ 부담금 제도
④ 쓰레기 종량제

08 원료의 구매에서 제품의 생산, 유통, 사용, 처분까지 전 과정에 걸쳐 환경에 미치는 영향을 평가하는 과정을 의미하는 것은?

① LCA
② ESSD
③ ISO14000
④ ISO9000

정답 04.③ 05.② 06.③ 07.② 08.①

09 다음 중 유해 폐기물의 국제적 이동의 통제와 규제를 주요 골자로 하는 국제협약(의정서)은?

① 교토의정서 ② 바젤 협약
③ 비엔나 협약 ④ 몬트리올 의정서

10 쓰레기 수거노선을 설정할 때의 유의사항으로 가장 거리가 먼 것은?

① 가능한 한 간선도로 부근에서 시작하고 끝나도록 한다.
② 언덕길은 내려가면서 수거한다.
③ 발생량이 많은 곳은 하루 중 가장 먼저 수거한다.
④ 가능한 한 시계 반대방향으로 수거노선을 정한다.

11 다음 중 폐기물의 적환장이 필요한 경우와 거리가 먼 것은?

① 폐기물 처분장소가 수립장소로부터 16km 이상 멀리 떨어져 있을 때
② 작은 용량의 수집차량($15m^3$ 이하)을 사용할 때
③ 작은 규모의 주택들이 밀집되어 있을 때
④ 상업지역에서 폐기물 수집에 대형 수거용기를 많이 사용 할 때

12 관거(Pipeline)수거에 관한 설명으로 틀린 것은?

① 자동화, 무공해화가 가능하다.
② 가설 후에 경로 변경이 곤란하고 설비가 높다.
③ 잘못 투입된 물건의 회수가 용이하다.
④ 큰 쓰레기는 파쇄, 압축 등의 전처리를 해야 한다.

13 쓰레기 발생량과 성상에 영향을 미치는 요인에 관한 설명으로 가장 거리가 먼 것은?

① 수집빈도가 높을수록, 그리고 쓰레기통이 클수록 발생량이 감소하는 경향이 있다.
② 일반적으로 도시의 규모가 커질수록 쓰레기 발생량이 증가한다.
③ 쓰레기 관련 법규는 쓰레기 발생량에 매우 중요한 영향을 미친다.
④ 대체로 생활수준이 증가하면 쓰레기 발생량도 증가하며 다양화 된다.

정답 09.② 10.④ 11.④ 12.③ 13.①

14 다음 중 쓰레기 발생량 조사방법으로 가장 거리가 먼 것은?

① 적재차량 계수분석법
② 직접 계근법
③ 물질 수지법
④ 직접 경향분석법

해설 쓰레기 발생량 조사방법에는 적재차량 계수분석법, 직접계근법, 물질수지법, 원자재 사용량으로 추정하는 방법이 있다.

15 쓰레기의 양이 4000m³이며, 밀도는 1.2t/m³이다. 적재용량이 8t인 차량으로 이 쓰레기를 운반한다면 몇 대의 차량이 필요한가?

① 120대
② 400대
③ 500대
④ 600대

해설 차량(대) $= \dfrac{4000m^3}{} \Big| \dfrac{1.2 ton}{m^3} \Big| \dfrac{대}{8 ton} = 600대$

16 A도시에서 1년간 쓰레기 수거량은 3400000톤이다. 이 쓰레기를 5500명이 하루 8시간씩 수거하였다면 수거능력(MHT)은?(단, 1년간 작업일수는 310일다)

① 4.01man.hr/ton
② 3.37man.hr/ton
③ 2.72man.hr/ton
④ 2.15man.hr/ton

해설 $MHT = \dfrac{5500인}{} \Big| \dfrac{8시간}{일} \Big| \dfrac{310일}{년} \Big| \dfrac{년}{3400000톤} = 4.01 MH/T$

17 스크린 선별에 관한 설명으로 거리가 먼 것은?

① 스크린 선별은 주로 큰 폐기물로부터 후속 처리장치를 보호하거나 재료를 회수하기 위해 많이 사용한다.
② 트롬멜 스크린은 진동 스크린의 형식에 해당한다.
③ 스크린의 형식은 진동식과 회전식으로 구분할 수 있다.
④ 회전 스크린은 일반적으로 도시폐기물 선별에 많이 사용하는 스크린이다.

18 폐기물을 가벼운 것과 무거운 것으로 분리하기 위하여 중력이나 탄도학을 이용한 선별 방법은?

① 손 선별
② 스크린 선별
③ 자석 선별
④ 관성 선별

해설 관성선별은 가벼운 것과 무거운 것을 분리하기 위하여 중력이나 탄도학을 이용한 탄도식 분리기와 경사 콘베이어 분리기가 있다.

정답 14.④ 15.④ 16.① 17.② 18.④

19 처음 부피가 1000m³인 폐기물을 압축하여 500m³인 상태로 부피를 감소시켰다면 체적감소율은?

① 2%   ② 10%
③ 50%   ④ 100%

> **해설** 체적감소율 $= \left(1 - \dfrac{V_2}{V_1}\right) \times 100$
>
> ∴ 체적감소율 $= \left(1 - \dfrac{500m^3}{1000m^3}\right) \times 100 = 50\%$

20 밀도가 450kg/m³인 생활 폐기물을 매립하기 위해 850kg/m³으로 압축하였다면 압축비는?

① 1.5   ② 1.9
③ 2.0   ④ 2.5

> **해설** 압축 전 부피 $V_1 = \dfrac{\rho_2}{\rho_1} = \dfrac{850 \text{kg/m}^3}{450 \text{kg/m}^3} = 1.9$

21 폐기물을 분쇄하여 세립화 및 균일화하는 것을 파쇄라 한다. 파쇄의 장점으로 가장 거리가 먼 것은?

① 조성을 균일하게 하여 정상 연소시 연소효율을 향상시킨다.
② 폐기물 입자의 표면적이 증가되어 미생물 작용이 촉진 되어 매립 시 조기안정화를 꾀할 수 있다.
③ 부피가 커져 운반비는 증가하나 고밀도 매립을 할 수 있으며, 토양으로의 산화 및 환원작용이 빨라진다.
④ 조대 쓰레기에 의한 소각로의 손상을 방지할 수 있다.

22 폐기물을 파쇄하는 이유로 옳지 않은 것은?

① 겉보기 밀도의 증가   ② 고체의 치밀한 혼합
③ 부식효과 방지   ④ 비표면적의 증가

정답   19.③   20.②   21.③   22.③

23 쓰레기를 압축하는 목적으로 가장 거리가 먼 것은?

① 저장이 쉽도록 한다.
② 운반비를 줄일 수 있다.
③ 부피를 감소시켜 운반이 쉽도록 한다.
④ 재활용 물질을 분리·선별하기 쉽도록 한다.

24 다음 중 폐기물의 퇴비화 공정에서 유지시켜 주어야 할 최적 조건으로 가장 적합한 것은?

① 온도 : 20±2℃
② 수분 : 5~10%
③ C/N 비율 : 100~150
④ PH : 6~8

25 폐기물의 퇴비화에 대한 설명으로 옳지 않은 것은?

① 퇴비화의 주요 목적은 폐기물 중에 함유된 분해 가능한 유기물질을 생물학적으로 안정시키고 비료 및 토양개량제로 사용할 수 있게 하는 것이다.
② 퇴비화 공정은 유기성 폐기물의 호기성 산화분해가 주과정으로 여러 종류의 중온 및 고온성 미생물이 관여한다.
③ 퇴비화가 완성되면 악취가 없는 안정한 유기물로 병원균이 거의 없으며, 토양 중의 여러 가지 양이온을 흡착할 수 있는 능력이 증가한다.
④ 퇴비화 과정은 호기성 분해가 일어나므로 공기를 공급하며 일반적으로 3~4시간 이내에 완성된다.

해설 퇴비화는 3~4주 정도의 호기성 단계가 요구된다.

26 폐기물처리에서 에너지 회수방법으로 거리가 먼 것은?

① 슬러지 개량
② 혐기성 소화
③ 소각열 회수
④ RDF 제조

27 연소가스의 잉여열을 이용하여 보일러에 주입되는 물을 예열함으로써 보일러드럼에 발생되는 열응력을 감소시켜 보일러의 효율을 높이는 장치는?

① 과열기(Super Heater)
② 재열기(Reheater)
③ 절탄기(Economizer)
④ 공기예열기(Air Preheater)

정답 23.④ 24.④ 25.④ 26.① 27.③

29 혐기성 소화조 운영 중 소화가스 발생량 저하 원인으로 가장 거리가 먼 것은?

① 유기물의 과부하
② 소화조내 온도저하
③ 소화조내의 pH 상승(8.5 이상)
④ 과다한 유기산 생성

30 매립지에서 매립 후 경과기간에 따라 매립가스(Landfill gas)의 생성과정을 4단계로 구분할 때, 각 단계에 관한 설명으로 가장 거리가 먼 것은?

① 제1단계에서는 친산소성 단계로서 폐기물 내에 수분이 많은 경우에는 반응이 가속화 되어 용존산소가 쉽게 고갈되어 2단계 반응에 빨리 도달한다.
② 제2단계에서는 산소가 고갈되어 혐기성 조건이 형성되며 질소가스가 발생하기 시작하며, 아울러 메탄가스도 생성되기 시작하는 단계이다.
③ 제3단계에서는 매립지 내부의 온도가 상승하여 약 55℃ 정도까지 올라간다.
④ 4단계에서는 매립가스내 메탄과 이산화탄소의 함량이 거의 일정하게 유지된다.

> 해설 제2단계에서는 유기물이 효소에 의해 발효되는 혐기성 비메탄 단계로써, 이산화탄소 가스가 많이 발생한다.

31 호기성 소화법과 비교 시 혐기성 소화법의 단점이 아닌 것은?

① 슬러지 생성량이 많고 탈수가 불량하다.
② 미생물의 성장속도가 느리다.
③ 암모니아와 H_2S에 의한 악취 발생의 문제가 크다.
④ 운전조건의 변화에 따른 적응시간이 길다.

> 해설 슬러지 생성량이 적고, 탈수가 용이하다.

32 RDF에 대한 설명으로 틀린 것은?

① RDF는 Refuse Derived Fuel의 약자이다.
② 폐기물 중의 가연성 성분만을 선별하여 함수율, 불순물, 입경 등을 조절하여 연료화 시킨 것이다.
③ 부패하기 쉬운 유기물질로 구성되어 있기 때문에 수분 함량이 증가하면 부패한다.
④ 시설비 및 동력비가 저렴하며, 운전이 용이하다.

> 해설 RDF(Refuse Derived Fuel)는 가연성 생활 폐기물을 이용해 고체연료를 만드는 것으로 시설비, 동력비가 많이 들고 운전이 어렵다.

정답 29.① 30.② 31.① 32.④

33 다음 중 유기물의 혐기성 소화 분해 시 발생되는 물질로 거리가 먼 것은?

① 산소 ② 알코올
③ 유기산 ④ 메탄

34 짐머만(Zimmerman)공법이라고도 불리며 액상 슬러지에 열과 압력을 작용시켜 용존산소에 의하여 화학적으로 슬러지내의 유기물을 산화시키는 방법은?

① 혐기성 소화 ② 호기성 소화
③ 습식 산화 ④ 화학적 안정화

35 소각로에서 완전연소를 위한 3가지 조건(3T)으로 옳은 것은?

① 시간 – 온도 – 혼합 ② 시간 – 온도 – 수분
③ 혼합 – 수분 – 시간 ④ 혼합 – 수분 – 온도

> **해설** 소각로에서 완전연소를 위한 3T는 Time, Temperature, Turbulence 이다.

36 발열량이 800kcal/kg인 폐기물을 하루에 6톤씩 소각한다. 소각로 연소실의 용적이 125m^3이고, 1일 운전시간이 8시간이면 연소실의 열 발생률은?

① 3600kcal/m^3·h ② 4000kcal/m^3·h
③ 4400kcal/m^3·h ④ 4800kcal/m^3·h

> **해설** 노 열부하 $VHRR(kcal/m^3.hr) = \dfrac{\text{폐기물 발생량} W \times \text{폐기물 저위발열량} kcal}{\text{소각로 부피} V}$
>
> $\dfrac{kcal}{m^3.hr} = \dfrac{800kcal}{kg} \Big| \dfrac{6t}{day} \Big| \dfrac{}{125m^3} \Big| \dfrac{day}{8hr} \Big| \dfrac{kg}{10^{-3}t} = 4800kcal/m^3.hr$

37 통상적으로 소각로의 설계기준이 되는 진발열량을 의미하는 것은?

① 고위발열량
② 저위발열량
③ 고위발열량과 저위발열량의 기하평균
④ 고위발열량과 저위발열량의 산술평균

> **해설** 소각로 설계 시 저위발열량을 설계기준으로 하는 이유는 이미 수분은 과열증기 상태로 배출되어 수분의 영향이 없기 때문이다.

정답 33.① 34.③ 35.① 36.④ 37.②

38 소각시설의 연소온도를 높이기 위한 방법으로 옳지 않은 것은?

① 발열량이 높은 연료사용　　② 공기량의 과다주입
③ 연료의 예열　　　　　　　④ 연료의 완전연소

> **해설** 공기량의 과다주입은 연소실 온도를 저하시킨다.

39 화격자 연소기의 특징으로 거리가 먼 것은?

① 연속적인 소각과 배출이 가능하다.
② 체류시간이 짧고 교반력이 강하여 수분이 많은 폐기물의 연소에 효과적이다.
③ 고온 중에서 기계적으로 구동하므로 금속부의 마모손실이 심한 편이다.
④ 플라스틱과 같이 열에 쉽게 용해되는 물질에 의해 화격자가 막힐 염려가 있다.

40 다음 중 로터리 킬른 방식의 장점으로 거리가 먼 것은?

① 드럼이나 대형용기를 파쇄하지 않고 그대로 투입 할 수 있다.
② 예열이나 혼합 등 전처리가 거의 필요 없다.
③ 열효율이 높고, 적은 공기비로도 완전연소가 가능하다.
④ 습식가스 세정시스템과 함께 사용할 수 있다.

> **해설** 로터리 킬른 방식을 회전로라고도 하며 열효율이 낮고, 투자비에 비해 소각능력이 떨어지는 단점이 있다.

41 분뇨의 일반적인 특성에 대한 설명 중 틀린 것은?

① 유기물을 많이 함유하고 있다.
② 고액분리가 쉽다.
③ 토사 및 협잡물을 다량 함유하고 있다.
④ 염분 및 질소의 농도가 높다.

> **해설** 고형물 함유도가 높고 토사 및 협잡물을 다량 함유하고 있어 고액분리가 어렵다.

42 함수율이 97%인 슬러지 3600m³를 농축하여 함수율 94%로 낮추었을 때 슬러지의 부피는?(단, 슬러지 비중은 1이다)

① 1800m³　　② 2000m³　　③ 2200m³　　④ 2400m³

> **해설** $V_1(100-P_1) = V_2(100-P_2)$
> $3600(100-97) = V_2(100-94)$　　∴ $V_2 = 1800m^3$

정답　38.②　39.②　40.③　41.②　42.①

43 슬러지 농축방법으로 적절하지 않은 것은?
① 명반 응집제 첨가 농축방법
② 중력식 농축방법
③ 원심분리 농축방법
④ 용존공기부상 농축방법

44 다음 중 슬러지처리의 일반적인 계통도로 옳은 것은?
① 농축 – 안정화 – 개량 – 탈수 – 소각 – 최종처분
② 안정화 – 탈수 – 농축 – 개량 – 소각 – 최종처분
③ 안정화 – 농축 – 탈수 – 소각 – 개량 – 최종처분
④ 농축 – 탈수 – 개량 – 안정화 – 소각 – 최종처분

45 화학약품을 이용하여 응집한 슬러지를 탈수하기 위해 사용하는 탈수장치와 가장 거리가 먼 것은?
① 가압 탈수기
② 부상 탈수기
③ 원심 탈수기
④ 벨트프레스 탈수기

> **해설** 탈수장치에는 가압형, 진공형, 원심형, 벨트프레스형 등이 있다.

46 슬러지를 구성하는 다음 수분 중 괄호 안에 가장 알맞은 것은?

> ( )는 미세한 슬러지 고형물의 입자 사이의 얇은 틈에 존재하는 수분으로 모세관압으로 결합되어 있는 수분이다. 원심력, 진공압 등 기계적 압착으로 분리시킨다.

① 간극수
② 모관결합수
③ 부착수
④ 내부수

> **해설**
> • 간극수는 슬러지 입자들에 의해 둘러싸인 공간을 채우고 있는 수분으로 농축으로 분리가 가능하다.
> • 부착수는 슬러지의 입자표면에 부착되어 있는 수분으로 제거하기 어렵다.
> • 내부수는 슬러지 세포의 세포액으로 존재하는 수분으로 제거하기가 매우 어렵다.

47 유해폐기물 처리를 위해 사용되는 용매추출법에서 용매의 선택기준으로 옳지 않은 것은?
① 끓는점이 낮아 회수성이 높을 것
② 밀도가 물과 다를 것
③ 분배계수가 낮아 선택성이 작을 것
④ 물에 대한 용해도가 낮을 것

> **해설** 용매추출법에서 용매는 분배계수가 높고 물에 대한 용해도와 끓는점 낮으며 극성이 낮은 소수성 이어야 한다.

정답 43.① 44.① 45.② 46.② 47.③

48 다음 중 폐기물의 고형화 처리방법에 해당되지 않는 것은?

① 시멘트 기초법　　　　② 활성탄 흡착법
③ 유기 중합체법　　　　④ 열가소성 플라스틱법

> **해설** 활성탄 흡착은 3차처리 즉, 고도처리에 이용되는 정수, 하수, 폐수처리방법이다.

49 쓰레기를 수평으로 고르게 깔아 압축하고 복토를 깔아 쓰레기층과 복토층을 교대로 쌓는 매리공법을 무엇이라 하는가?

① 박층뿌림공법　　　　② 샌드위치공법
③ 압축매립공법　　　　④ 도랑형공법

50 다음은 어떤 폐기물의 매립공법에 관한 설명인가?

> 쓰레기를 매립하기 전에 이의 감량화를 목적으로 먼저 쓰레기를 일정한 더미형태로 압축하여 부피를 감소시킨 후 포장을 실시하여 매립하는 방법으로, 쓰레기 발생량 증가와 매립지 확보 및 사용 년 한 문제에 있어서 유리하고, 운송이 간편하고 안정성이 있으며, 지가(地價)가 비쌀 경우에도 유효한 방법이다.

① 압축매립공법　　　　② 도랑형공법
③ 셀공법　　　　　　　④ 순차투입공법

> **해설** 압축매립공법은 쓰레기를 압축하여 부피를 감소시킨 후, 포장하여 매립하는 공법이다.

51 다음 중 매립지에서 복토를 하여 덮개시설을 하는 목적으로 가장 거리가 먼 것은?

① 악취발생 억제　　　　② 해충 및 야생동물의 번식방지
③ 쓰레기의 비산 방지　　④ 식물성장의 억제

52 매립지에서의 침출수 발생량에 영향을 미치는 인자와 가장 거리가 먼 것은?

① 강우침투량　　② 유출계수　　③ 증발산량　　④ 교통량

53 매립처분시설의 분류 중 폐기물에 포함된 수분, 폐기물 분해에 의하여 생성되는 수분, 매립지에 유입되는 강우에 의하여 발생하는 침출수의 유출방지와 매립지 내부로의 지하수 유입방지를 위해 설치하는 것은?

① 부패조　　② 안정탑　　③ 덮개시설　　④ 차수시설

정답　48.② 49.② 50.① 51.④ 52.④ 53.④

03 대기오염방지

01 어떤 물질을 분석한 결과 1500ppm의 결과를 얻었다. 이것을 %로 환산하면?

① 0.15%   ② 1.5%
③ 15%   ④ 150%

해설 $\dfrac{x}{100}\% = \dfrac{1500}{10^6} ppm \quad \therefore x = 0.15\%$

02 다음 압력 중 크기가 다른 하나는?

① $1.013 N/m^2$ ② $760 mmHg$
③ $1013 mbar$ ④ $1 atm$

해설 $1 atm = 760 mmHg = 1.033 kg/cm^2 = 10.33 mH_2O$
$= 1.013 bar = 1013 mbar = 101325 N/m^2$

03 섭씨온도 25℃는 절대온도로 몇 K인가?

① 25K   ② 45K
③ 273K   ④ 298K

해설 절대온도(K) = 273 + 섭씨온도(℃) = 273 + 25 = 298K

04 다음 농도 표시 중에 가장 낮은 농도는?

① 0.44mg/L   ② 0.44μg/mL
③ 0.44ppm   ④ 44ppb

해설
① $0.44 mg/L$
② $\dfrac{0.44 \mu g}{mL} | \dfrac{10^3 mL}{L} | \dfrac{mg}{10^3 \mu g} = 0.44 mg/L$
③ $ppm = \dfrac{1 mg}{L} \quad \therefore 0.44 ppm \times \dfrac{1 mg}{L} = 0.44 mg/L$
④ $ppb = \dfrac{1^{-3} mg}{L} \quad \therefore 44 ppb \times \dfrac{10^{-3} mg}{L} = 0.044 mg/L$

정답 01.① 02.① 03.④ 04.④

05 SO₂ 100$\mu g/m^3$을 ppm으로 환산하면?

① 0.035ppm ② 0.44ppm
③ 35ppm   ④ 44ppm

해설 $100\mu g/m^3 \rightarrow 0.1mg/m^3$

SO_2 : 부피
$64mg$: $22.4mL$
$0.1mg/m^3$: x $\therefore x = 0.035mL/m^3 \fallingdotseq 0.035ppm$

06 NH₃ 22mg/m³을 ppm으로 환산하면?

① 12ppm ② 19ppm
③ 22ppm ④ 29ppm

해설 $ppm \rightarrow mL/m^3$

NH_3 : 부피
$17mg$: $22.4mL$
$22mg/m^3$: x $\therefore x = 28.99mL/m^3 \fallingdotseq 28.99ppm$

07 SO₂ 0.06ppm을 $\mu g/m^3$으로 환산하면?

① $171\mu g/m^3$ ② $182\mu g/m^3$
③ $187\mu g/m^3$ ④ $190\mu g/m^3$

해설 $0.06ppm \rightarrow 0.06mL/m^3$

SO_2 : 부피
$64mg$: $22.4mL$
x : $0.06mL/m^3$ $\therefore x = 0.171mg/m^3 \fallingdotseq 171\mu g/m^3$

08 고도에 따라 대기권을 분류할 때 지표로부터 가장 가까이 있는 것은?

① 열권   ② 대류권   ③ 성층권   ④ 중간권

09 건조한 대기의 조성을 부피농도가 높은 순서대로 올바르게 나열된 것은?

① 질소 > 산소 > 아르곤 > 이산화탄소
② 산소 > 질소 > 이산화탄소 > 아르곤
③ 이산화탄소 > 산소 > 질소 > 아르곤
④ 산소 > 이산화탄소 > 아르곤 > 질소

정답 05.① 06.④ 07.① 08.② 09.①

10 대기층의 구조에 관한 설명으로 옳지 않은 것은?

① 오존농도의 고도분포는 지상으로부터 약 10km 부근인 성층권에서 35ppm 정도의 최대농도를 나타낸다.
② 대류권에서는 고도증가에 따라 기온이 감소한다.
③ 열권은 지상 80km 이상에 위치한다.
④ 중간권 중 상부 80km 부근은 지구대기층 중 가장 기온이 낮다.

11 오존층의 두께를 표시하는 단위는?

① Plank
② Dobson
③ Albedo
④ Donora

12 냉매, 세정제, 분사제, 발포제로 널리 사용되는 물질로 최근 성층권에서 오존 고갈현상으로 문제되는 물질은?

① 석면
② 염화불화탄소
③ 염화수소
④ 다이옥신

해설 CFCs 는 오존층파괴 물질이다.

13 환경체감률에 따른 대기안정도를 나타낸 그림 중, 역전 상태인 것은?(단, 실선은 환경체감률, 점선은 건조단열체감률이다)

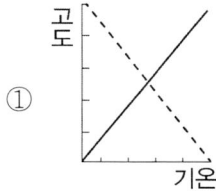
①

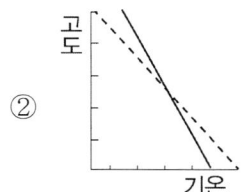
②

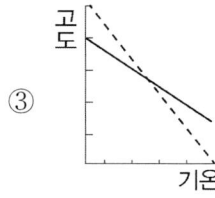
③

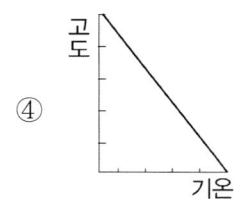
④

해설
• 환경체감률이란 고도에 따라 실제로 일어나는 기온체감률이다.
• 건조단열 체감률이란 이론적인 기온체감률로 고도가 올라갈수록 온도는 하강한다.

정답 10.① 11.② 12.② 13.①

14 대기조건 중 고도가 높아질수록 기온이 증가하여 수직온도차에 의한 혼합이 이루어지지 않는 상태는?

① 과단열상태　　　　　　　　② 중립상태
③ 기온역전상태　　　　　　　④ 등온상태

해설　기온역전이란 대류권에서 정상적인 기온분포와 반대로 되는 상태이다.

15 대기상태에 따른 굴뚝연기의 모양으로 옳은 것은?

① 역전상태 – 부채형
② 매우 불안정 상태 – 원추형
③ 안정 상태 – 환상형
④ 상층 불안정, 하층 안정 상태 – 훈증형

16 바람에 관여하는 힘과 거리가 먼 것은?

① 지균력　　　　　　　　　　② 마찰력
③ 전향력　　　　　　　　　　④ 기압경도력

해설
- 기압경도력 : 고기압에서 저기압으로 향하는 힘
- 전향력 : 지구의 자전작용으로 생기는 힘
- 마찰력 : 바람의 방향과 반대로 작용하는 힘
- 원심력 : 곡선의 바깥으로 향하는 힘

17 다음에 해당하는 국지풍은?

- 해안 지방에서 낮에는 태양열에 의하여 육지가 바다보다 빨리 온도가 상승하므로, 육지의 공기가 팽창되어 상승기류가 생기게 된다.
- 이때 바다에서 육지로 8~15km 정도까지 바람이 불게 되며, 주로 여름에 빈발한다.

① 해풍　　　② 육풍　　　③ 산풍　　　④ 곡풍

해설
- 해풍 : 육지와 바다의 기온 차이로 인해 낮에는 해상에서 육지를 향하여 바람이 불게 된다.
- 육풍 : 육지와 바다의 기온 차이로 인해 밤에는 육지에서 해상을 향하여 바람이 불게 된다.

18 다음 대기오염 물질 중 물리적 상태가 다른 하나는?

① 먼지　　　② 매연　　　③ 검댕　　　④ 황산화물

해설　황산화물(SO_x)은 가스상물질이다.

정답　14.③　15.①　16.①　17.①　18.④

19 다음에서 설명하는 실내공기 오염물질은?

- 자연 방사능 물질 중의 하나이다.
- 무색, 무취의 기체로 공기보다 9배 정도 무겁다.
- 주요 발생원은 토양, 시멘트, 콘크리트, 대리석 등의 건축자재와 지하수, 동굴 등이다.

① 석 면
② 라 돈
③ 포름알데하이드
④ 휘발성 유기화합물

해설 라돈은 일반적으로 공기보다 약 9배 정도 무거우며 흙, 시멘트, 콘크리트, 대리석 등 자연계에 널리 존재한다.

20 다음과 같은 특성을 지진 대기오염물질은?

- 가죽제품이나 고무제품을 각질화 시킨다.
- 마늘냄새 같은 특유의 냄새가 나는 가스상 오염물질이다.
- 대기 중에서 농도가 일정 기준을 초과하면 경보발령을 하고 있다.
- 자동차 등에서 배출된 질소산화물과 탄화수소가 광화학반응을 일으키는 과정에서 생성된다.

① 오존
② 암모니아
③ 황화수소
④ 일산화탄소

해설 자동차 등에서 배출되는 질소산화물(NO_x), 탄화수소류(HCs)등은 햇빛과 광화학반응을 한다.

21 다음에 해당하는 대기오염물질은?

- 상온에서 무색 투명하고, 일반적으로 불쾌한 자극성 냄새를 내는 액체이다.
- 대단히 증발하기 쉬우며, 인화점이 −30℃정도이고, 대단히 연소하기 쉽다.
- 이 물질의 증기는 공기보다 2.64배 정도 무겁다.

① 아황산가스
② 이황화탄소
③ 이산화질소
④ 일산화질소

정답 19.② 20.① 21.②

22 다음 설명하는 대기오염물질에 해당하는 것은?

- 강산화제로 작용하고, 눈에 통증을 일으킨다.
- 빛을 분산시키므로 가시거리를 단축시킨다.
- 화학식은 $CH_3COOONO_2$

① Acetic Acid ② PAN
③ PBN ④ CFC

해설 생성물질로는 PAN(peroxy acetyl nitrate), 오존, 알데히드 등이 있으며 이들 생성물은 강산화제로 눈에 통증을 일으키고 빛을 분산시켜 가시거리를 단축시킨다.

23 다음 중 로스엔젤레스형 스모그와 관련이 먼 것은?

① 광화학반응으로 발생한다.
② 기온이 21℃이상이고, 상대습도가 70%이하일 때 잘 발생한다.
③ 주오염원은 자동차이다.
④ 주로 새벽이나 초저녁 때 자주 발생한다.

해설
- 로스앤젤레스(LA)형 스모그는 자동차 배기가스 중 질소산화물의 광화학반응이 원인이며 햇빛이 강한 낮에 주로 발생한다.
- 런던형 스모그는 난방용 연료에 의한 황화합물이 원인이며 주로 밤과 새벽에 발생한다.

24 대기 중 광화학반응에 의한 광화학 스모그가 잘 발생하는 조건으로 가장 거리가 먼 것은?

① 일사량이 클 때
② 역전이 생성될 때
③ 대기 중 반응성 탄화수소, NO_x, O_3 등의 농도가 높을 때
④ 습도가 높고, 기온이 낮은 아침일 때

해설 한낮 기온이 높고 자외선이 강할 때 잘 발생한다.

25 다음 중 런던형 스모그에 해당하는 역전의 종류로 가장 적합한 것은?

① 침강성 역전 ② 복사성 역전
③ 전선성 역전 ④ 난류성 역전

해설 런던형 스모그는 복사성 역전형태이며, LA형 스모그는 침강성 역전형태이다.

정답 22.② 23.④ 24.④ 25.②

26 대기환경보전법상 온실가스에 해당하지 않는 것은?

① NH_3
② CO_2
③ CH_4
④ N_2O

> **해설** 6대 온실가스 : 이산화탄소(CO_2), 메탄(CH_4), 아산화질소(N_2O), 수소불화탄소(HFC), 과불화탄소(PFCs), 육불화황(SF_6)

27 대기오염으로 인한 지구환경 변화 중 도시지역의 공장, 자동차 등에서 배출되는 고온의 가스와 냉난방시설로부터 배출되는 더운 공기가 상승하면서 주변의 찬공기가 도시로 유입되어 도시지역의 대기오염물질에 의한 거대한 지붕을 만드는 현상은?

① 라니냐 현상
② 열섬 현상
③ 엘니뇨 현상
④ 오존층 파괴 현상

28 산성비의 주된 원인 물질로만 올바르게 나열된 것은?

① SO_2, NO_2, Hg
② CH_4, NO_2, HCl
③ CH_4, NH_3, HCN
④ SO_2, NO_2, HCl

29 대기오염공정시험기준상 시험의 기재 및 용어에 관한 설명으로 틀린 것은?

① "정확히 단다"라 함은 규정한 량의 검체를 취하여 분석용 저울로 0.1mg까지 다는 것을 뜻한다.
② 시험조작 중 "즉시"란 1분 이내에 표시된 조작을 하는 것을 뜻한다.
③ "항량이 될 때까지 건조한다 또는 강열한다"라 함은 따로 규정이 없는 한 보통의 건조방법으로 1시간 더 건조 또는 강열할 때 전후 무게의 차가 매 g당 0.3mg 이하일 때를 뜻한다.
④ "감압 또는 진공"이라 함은 따로 규정이 없는 한 15mmHg 이하를 뜻한다.

> **해설** "즉시"란 30초 이내에 표시된 조작을 하는 것을 뜻한다.

정답 26.① 27.② 28.④ 29.②

30 다음은 폐기물공정시험기준(방법)에 명시된 용기의 정의이다. 괄호 안에 알맞은 것은?

> (   )라 함은 취급 또는 저장하는 동안에 기체 또는 미생물이 침입하지 아니하도록 내용물을 보호하는 용기를 말한다.

① 밀폐용기 ② 기밀용기
③ 밀봉용기 ④ 차광용기

해설
- 밀폐용기라 함은 취급 또는 저장하는 동안에 이물질이 들어가거나 또는 내용물이 손실되지 아니하도록 보호하는 용기를 말한다.
- 기밀용기라 함은 취급 또는 저장하는 동안에 밖으로부터의 공기 또는 다른 가스가 침입하지 아니하도록 내용물을 보호하는 용기를 말한다.
- 차광용기라 함은 광선이 투과하지 않는 용기 또는 투과하지 않게 포장을 한 용기를 말한다.

31 질소산화물을 촉매환원법으로 치리하고자 할 때 사용되는 촉매는 무엇인가?

① K_2SO_4 ② 백금
③ V_2O_5 ④ HCl

해설 촉매환원법의 촉매로는 백금이, 선택적 촉매환원법(SCR)의 촉매로는 바나듐(V_2O_5), 비석(Zeolite) 등이 사용된다.

32 물 속에서 입자가 침강하고 있을 때 스톡스(Stokes)의 법칙이 적용된다고 한다. 다음 중 입자의 침강속도에 가장 큰 영향을 주는 변화인자는?

① 입자의 밀도 ② 물의 밀도
③ 물의 점도 ④ 입자의 직경

해설 입자의 침강속도는 d^2에 비례한다.

33 흡수법을 사용하여 오염물질을 제거하고자 한다. 헨리법칙에 잘 적용되는 물질과 가장 거리가 먼 것은?

① NO_2 ② CO
③ SO_2 ④ NO

해설 헨리법칙은 온도가 일정할 때 기체의 용해도는 기체의 압력에 비례한다. 일반적으로 난용성 기체는 잘 적용되나 수용성 기체는 헨리법칙의 적용이 곤란하다.

정답 30.③ 31.② 32.④ 33.③

34 중력집진장치의 침강실에서 입자상 오염물질의 최종 침강속도가 0.2m/s, 높이가 1.5m일 때, 이것을 완전 제거하기 위하여 소요되는 이론적인 중력 침강실의 길이(m)는?(단, 집진장치를 통과하는 가스의 속도는 2m/s이고 층류를 기준으로 한다)

① 5.0m
② 7.5m
③ 15.0m
④ 17.5m

해설 $V_s \cdot H = v \cdot L$

$\dfrac{H}{V_s} = \dfrac{L}{v} \quad \therefore L = \dfrac{v \cdot H}{V_s}$

$L = \dfrac{v \cdot H}{V_s} = \dfrac{2\text{m/s} \times 1.5\text{m}}{0.2\text{m/s}} = 15\text{m}$

35 30℃, 725mmHg 상태에서 CO_2 44g이 차지하는 부피는?

① 24.4L
② 25.6L
③ 26.1L
④ 27.8L

해설 CO_2 1M의 부피 $= \dfrac{44g \times 22.4L}{44g} = 22.4L$

$\dfrac{P_1 V_1}{T_1} = \dfrac{P_2 V_2}{T_2}$ 에서 $\dfrac{725 V_1}{273+30℃} = \dfrac{760 \times 22.4L}{273+0℃}$ $\therefore V_2 = 26.1L$

36 유해가스 처리를 위한 흡착제 선택 시 고려해야 할 사항으로 옳지 않은 것은?

① 흡착효율이 우수해야 한다.
② 흡착제의 회수가 용이해야 한다.
③ 흡착제의 재생이 용이해야 한다.
④ 기체의 흐름에 대한 압력손실이 커야 한다.

37 세정 집진장치의 특징으로 거리가 먼 것은?

① 고온의 가스를 처리할 수 있다.
② 폐수처리 장치가 필요하다.
③ 점착성 및 조해성 먼지를 처리할 수 없다.
④ 포집된 먼지의 재비산 염려가 거의 없다.

정답 34.③ 35.③ 36.④ 37.③

38 물리흡착과 화학흡착에 대한 비교 설명 중 옳은 것은?

① 물리적 흡착과정은 가역적이기 때문에 흡착제의 재생이나 오염가스의 회수에 매우 편리하다.
② 물리적 흡착은 온도의 영향에 구애받지 않는다.
③ 물리적 흡착은 화학적 흡착보다 분자 간의 인력이 강하기 때문에 흡착과정에서의 발열량이 크다.
④ 물리적 흡착에서는 용질의 분자량이 적을수록 유리하게 흡착한다.

> **해설** 물리적 흡착은 온도의 영향이 크며, 용질의 분자량이 클수록 유리하게 흡착한다. 이에 반해, 화학적 흡착은 물리적 흡착보다 분자간의 인력이 강하다.

39 연소조절에 의하여 NOx 발생을 억제하는 방법 중 옳지 않은 것은?

① 연소시 과잉공기를 삭감하여 저산소 연소시킨다.
② 연소의 온도를 높여서 고온 연소를 시킨다.
③ 버너 및 연소실 구조를 개량하여 연소실내의 온도분포를 균일하게 한다.
④ 화로 내에 물이나 수증기를 분무시켜서 연소시킨다.

40 과잉공기비(m)를 크게 하였을 때의 연소 특성으로 옳지 않은 것은?

① 연소실의 연소온도가 낮아진다.
② 통풍력이 강하여 배기가스에 의한 열손실이 크다.
③ 배기가스 중 질소산화물의 함량이 많아진다.
④ 연소가스 중의 CO 농도가 높아져 공해의 원인이 된다.

> **해설** 과잉공기비를 크게 하면 연소가스 중의 메탄(CH_4), 일산화탄소(CO) 농도는 감소한다.

41 황성분 1%인 중유를 20ton/hr로 연소시킬 때 배출되는 SO_2를 석고($CaSO_4$)로 회수하고자 할 때 회수하는 석고의 양은? (단, 24시간 역속 가동되며, 연소율 : 100%, 탈황율 : 80%, 원자량 S : 32, Ca : 40)

① 6.83kg/min
② 11.33kg/min
③ 12.75kg/min
④ 14.17kg/min

> **해설**
> $S + O_2 \rightarrow SO_2 \rightarrow CaSO_4$
> $32kg \quad : \quad 136kg$
> $20 \times 10^3 kg/h \times 1/60 min \times 0.01 \times 0.8 \; : \; x$
> $\therefore x = 11.33 kg/min$

정답 38.① 39.② 40.④ 41.②

42 배출 가스량과 이동속도를 감안한 덕트의 단면적과 관경을 산정하는 공식은?[단, A=관의 단면적(m²), Q=배출 가스량(m³/min), V=덕트 내 유속(m/s), D=덕트의 직경(m)]

① $A = \dfrac{Q}{V}, \quad D = \left(\dfrac{4A}{\pi}\right)^2$

② $A = \dfrac{Q}{V}, \quad D = \left(\dfrac{4A}{\pi}\right)^{1/2}$

③ $A = \dfrac{Q}{V \times 60}, \quad D = \left(\dfrac{4A}{\pi}\right)^2$

④ $A = \dfrac{Q}{V \times 60}, \quad D = \left(\dfrac{4A}{\pi}\right)^{1/2}$

43 굴뚝의 유효 높이와 관련된 인자에 관한 설명으로 옳지 않은 것은?

① 배기가스의 유속이 빠를수록 증가한다.
② 외기의 온도차가 작을수록 증가한다.
③ 풍속이 작을수록 증가한다.
④ 굴뚝의 통풍력이 클수록 증가한다.

해설 외기의 온도 차이가 클수록 통풍력은 커진다.

44 유해가스 측정을 위한 시료채취장치가 순서대로 바르게 구성된 것은?

① 굴뚝 – 시료채취관 – 여과재 – 흡수병 – 건조제 – 흡인펌프 – 가스미터
② 굴뚝 – 건조제 – 흡인펌프 – 가스미터 – 시료채취관 – 여과재 – 흡수병
③ 굴뚝 – 시료채취관 – 가스미터 – 여과재 – 흡수병 – 건조제 – 흡인펌프
④ 굴뚝 – 가스미터 – 흡인펌프 – 건조제 – 흡수병 – 시료채취관 – 여과재

45 집진장치에 관한 설명으로 옳지 않은 것은?

① 중력집진장치는 50㎛ 이상의 큰 입자를 제거하는데 유용하다.
② 원심력집진장치의 일반적인 형태가 사이클론이다.
③ 여과집진장치는 여과재에 먼지를 함유하는 가스를 통과시켜 입자를 분리, 포집하는 장치이다.
④ 전기집진장치는 함진가스 중의 먼지에 +전하를 부여하여 대전시킨다.

정답 42.④ 43.② 44.① 45.④

46 2대의 집진장치가 직렬로 배치되어 있다. 1차 집진장치의 집진율은 80%이고 2차 집진장치의 집진율은 90%일 때 총 집진효율은?

① 85% ② 90%
③ 95% ④ 98%

해설 $\eta_T = 1 - (1-\eta_1)(1-\eta_2)$
$\therefore \eta_T = 1 - (1-0.8)(1-0.9) = 0.98 = 98\%$

47 집진율이 각각 90%와 98%인 두 개의 집진장치를 직렬로 연결하였다. 1차 집진장치 입구의 먼지농도가 5.9g/m³일 경우, 2차 집진장치 출구에서 배출되는 먼지 농도는?

① 11.8mg/m³ ② 15.7mg/m³
③ 18.3mg/m³ ④ 21.1mg/m³

해설 $C_o = C_i(1-\eta_1)(1-\eta_2)$
$C_o = 5.9(1-0.9)(1-0.98)$ $\therefore C_o = 0.0118 g/Sm^3 = 11.8 mg/Sm^3$

48 중력식 집진장치의 효율 향상 조건으로 거리가 먼 것은?

① 침강실의 입구 폭이 작을수록 미세한 입자가 포집된다.
② 침강실 내의 처리가스 속도가 작을수록 미립자가 포집된다.
③ 다단일 경우는 단수가 증가할수록 압력손실은 커지지만 효율은 향상된다.
④ 침강실의 높이가 낮고, 길이가 길수록 집진율이 높아진다.

해설 침강실의 입구 폭이 작을수록 유속이 증가하여 미세한 입자가 포집이 어렵다.

49 관성력 집진장치에서 집진율 향상조건으로 옳지 않은 것은?

① 일반적으로 충돌직전 처리가스의 속도가 적고, 처리 후의 출구 가스속도는 빠를수록 미립자의 제거가 쉽다.
② 기류의 방향전환 각도가 작고, 방향전환 횟수가 많을수록 압력손실은 커지나 집진은 잘된다.
③ 적당한 모양과 크기의 호퍼가 필요하다.
④ 함진 가스의 충돌 또는 기류의 방향전환 직전의 가스속도가 빠르고, 방향전환시의 곡률반경이 작을수록 미세입자의 포집이 가능하다.

해설 일반적으로 충돌직전의 처리가스속도가 빠르고, 출구 가스속도가 느릴수록 미립자의 제거가 쉽다.

정답 46.④ 47.① 48.① 49.①

50 원심력집진장치에 관한 설명으로 옳지 않은 것은?

① Blow Down 현상이 발생하면 입자 재비산으로 인하여 효율이 저하된다.
② 배기관경(내관)이 작을수록 입경이 작은 입자를 제거할 수 있다.
③ 입구 유속에는 한계가 있지만 그 한계 내에서는 입구유속이 빠를수록 효율이 높은 반면에 압력손실도 커진다.
④ 적당한 Dust Box의 모양과 크기도 효율에 영향을 미친다.

해설 Blow Down 효과는 원심력집진장치의 집진율을 높이기 위한 방법으로 유효원심력 증가, 난류발생 방지, 재비산 방지, 집진효율 증대 등에 있다.

51 다음 세정집진장치 중 스로트부 가스속도가 60~90m/s 정도인 것은?

① 충전탑
② 분무탑
③ 제트스크러버
④ 벤츄리스크러버

해설
- 벤츄리스크러버: 60~90m/s
- 충전탑: 0.3~1m/s
- 분무탑: 0.2~1m/s
- 제트스크러버: 20~50m/s

52 여과집진장치의 주된 집진원리와 가장 거리가 먼 것은?

① 중습
② 관성충돌
③ 확산
④ 차단

해설 여과집진 원리는 중력작용, 관성충돌, 차단부착, 확산작용, 정전기, 반발력 등이다.

53 전기집진장치에 관한 설명으로 옳지 않은 것은?

① 0.1μm 이하의 미세입자까지 포집이 가능하다.
② 압력손실이 커서 동력비가 많이 소요된다.
③ 약 350℃ 전후의 고온가스를 처리할 수 있다.
④ 전압변동과 같은 조건에 쉽게 적응하기 어렵다.

해설 전기집진장치는 압력손실이 10~20mmH$_2$O 정도로 작다.

정답 50.① 51.④ 52.① 53.②

54 다음은 연소의 종류에 관한 설명이다. 괄호 안에 알맞은 것은?

> 목재, 석탄, 타르 등은 연소 초기에 가연성 가스가 생성되고, 이것이 긴 화염을 발생시키면서 연소하는데 이러한 연소를 (　　)라 한다.

① 표면연소　　② 분해연소　　③ 확산연소　　④ 자기연소

55 소각로에서 완전연소를 위한 3가지 조건(3T)으로 옳은 것은?

① 시간-온도-혼합
② 시간-온도-수분
③ 혼합-수분-시간
④ 혼합-수분-온도

56 폐기물의 발열량에 대한 설명으로 옳지 않은 것은?

① 발열량은 연료의 단위량(기체연료는 $1Sm^3$, 고체와 액체연료는 1kg)이 완전연소 할 때 발생하는 열량(kcal)이다.
② 고위발열량은 폐기물 중의 수분 및 연소에 의해 생성된 수분의 응축열을 포함하는 열량이다.
③ 열량계로 측정되는 열량은 저위발열량이다.
④ 실제 연소시설에서는 고위발열량에서 응축열을 공제한 잔여열량이 유효하게 이용된다.

해설 열량계로 측정되는 열량은 고위발열량이다.

57 중량비로 수소가 15%, 수분이 1% 함유되어 있는 액체 연료의 저위발열량은 12184 kcal/kg이다. 이 연료의 고위발열량은 얼마인가?

① 12000 kcal/kg
② 13000 kcal/kg
③ 14000 kcal/kg
④ 15000 kcal/kg

해설 $H_h = H_l + 600(9H + W)$
$\therefore H_h = 12184 + 600(9 \times 0.15 + 0.01) = 13000 \, kcal/kg$

58 메탄올 4kg이 완전연소하는데 필요한 이론공기량은?(단, 표준상태 기준)

① $5Sm^3$　　② $10Sm^3$　　③ $15Sm^3$　　④ $20Sm^3$

해설 $CH_3OH + \dfrac{3}{2}O_2 \to CO_2 + 2H_2O$

$32 \;:\; \dfrac{3}{2} \times 22.4$
$4 \;:\; x$

$\therefore$ 이론 공기량 $A_o = \dfrac{\dfrac{3}{2} \times 22.4 \times 4}{32 \times 0.21} = 20 \, Sm^3$

정답 54.② 55.① 56.③ 57.② 58.④

59 실제공기량(A)을 바르게 나타낸 식은? (단, A_o: 이론공기량, m: 공기비, $m > 1$)

① $A = mA_o$
② $A = (m+1)A_o$
③ $A = (m-1)A_o$
④ $A = \dfrac{A_o}{m}$

해설 공기비 $m = \dfrac{A}{A_o}$

60 완전 연소를 위한 이론공기량을 산출하는 식으로 옳은 것은?(단, 부피기준임)

① 이론공기량 = 이론산소량 × 0.21
② 이론공기량 = 이론산소량 ÷ 0.21
③ 이론공기량 = 이론산소량 × 0.79
④ 이론공기량 = 이론산소량 ÷ 0.79

61 과잉공기비(m)를 크게 하였을 때의 연소 특성으로 옳지 않은 것은?

① 연소실의 연소온도가 낮아진다.
② 통풍력이 강하여 배기가스에 의한 열손실이 크다.
③ 배기가스 중 질소산화물의 함량이 많아진다.
④ 연소가스 중의 CO 농도가 높아져 공해의 원인이 된다.

62 C_8H_{18}을 완전연소 시킬 때 부피 및 무게에 대한 이론 AFR로 옳은 것은?

① 부피 : 59.5, 무게 : 15.1
② 부피 : 59.5, 무게 : 13.1
③ 부피 : 35.5, 무게 : 15.1
④ 부피 : 35.5, 무게 : 13.1

해설 $C_8H_{18} + 12.5O_2 \rightarrow 8CO_2 + 9H_2O$
$1M : 12.5 \Rightarrow mole$ 기준
$114kg : 12.5 \times 32 \Rightarrow kg$ 기준

$AFR = \dfrac{공기(mole)}{연료(mole)} = \dfrac{\frac{12.5}{0.21}}{1} = 59.5$

$AFR = \dfrac{공기(kg)}{연료(kg)} = \dfrac{\frac{12.5 \times 32}{0.23}}{114} = 15.2$

정답 59.① 60.② 61.④ 62.①

63 메탄 1Sm³을 완전연소 시킬 경우 이론 습연소가스량(Sm³)은?

① 약 9.1
② 약 10.5
③ 약 11.3
④ 약 12.4

해설 $CH_4 + 2O_2 \rightarrow CO_2 + 2H_2O$

$$A_o = \frac{O_o}{0.21} = \frac{2Sm^3}{0.21} = 9.52 Sm^3$$

$$Gow = (1-0.21) \times 9.52 + \sum 1 + 2 = 10.52 Sm^3$$

64 공기비를 1.3으로 하는 어떤 연료를 연소시킬 때 배출가스 조성을 분석한 결과 CO_2가 11%이었다면 $(CO_2)_{max}$는?

① 8.6%
② 9.7%
③ 14.3%
④ 17.5%

해설 $CO_{2\max} = m \times CO_2\% = 1.3 \times 11\% = 14.3\%$

65 소각시설의 연소온도가 너무 높을 때 주로 발생되는 대기오염물질은?

① 질소산화물
② 탄화수소류
③ 일산화탄소
④ 수증기와 재

해설 소각에서 질소산화물(NOx)의 발생은 고온, 과잉공기, 긴 체류시간이 원인이다.

정답 63.② 64.③ 65.①

04 소음진동방지

01 다음 중 소음 · 진동에 관련한 용어의 정의로 옳지 않은 것은?

① 반사음은 한 매질 중의 음파가 다른 매질의 경계면에 입사한 후 진행방향을 변경하여 본래의 매질 중으로 되돌아오는 음을 말한다.
② 정상소음은 시간적으로 변동하지 아니하거나 또는 변동폭이 작은 소음을 말한다.
③ 등가소음도는 임의의 측정시간 동안 발생한 변동 소음의 총에너지를 같은 시간 내의 정상소음의 에너지로 등가하여 얻어진 소음도를 말한다.
④ 지발발파는 수 시간 내에 시간차를 두고 발파하는 것을 말한다.

해설 지발발파는 일정한 시간 간격으로 발파하는 것을 말한다.

02 다음 지반을 전파하는 파에 관한 설명 중 옳은 것은?

① 종파는 파동의 진행방향과 매질의 진동방향이 서로 수직이다.
② 종파는 매질이 없어도 전파된다.
③ 음파는 종파에 속한다.
④ 지진파의 S파는 파동의 진행방향과 매질의 진동방향이 서로 평행하다.

해설
• 종파는 파동의 진행 방향과 매질의 진동방향이 서로 평행이다.
• 종파는 매질이 있어야 전파된다.
• 지진파의 S파는 파동의 진행방향과 매질의 진동방향이 서로 수직이다.

03 소음의 영향으로 옳지 않은 것은?

① 소음성 난청은 소음이 높은 공장에서 일하는 근로자들에게 나타나는 직업병으로 4000Hz 정도에서부터 난청이 시작된다.
② 단순 반복작업보다는 보통 복잡한 사고 기억을 필요로 하는 작업에 더 방해가 된다.
③ 혈중 아드레날린 및 백혈구 수가 감소한다.
④ 말초혈관 수축, 맥박증가 같은 영향을 미친다.

해설 혈중 아드레날린 및 백혈구 수가 증가한다.

04 가청주파수의 범위로 알맞은 것은?

① 20Hz 이하 ② 20~20000Hz ③ 20000Hz 이상 ④ 200kHz 이하

정답 01.④ 02.③ 03.③ 04.②

05 사람의 귀는 외이, 중이, 내이로 구분할 수 있다. 다음 중 내이에 관한 설명으로 옳지 않은 것은?

① 음의 전달 매질은 액체이다.
② 이소골에 의해 진동음압을 20배 정도 증폭시킨다.
③ 음의 대소는 섬모가 받는 자극의 크기에 따라 다르다.
④ 난원창은 이소골의 진동을 와우각 중의 림프액에 전달하는 진동판이다.

해설 음의 전달매질은 외이에서는 공기, 중이에서는 이소골(뼈), 내이에서는 림프액(액체) 이다.

06 음의 굴절에 관한 다음 설명 중 틀린 것은?

① 음파가 한 매질에서 타 매질로 통과할 때 구부러지는 현상이다.
② 대기의 온도차에 의한 굴절은 온도가 낮은 쪽으로 굴절한다.
③ 음원보다 상공의 풍속이 클 때 풍 상측에서는 상공으로 굴절한다.
④ 밤(지표부근의 온도가 상공보다 저온)이 낮(지표부근의 온도가 상공보다 고온)보다 거리감쇠가 크다.

해설 음은 온도가 낮은 쪽으로 굴절한다. 따라서 낮에는 상공쪽으로 밤에는 지표쪽으로 굴절하기 때문에 밤에는 거리감쇠가 작아져 소리가 낮보다 크게 들린다.

07 진동수가 3300Hz이고, 속도가 330m/sec인 소리의 파장은?

① 0.1m ② 1m
③ 10m ④ 100m

해설 파동의 파장(λ) = $\dfrac{v}{f}$ = $\dfrac{330\text{m/s}}{3300\text{Hz}}$ = 0.1m

08 다음 그림에서 파장은 어느 부분인가? (단, 가로축은 시간, 세로축은 변위)

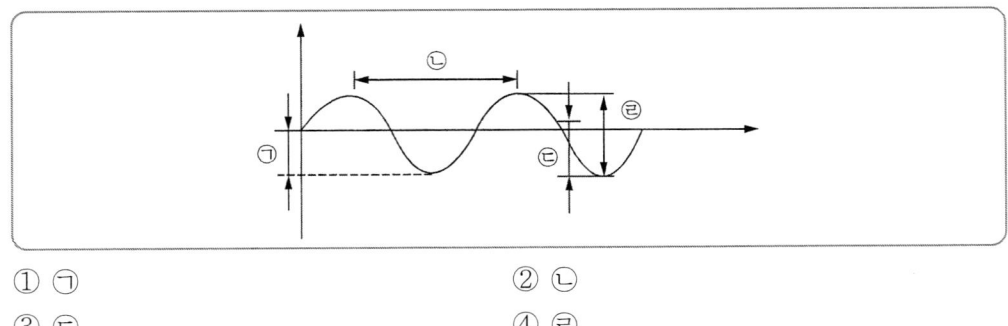

① ㉠ ② ㉡
③ ㉢ ④ ㉣

정답 05.② 06.④ 07.① 08.②

09 발음원이 이동할 때 그 진행 방향쪽에서는 원래 발음원의 음보다 고음으로, 진행 반대쪽에서는 저음으로 되는 현상을 무엇이라 하는가?

① 도플러 효과 ② 회절
③ 지향효과 ④ 마스킹 효과

10 선음원의 거리감쇠에서 거리가 2배로 되면 음압레벨의 감쇠치는?

① 1dB ② 2dB ③ 3dB ④ 4dB

> **해설** 선음원은 거리가 2배로 되면 거리감쇠가 3dB 감쇠한다.
> 점음원은 거리가 2배로 되면 거리감쇠가 6dB 감쇠한다.

11 방음대책을 음원대책과 전파경로대책으로 구분할 때, 다음 중 전파경로대책에 해당하는 것은?

① 강제력 저감 ② 방사율 저감
③ 파동의 차단 ④ 지향성 변환

> **해설**
> - 음원대책 : 발생원의 저소음화, 발생원인 제거, 차음(음의 전달차단), 방진, 제진(진동억제), 소음기 설치
> - 전파경로대책 : 거리감쇠, 차폐효과, 방음벽 설치(흡음), 지향성 변환(전파경로 변환)

12 원음장 중 음원에서 거리가 2배로 되면 음압레벨이 6dB씩 감소되는 음장은?

① 근접음장 ② 자유음장
③ 잔향음장 ④ 확산음장

> **해설** 자유음장이란 반사가 전혀 없는 자유공간에서 음의 전파는 음원으로부터 거리가 2배로 될 때마다 음압레벨이 6dB씩 감소되는 특징을 가진다.

13 60phon의 소리는 50phon의 소리에 비해 몇 배(sone) 크게 들리는가?

① 2배 ② 3배 ③ 4배 ④ 5배

> **해설**
> - 1000Hz=40dB=40phon=1sone
> - 음의 감각량 sone=$2^{\left(\frac{phon-40}{10}\right)}$
> - sone 60=$2^{\left(\frac{60-40}{10}\right)}=2^2=4$
> - sone 50=$2^{\left(\frac{50-40}{10}\right)}=2^1=2$
>
> ∴ 60phon이 50phon보다 2배 더 크게 들린다.

정답 09.① 10.③ 11.④ 12.② 13.①

14 음향파워가 0.01watt 이면 PWL은 얼마인가?

① 1dB
② 10dB
③ 100dB
④ 1000dB

해설 $PWL = 10\log(\frac{W}{W_0})$

W_o : 기준음의 파워(10^{-12}Watt)

$\therefore PWL = 10\log(\frac{0.01}{10^{-12}}) = 100dB$

15 점음원에서 5m 떨어진 지점의 음압레벨이 60dB이다. 이 음원으로부터 10m 떨어진 지점의 음압레벨은?

① 30dB
② 44dB
③ 54dB
④ 58dB

해설 $SPL_1 - SPL_2 = 20\log(\frac{r_2}{r_1})$

$SPL_2 = SPL_1 - 20\log(\frac{r_2}{r_1})$

$SPL_2 = 60dB - 20\log(\frac{10}{5})$

$\therefore SPL_2 = 60dB - 6.02dB = 53.98dB$

16 음압레벨 90dB인 기계 1대가 가동 중이다. 여기에 음압레벨 88dB인 기계 1대를 추가로 가동시킬 때 합성음압레벨은?

① 92dB
② 94dB
③ 96dB
④ 98dB

해설 합성음압 레벨 $L = 10\log(10^{L_1/10} + 10^{L_2/10} + ... + 10^{L_n/10})$

$\therefore L = 10\log(10^{90/10} + 10^{88/10}) = 92.12\, dB$

17 흡음재료 선택 및 사용상 유의점으로 거리가 먼 것은?

① 다공질 재료는 산란되기 쉬우므로 표면을 얇은 직물로 피복하는 행위는 금해야 한다.
② 다공질 재료의 표면을 도장하면 고음역에서 흡음율이 저하한다.
③ 실의 모서리나 가장자리 부분에 흡음재를 부착하면 효과가 좋아진다.
④ 막진동이나 판진동형의 것은 도장해도 차이가 없다.

정답 14.③ 15.③ 16.① 17.①

18 가로×세로×높이가 각각 3m×5m×2m이고, 바닥, 벽, 천장의 흡음률이 각각 0.1, 0.2, 0.6 일 때, 이 방의 평균흡음률은?

① 0.13
② 0.19
③ 0.27
④ 0.31

해설 평균흡음률 = $\dfrac{\text{바닥, 벽, 천장면적당 흡음률의 합}}{\text{바닥, 벽, 천장면적의 합}}$

∴ 평균흡음률 = $\dfrac{(15\text{m}^2 \times 0.1)+(15\text{m}^2 \times 0.6)+(32\text{m}^2 \times 0.2)}{15\text{m}^2 + 15\text{m}^2 + 32\text{m}^2} = 0.2645$

19 아파트 벽의 음향투과율이 0.1% 라면 투과손실은?

① 10dB
② 20dB
③ 30dB
④ 50dB

해설 투과손실 $TL = 10\log\dfrac{1}{\tau} = 10\log\dfrac{1}{0.001} = 10\log 10^3 = 30\text{dB}$

20 환경기준 중 소음측정 점 및 측정조건에 관한 설명으로 옳지 않은 것은?

① 손으로 소음계를 잡고 측정할 경우 소음계는 측정자의 몸으로부터 0.5m 이상 떨어져야 한다.
② 소음계의 마이크로폰은 주소음원 방향으로 향하도록 한다.
③ 옥외측정을 원칙으로 한다.
④ 일반지역의 경우 장애물이 없는 지점의 지면 위 0.5m 높이로 한다.

해설 일반지역의 경우 측정점 반경 3.5m 이내에 장애물이 없는 지점의 지면 위 1.2~1.5m로 한다.

21 다음은 진동과 관련한 용어설명이다. 괄호 안에 알맞은 것은?

> (　　)은(는) 1~90Hz 범위의 주파수 대역별 진동가속도레벨에 주파수 대역별 인체의 진동감각특성(수직 또는 수평감각)을 보정한 후의 값들을 dB 합산한 것이다.

① 진동레벨
② 등감각곡선
③ 변위진폭
④ 진동수

정답 18.③ 19.③ 20.④ 21.①

22 다음 중 공해진동에 관한 설명으로 옳지 않은 것은?

① 일반적으로 공해진동의 주파수의 범위는 1~90Hz이다.
② 사람에게 불쾌감을 주는 진동을 말한다.
③ 공해진동레벨은 60dB부터 80dB까지가 많다.
④ 수직진동은 50Hz 이상에서 영향이 크다.

해설 수직진동은 4~8Hz, 수평진동은 1~2Hz 범위에서 민감하다.

23 레이노씨 현상(Raynaud's Phenomenon)은 주로 어떤 원인으로 인해 발생하는가?

① 소음　　　　　　　　　　② 진동
③ 빛　　　　　　　　　　　④ 먼지

해설 레이노씨 현상(Raynaud's Phenomenon)은 진동에 의하여 손가락 또는 발가락에 혈액순환이 되지 않아 창백하게 되는 현상이다.

24 다음의 조건에 해당되는 방진재로 가장 적합한 것은?

- 지지하중이 크게 변하는 경우에는 높이 조정변에 의해 그 높이를 조절할 수 있어 기계높이를 일정레벨로 유지시킬 수 있다.
- 하중의 변화에 따라 고유진동수를 일정하게 유지할 수 있다.
- 부하 능력이 광범위하다.

① 공기스프링　　　　　　　② 방진고무
③ 금속스프링　　　　　　　④ 진동절연

해설 공기스프링은 자동제어, 일정레벨유지, 고유진동수의 일정, 설계 시 스프링의 높이, 내하력, 스프링정수의 독립적 설정, 부하능력을 광범위하게 설정할 수 있다.

25 금속스프링의 장점이라 볼 수 없는 것은?

① 환경요소(온도, 부식, 용해 등)에 대한 저항성이 크다.
② 최대변위가 허용된다.
③ 공진 시에 전달률이 매우 크다.
④ 저주파 차진에 좋다.

해설 금속스프링의 단점은 공진 시에 진동 전달률이 매우 크다.

정답 22.④　23.②　24.①　25.③

제6부 환경기능사 실기[작업형]

■ 작업형 ; DO실험 순서

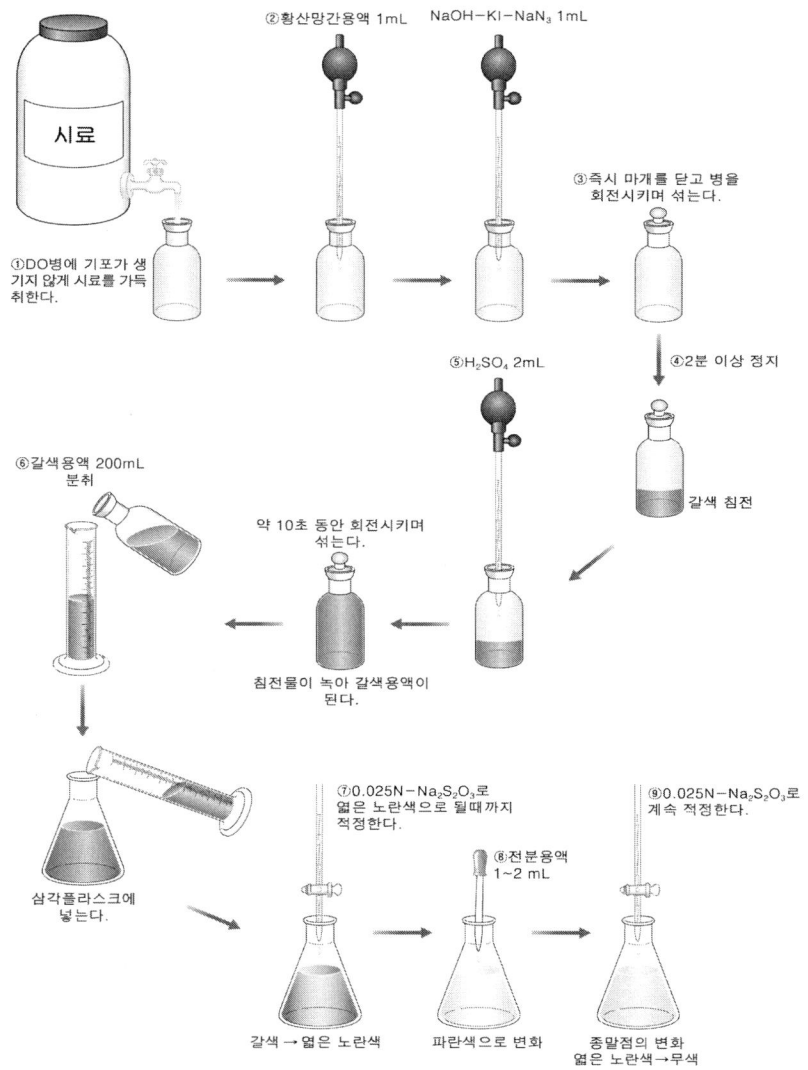

01 수험생 준비물

① 실험복
② 위생고무장갑
③ 피펫 필러
④ 공학용계산기
⑤ 흑색볼펜
⑥ 수험표
⑦ 신분증

02 수험생 대기실 입실

① 시험 감독관 입실
② 수험생의 주의사항 설명
③ 비표 배부
④ 실험복 등에 비표부착
⑤ 실험복 착용

03 실험실 입실

① 지정된 실험 테이블로 이동
② 개인용 지급 초자기구 확인
  - BOD병 300mL 또는 400mL
  - 용량플라스크 200mL 또는 메스실린더 200mL
  - 삼각플라스크 200mL ~ 300mL
  - 뷰렛 20mL ~ 50mL 및 스탠드
  - 깔때기
  - 증류수 병
  - 비이커(1000mL, 폐액용)
  - 비이커(500mL, 티오황산나트륨 용액 분취용)
③ 수검자 유의사항 및 답안지 배부
④ 수검자 유의사항 필독
⑤ 감독관 지시에 따라 실험

04 DO분석(윙클러아지드화나트륨 변법) 실험

1. **BOD병을 들고 시료통이 있는 곳으로 이동한다.**
   * 약간의 시료로 BOD병을 헹군다.
   * 기포가 생기지 않도록 BOD병에 시료를 살짝 넘치게 받는다.
   * 자리로 돌아와 BOD병 마개를 닫는다.
   * 넘치는 시료는 폐액 비이커에 받는다.

2. **시료가 들어있는 BOD병을 들고 황산망간($MnSO_4$)과 알칼리성 요오드화칼륨-아지드화나트륨($KI-NaN_3$) 용액이 있는 곳으로 이동한다.**
   * BOD병 마개를 열고 $MnSO_4$ 용액 1mL를 피펫으로 넣는다.
   * $KI-NaN_3$ 용액 1mL를 피펫으로 넣는다.
   * 자리로 돌아와 BOD병 마개를 닫는다.
   * 넘치는 시료는 폐액 비이커에 받는다.

3. **BOD병을 약 2~3분 정도 흔들어 혼합한다.**
   * 강하게 흔들면 시약과 시료가 혼합되면서 갈색 응집이 일어난다.

4. **BOD병을 약 2~10분 정도 방치하여 침전시킨다.**
   * 상등수가 1/3정도 생길 때 까지 침전시킨다.
   * 액의 상부에 침전하지 않은 부유물질이 있으면 다시 흔들어 침전시킨다.

5. **상등수가 1/3정도 생긴 BOD병을 들고 황산(H_2SO_4)이 있는 곳으로 이동한다.**
   * BOD병에 황산용액 2mL를 피펫으로 넣는다.
   * 자리로 돌아와 BOD병 마개를 닫는다.
   * 넘치는 시료는 폐액 비이커에 받는다.
   * BOD병을 강하게 흔들어 갈색 침전물을 완전히 녹인다.

6. **BOD병의 시료를 200mL 용량플라스크 또는 메스실린더의 표선까지 분취한다.**
   * 용량플라스크 또는 메스실린더는 증류수로 헹군 다음 사용한다.
   * 깔때기를 이용하여 BOD병의 시료를 용량플라스크 또는 메스실린더의 표선까지 분취한다.

7. 용량플라스크 또는 메스실린더의 시료를 삼각플라스크로 옮긴다.
    * 삼각플라스크는 증류수로 행군 다음 사용한다.
    * 깔때기를 이용하여 용량플라스크 또는 메스실린더의 시료를 삼각플라스크로 옮긴다.

8. 비이커(500mL)를 들고 티오황산나트륨(0.025M-Na$_2$S$_2$O$_3$) 용액이 있는 곳으로 이동한다.
    * 티오황산나트륨 용액을 약 50mL정도 분취하고 역가(f)를 확인한다.
    * 지정된 실험 테이블로 돌아온다.
    * 뷰렛과 깔때기를 설치하고 증류수로 행군 후 폐액은 폐액 비이커에 받는다.
    * 뷰렛과 깔때기를 $Na_2S_2O_3$ 용액으로 행군 후 폐액은 폐액 비이커에 받는다.
    * 뷰렛에 $0.025M - Na_2S_2O_3$ 용액을 표선까지 채운다.
    * 비이커에 남은 티오황산나트륨 용액은 폐액 비이커에 버리고 증류수로 행군다.

9. 예비적정 준비가 되었으면 손을 들어 <u>감독관의 확인을 받고 적정한다.</u>
    * 한손은 뷰렛 코크를 조정. 다른 한손은 삼각플라스크를 살살 흔들며 적정한다.
    * 시료의 갈색이 노랑색이 될 때 까지 적정한다.

10. 삼각플라스크의 시료를 들고 전분용액이 있는 곳으로 이동한다.
    * 피펫으로 전용액 1mL를 넣어 청색으로 발색시킨다.
    * 시료를 살짝 흔들어 청색이 일정하게 한다.
    * 지정된 실험 테이블로 온다.

11. 뷰렛의 티오황산나트륨 용액을 청색으로 발색된 삼각플라스크의 시료에 재 적정한다.
    * 뷰렛의 티오황산나트륨 용액을 적정하며 삼각플라스크를 살살 흔들어 준다.
    * 시료의 청색이 무색이 될 때까지 적정한다.

12. 티오황산나트륨 용액의 총 소비량을 <u>감독관에게 확인을 받는다.</u>

13. 답안을 작성한다.

14. 뷰렛에 남은 티오황산나트륨 용액을 폐액 비이커에 버리고 증류수로 행군 후, 뷰렛을 거꾸로 스탠드에 고정한다.

15. 모든 초자기구류를 정리 후, 폐액은 지정된 장소에 버린다.

제7부 환경기능사 실기[문답형]

01 구술 면접형 예상문제

질문 01

그림은 시료채취장치의 구성도이다. A~P 이름을 보기에서 찾아 쓰시오?

답 보기 순서대로

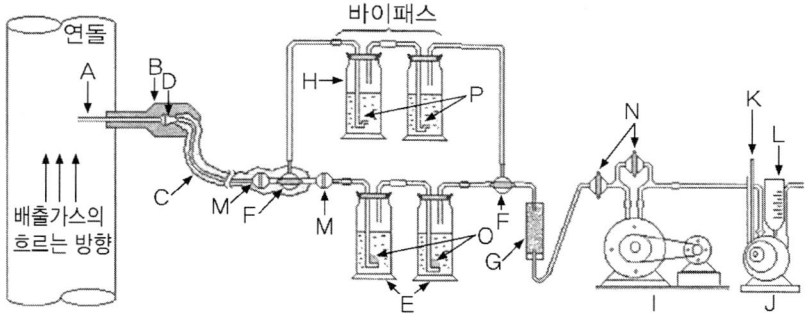

[보기]
- A: 시료채취관
- B: 보온재
- C: 히터
- D: 여과재(1)
- E: 흡수병(용량 약 250mL)
- F: 3방 콕
- G: 건조제(입상 실리카겔 또는 염화칼슘)
- H: 바이패스용 세척병(2)
- I: 흡인펌프
- J: 습식 가스미터(1회전 1~5L)
- K: 온도계
- L: 압력계
- M: 구면 갈아맞춤
- N: 콕
- O: 여과관 또는 여과구
- P: 트랩

| 질문 02 |

그림은 시료채취장치의 구성도이다. A~G 이름을 보기에서 찾아 쓰시오?

답 보기 순서대로(A ~ G)

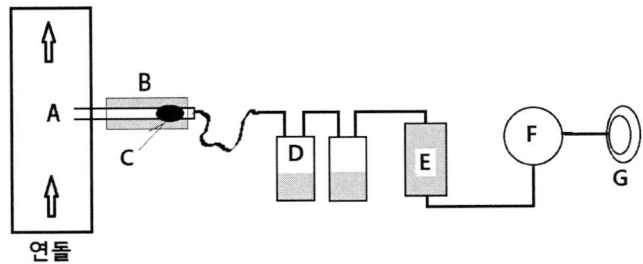

[보기] 시료채취관, 여과지홀더, 여과지, 흡수병, 미스트트랩, 흡인펌프, 가스미터

| 질문 03 |

그림은 채취구의 설치 예이다. 채취관의 재질 및 배출가스의 흐름에 따른 설치 방향은?

답 재질 : 유리관, 석영관, 불소수지관, 스테인레스관
  설치방향 : 배출가스 흐름에 따른 직각방향

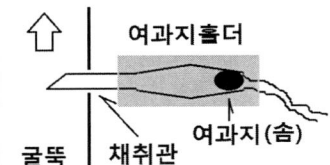

| 질문 04 |

시료채취 시 채취 구에 여과지를 설치하는 목적 및 여과솜의 설치 위치는?

답 목적 : 입자상물질을 제거하고 가스상 물질만 통과한다.
  여과솜 : 굴뚝의 반대방향에 설치하여 가스 유입으로 솜의 밀림방지

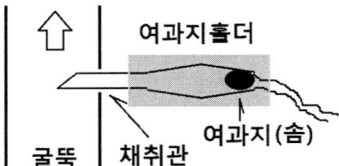

| 질문 05 |

시료채취 시 바이패스병을 설치하는 이유는?

답 흡수병에 시료를 도입하기 전에 배관 속을 시료로 치환한다.
(바이패스병은 시료가스의 반대 액성을 사용하며 중화제라고도 한다)
[참고]

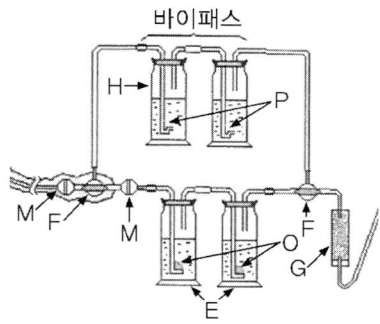

| 질문 06 |

시료채취 시 흡수관을 설치하는 이유 및 설치방향은?

답 설치이유 : 유리여과관으로 가스를 포집하는데 있다.
설치방향 : 흡입구의 긴 부분(좌측)을 굴뚝방향으로 한다.

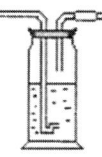

| 질문 07 |

그림은 시료채취장치의 구성도이다. 미스트트랩을 찾아 기호를 쓰시오?

답 G

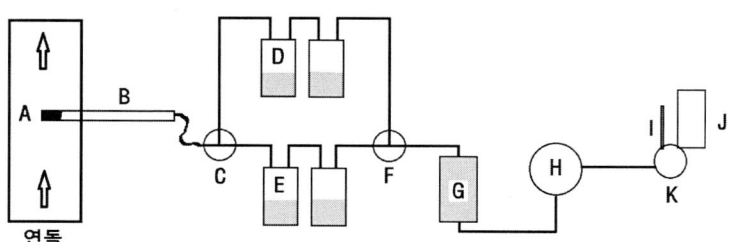

질문 08
미스트트랩(건조탑)의 설치목적은?

답
1. 건조제(실리카겔, 염화칼슘)로서 수분과 가스를 흡착한다.
2. 펌프나 가스미터의 부식을 방지한다.

[참고]

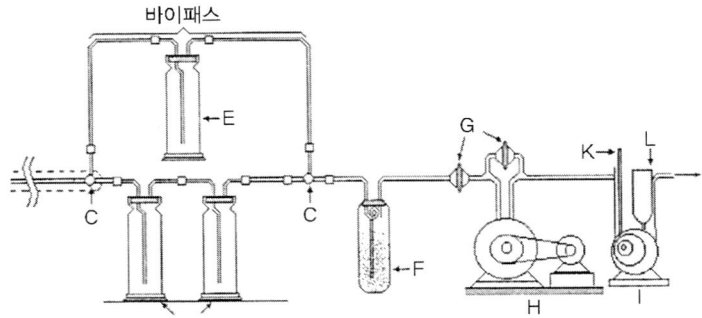

질문 09
(시료 채취장치 설치 후)시료채취 장치에 대하여 설명하시오?

답

장 치	역 할
채취관	배출가스의 시료채취 (재질 : 유리관, 석영관, 불소수지관, 스테인레스관)
여과지	입자상 물질제거 (종류 : 유리필터, 유리여과기, 유리섬유 여과기)
삼방콕	유입 가스의 방향을 변환 이동(흡수병 vs 바이패스병)
바이패스병	흡수병으로 시료채취 이전에 배관속 시료를 치환시킨다.
건조탑(미스트트랩)	장치(펌프, 가스미터)의 부식 방지를 위하여 수분, 가스의 제거(건조재 : 실리카겔, 염화칼슘)
흡인펌프	펌핑에 의한 가스의 이동
가스미터	배관을 통과한 총 가스량을 측정

| 질문 10 |

시료 채취장취 설치 후 시료채취 방법에 대하여 설명하시오?

답 1. 삼방콕크를 바이패스방향으로 연다.
2. 바이패스 배관의 시료를 치환한다.
3. 삼방콕크를 흡수병 방향으로 열어 시료를 채취한다.

[참고]

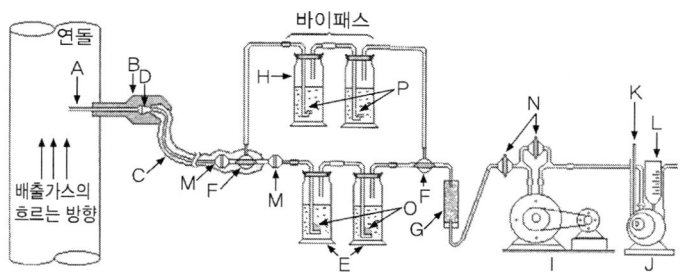

| 질문 11 |

다음의 분석물질에 사용되는 흡수액, 세척액을 각각 보기에서 골라 (   )에 기재하시오.

답 보기와 동일

분석물질	흡수(병)액	바이페스용 세척(병)액
암모니아(NH_3)	붕산용액 [질량분율 0.5%](W/V%)	( )
염화수소(HCl)	( )	수산화나트륨 20W/V% 용액
황산화물(SO_x)	( )	과산화수소(1+9) 용액
황화수소(H_2S)	아연아민착염용액	( )

[보기]
① 붕산용액[질량분율 0.5%](W/V%)   ② $NaOH$ 용액[0.1N/L]   ③ H_2O_2(1+9)용액
④ 아연아민착염용액   ⑤ H_2SO_4 10V/V%용액   ⑥ $NaOH$ 20W/V% 용액

[참고]

분석물질	흡수(병)액	바이페스용 세척(병)액
암모니아(NH_3)	붕산용액 [질량분율 0.5%](W/V%)	황산 10V/V%용액
염화수소(HCl)	수산화나트륨용액 [0.1N/L]	수산화나트륨 20W/V% 용액
황산화물(SO_x)	과산화수소(1+9)용액	과산화수소(1+9) 용액
황화수소(H_2S)	아연아민착염용액	수산화나트륨 20W/V% 용액

※ 참고
예) 백분율은 용액 100mL중의 성분무게(g)을 표시할 때에는 W/V%, 용액 100mL중의 성분용량(mL)을 표시할 때에는 V/V%의 기호를 쓴다.
다만, 용액의 농도를 '%'로만 표시할 때는 W/V%를 말한다.―W(weight)/V(volume)% 액체시약의 시료에 황산(1+5)이라고 되어 있을 때에는 황산 1mL와 물 2mL를 혼합하여 조제한 것을 말한다.

> 참고

1. 암모니아 시료채취장치의 구성

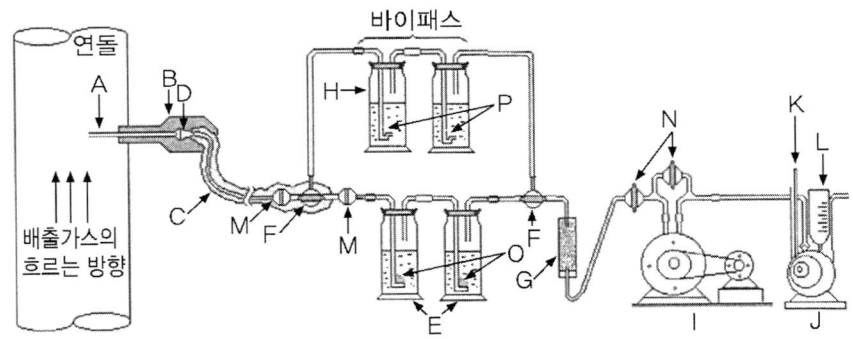

A: 시료채취관
B: 보온재
C: 히터
D: 여과재(1)
E: 흡수병(용량 약 250mL)
F: 3방 콕
G: 건조제(입상 실리카겔 또는 염화칼슘)
H: 바이패스용 세척병(2)

I: 흡인펌프
J: 습식 가스미터(1회전 1~5L)
K: 온도계
L: 압력계
M: 구면 갈아맞춤
N: 콕
O: 여과관 또는 여과구
P: 트랩

(1) 여과재로는 유리섬유여과지 또는 유리여과기를 쓴다.
(2) 바이패스용 세척병에는 황산(10%)을 적당량 넣어둔다.

[그림] 시료채취장치의 구성

2. 염화수소 시료채취장치의 구성

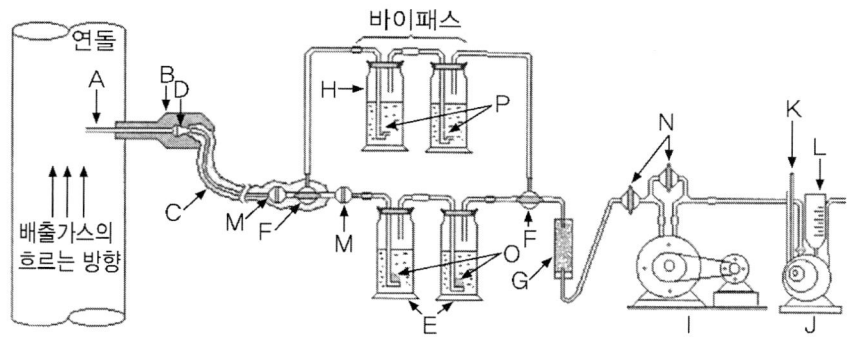

A: 시료채취관
B: 보온재
C: 히터
D: 여과재(1)
E: 흡수병(용량 약 250mL)
F: 3방 콕
G: 건조제(입상 실리카겔 또는 염화칼슘)
H: 바이패스용 세척병(2)

I: 흡인펌프
J: 습식 가스미터(1회전 1~5L)
K: 온도계
L: 압력계
M: 구면 갈아맞춤
N: 콕
O: 여과관 또는 여과구
P: 트랩

(1) 여과재로는 가스중의 성분과 화학반응을 하지 않는 물질, 즉 무알칼리 유리여과지, 유리필터, 유리여과기 등을 사용한다.
(2) 바이패스 세척병에는 수산화나트륨용액(20w/v, 50mL)을 넣는다.

[그림] 시료가스 채취장치 구성도

3. 황산화물 시료채취장치의 구성

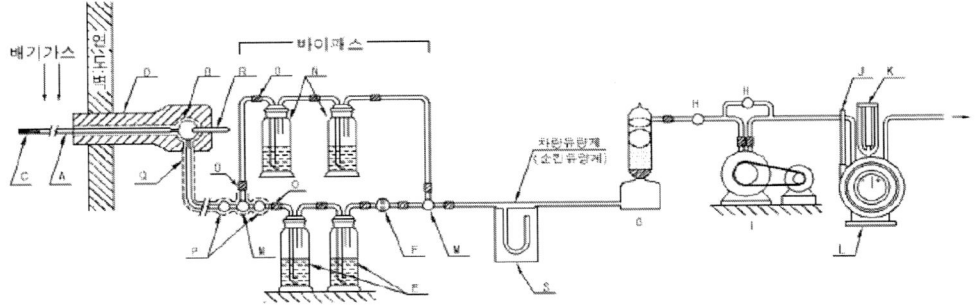

A : 시료채취관
B : 연결관
C : 여과지
D : 보온재
E : 흡수병(위로 향한 여과판 G_2가 붙은 부피 (150~250) mL)
F : 유리필터(G_4)
G : 가스건조탑(실리카겔 입자)
H : 유리조절 콕
I : 밀폐식 흡입펌프(0.5~5L/min)
J : 온도계
K : 압력계
L : 습식가스미터(1회전 1L)
M : 삼방콕
N : 바이패스용 세척병[1](E와 같은 것)
O : 실리콘 고무관
P : 구명 갈아맞춤
R : 온도계[2]
S : 마노미터

[1] : 과산화수소수(1+9)50mL를 넣는다.
[2] : 가스의 온도를 알고 있을 경우에는 온도계를 꽂지 않아도 좋다.

4. 황화수소 시료채취장치의 구성

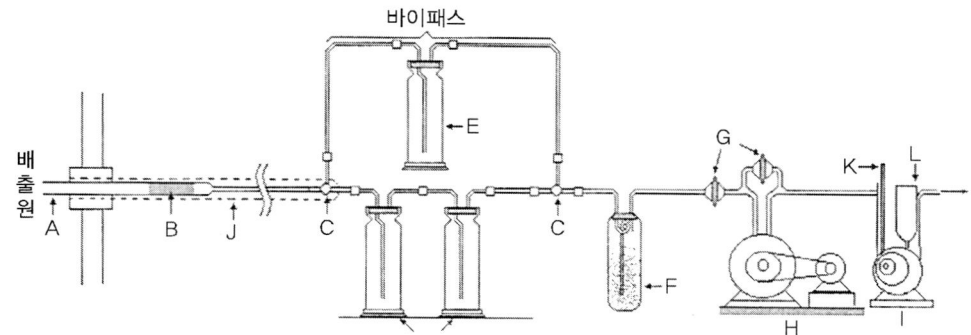

A : 시료채취관
B : 여과재
C : 3방 콕
D : 흡수병
E : 세척병(수산화나트륨 20W/V% 50mL를 넣는다.)
F : 트랩(유리솜을 채움)
J : 히터
K : 온도계
L : 압력계
G : 유량조절밸브(콕)
H : 밀폐식 흡입펌프(1~5L/분)
I : 습식 가스미터(1~5L)

(a) 시료 채취량이 1~50L인 경우

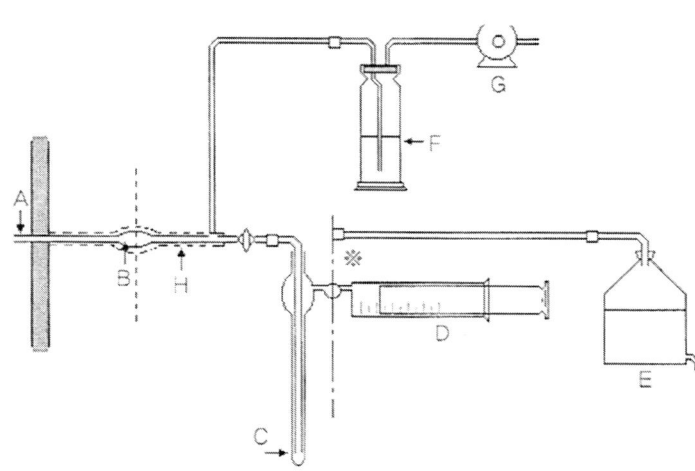

A : 시료채취관
B : 여과재
C : 흡수관
D : 주사통(100mL)
E : 흡수병(1L)
F : 세척병(수산화나트륨(20W/V%) 50mL를 넣는다.
G : 흡인펌프 또는 고무구
H : 히터

(b) 시료 채취량이 100~1,000mL인 경우

02　답안지

종목 및 등급	환경기능사	비 번		감독자 확인	

1. 계산공식 DO(mg/L)

[예] $DO(mg/L) = a \times f \times \dfrac{V_1}{V_2} \times \dfrac{1000}{V_1 - R} \times 0.2$

　　a : 적정에 소비된 0.025M-Na₂S₂O₃ 용액의 소비량(mL)
　　f : 0.025M-Na₂S₂O₃ 용액의 역가(factor)
　　V_1 : 전체 시료량(mL)
　　V_2 : 적정에 사용한 시료량(mL)
　　R : MnSO₄ 용액과 알칼리성 KI-NaN₃ 용액의 첨가량(mL)
　　0.2 : 0.025M-Na₂S₂O₃ 용액 1mL에 상당하는 산소의 량(mg)

2. 계산

[예] 실험한 값이 다음과 같이 나왔을 경우
　　a : 7(mL)　　　f : 1.002(*$Na_2S_2O_3$ 용액 병에서 확인)
　　V_1 : 300(mL)　V_2 : 200(mL)
　　R : 2(mL)

$$DO(mg/L) = 7mL \times 1.002 \times \dfrac{300mL}{200mL} \times \dfrac{1000}{300mL - 2mL} \times 0.2$$
$$= 7.0610 \ mg/L$$

답 : _____
최종 답 : _____
[예] DO = 7.1 mg/L　(*소수점 둘째자리에서 반올림 하여 첫째자리까지 쓰시오.)

적정에 소비된 량		감독자 확인	

3. 시료채취순서
　(　　) → (　　) → (　　) → (　　) → (　　) → (　　)

4. 흡수액

5. 세척액

*대기 시료채취 관련 문항 3,4,5는 매 회 다르게 제시됨
*감독관이 가상시료 1개를 말해 준다(암모니아, 황화수소, 황산화물, 염화수소).
*책상 위에 놓인 그림 카드, 흡수액/세척액 이름이 써진 카드를 보고 기입한다.

03 실기 기출문제 사례

1. DO 실험 후 답안작성
    최종 답 _____ mg/L

2. 대기 시료채취는 감독관의 질문 받은 후 답안작성
    [감독관 질문] 예, 가상시료는 황화수소입니다.
    답안지의 요구사항에 따라 여기(책상 위에 놓인 카드)에서 찾아 쓰세요.

	과산화수소용액	아연아민착염용액
붕산용액	수산화소듐용액	황산

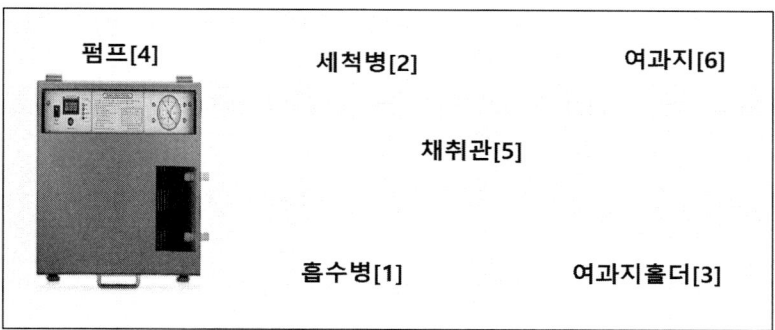

* 답안지의 3. 시료채취 순서 작성
    (5) → (3) → (6) → (2) → (1) → (4)

* 답안지의 4. 흡수액 작성
    아연아민착염용액

* 답안지의 5. 세척액 작성
    수산화소듐용액

소개

저자
  조용덕

약력
  공학박사(환경공학 전공)
  수질관리기술사
  상하수도기술사
  올배움 kisa 수질관리기술사, 상하수도기술사, 환경위해관리기사, 폐기물처리기사, 환경기능사 강사
  건설산업교육원 건설기술인직무교육 강사
  가천대학교 겸임교수
  한국상하수도협회 물산업인재교육원 전임교수

저서
  바이블 수질관리/상하수도기술사 용어해설집, 조용덕, 세진사, 2024
  바이블 상하수도기술사(개정판), 조용덕, 세진사, 2024
  바이블 수질관리기술사(개정판), 조용덕, 세진사, 2024
  환경위해관리기사, 조용덕, 올배움 Kisa, 2025
  폐기물처리기사/산업기사(필기), 조용덕, 올배움 Kisa, 2025
  폐기물처리기사/산업기사(실기), 조용덕, 올배움 Kisa, 2025
  환경기능사(필기, 실기), 조용덕, 올배움 Kisa, 2025
  토목기사, 산업기사(필기, 상하수도공학), 조용덕, 올배움 Kisa, 2019
  수질환경기사.산업기사(필기), 조용덕, 건기원, 2016
  수질환경기사.산업기사(실기), 조용덕, 건기원, 2016
  수질공학의 응용과 해설[1,2], 조용덕, 이상화, 한국학술정보(주), 2010
  신재생에너지, 조용덕, 이상화, 한국학술정보(주), 2011

참고문헌

- 환경부, 대기환경보전법(2025).
- 환경부, 물환경보전법(2025).
- 환경부, 토양환경보전법(2025).
- 환경부, 폐기물관리법(2025).
- 환경부, 환경영향평가법(2025).
- 환경부, 환경정책기본법(2025).
- 환경부, 토양오염공정시험기준(2024).
- 환경부, 대기오염공정시험기준(2024).
- 환경부, 폐기물공정시험기준(2024).
- 환경부, 수질오염공정시험기준(2024).
- 상수도시설기준, 환경부 제정, 한국상하수도협회, 2023
- 하수도시설기준, 환경부 제정, 한국상하수도협회, 2023
- 수질공학의 응용과 해설[1], 조용덕, 이상화, 한국학술정보(주), 2010
- 수질공학의 응용과 해설[2], 조용덕, 이상화, 한국학술정보(주), 2010
- 신재생에너지, 조용덕, 이상화, 한국학술정보(주), 2011

올배움BOOK 이러닝 강의 및 교재내용 문의

올배움 홈페이지 www.kisa.co.kr 에
방문하시면 본 교재의 저자직강 강의를 통하여
자격증 단기합격을 할 수 있습니다.
또한 본 교재의 정오표는
올배움 홈페이지를 통해 확인이 가능하며
그 밖의 다른 의견 및 오탈자를 제보해주시면
더 좋은 강의와 교재로 보답하겠습니다.

www.kisa.co.kr

☎ 1544-8509   TALK 카톡 ID : kisa

올배움BOOK
홈페이지
바로가기 >

환경기능사 필기·실기

1판1쇄 발행	2017년 04월 10일	2판1쇄 발행	2020년 04월 20일
3판1쇄 발행	2021년 05월 20일	4판1쇄 발행	2022년 01월 20일
5판1쇄 발행	2023년 01월 20일	6판1쇄 발행	2024년 01월 10일
7판1쇄 발행	2025년 01월 10일		

지 은 이 • 조 용 덕
펴 낸 이 • 이 정 훈
펴 낸 곳 • 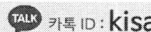 올배움
주   소 • 서울시 금천구 가산디지털1로 168 B동 B105(가산동, 우림라이온스밸리)
전   화 • 1544-8509 / FAX 0505-909-0777
홈페이지 • www.kisa.co.kr

법인등록번호 • 110111-5784750
I S B N • 979-11-6517-169-8 (13530)

정가 25,000원

이 책에서 내용의 일부 또는 도해를 다음과 같은 행위자들이 사전 승인없이 인용할 경우에는
저작권법 제93조 「손해배상청구권」에 적용 받습니다.
① 단순히 공부할 목적으로 부분 또는 전체를 복제하여 사용하는 학생 또는 복사업자
② 공공기관 및 사설교육기관(학원, 인정직업학교), 단체 등에서 영리를 목적으로 복제·배포
하는 대표, 또는 당해 교육자
③ 디스크 복사 및 기타 정보 재생 시스템을 이용하여 사용하는 자

※ 파본은 구입하신 서점에서 교환해 드립니다.